◆ 大数据战略重点实验室重大研究项目

◆ 基于大数据的城市科学研究北京市重点实验室重点研究项目

◆ 北京国际城市文化交流基金会智库工程出版基金资助项目

大数据战略重点实验室◎著
连玉明◎主编

主权区块链3.0

共享秩序下的
全球治理重构

SOVEREIGNTY BLOCKCHAIN 3.0

THE RECONSTRUCTION OF GLOBAL GOVERNANCE
UNDER THE SHARED ORDER

ZHEJIANG UNIVERSITY PRESS
浙江大学出版社
·杭州·

图书在版编目（CIP）数据

主权区块链 3.0：共享秩序下的全球治理重构 ／ 大
数据战略重点实验室著；连玉明主编. —杭州：浙江
大学出版社，2023.5
　　ISBN 978-7-308-23638-6

　　Ⅰ.①主… Ⅱ.①大…②连… Ⅲ.①区块链技术—
研究 Ⅳ.①F713.361.3

中国国家版本馆 CIP 数据核字（2023）第 059735 号

主权区块链 3.0：共享秩序下的全球治理重构

大数据战略重点实验室　著

连玉明　主编

出 品 人	褚超孚
策划编辑	张　琛　吴伟伟
责任编辑	吴伟伟　陈逸行
责任校对	马一萍
封面设计	雷建军
出版发行	浙江大学出版社
	（杭州市天目山路 148 号　邮政编码 310007）
	（网址：http://www.zjupress.com）
排　　版	浙江时代出版服务有限公司
印　　刷	杭州高腾印务有限公司
开　　本	880mm×1230mm　1/32
印　　张	12.5
字　　数	230 千
版 印 次	2023 年 5 月第 1 版　2023 年 5 月第 1 次印刷
书　　号	ISBN 978-7-308-23638-6
定　　价	68.00 元

浙江大学金融科技研究院
浙江大学国际联合商学院

特别支持

大数据战略重点实验室浙江大学研究基地

学术支持

编撰委员会

主编序

当前,百年变局与世纪疫情交织叠加,世界进入新的动荡变革期。世界之变、时代之变、历史之变正以前所未有的方式展开,给人类提出了必须严肃对待的挑战,在给世界经济发展和民生改善带来严峻考验的同时,也加剧了不同文明之间的碰撞、冲突与对抗。不同文明之间,是碰撞还是接触,是冲突还是对话,是对抗还是合作,已经成为关乎人类前途命运的重大议题,也是人类文明何去何从的"时代之问"。在充满"黑天鹅"与"灰犀牛"的世界,如何最大限度地消除不确定性和不稳定性?人类命运共同体理念犹如一颗启明星,散发出跨越时空的独特魅力,有望开启人类文明新形态。人类命运共同体理念倡导尊重世界文明多样性,以文明交流超越文明隔阂,以文明互鉴超越文明冲突,以文明共存超越文明优越。它揭示了人类从工业文明迈向数字文明的必然趋势。在这一趋势下,重构数字文明新秩序成为当务之急。

应对大危机，需要大智慧。美西方亟须摒弃零和概念和冷战思维，提供更多全球公共产品特别是全球共享的数字公共产品，既包括基建类、文化类，也包括制度类、治理类数字公共产品。2015 年以来，大数据战略重点实验室致力于数字文明新秩序的理论研究，先后推出《块数据》《数权法》《主权区块链》"数字文明三部曲"——我们称为重构数字文明新秩序的三大支柱。如果说，互联网和物联网共同构建的是一条通往数字文明的高速公路，那么，大数据就是行驶在这条高速公路上的一辆辆车，块数据就是这些车形成的车流，数权法就是根据目的地指引车流的导航仪，区块链则是让这些车在高速公路上合法和有序行驶的规则和秩序。进一步说，块数据解决的是融合问题，数权法解决的是共享问题，主权区块链解决的是向善问题。如果从理论上确立了融合、共享、向善三大价值取向，人类走向数字文明的文化障碍就能得到破解，人类命运共同体必将行稳致远。

数字文明正在成为人类文明新形态。数字文明折射出以大数据、区块链、元宇宙等为代表的数字科技对世界和人类的影响，在广度和深度上实现了从量的积累到质的飞跃，正加速推动人类从"网联"向"物联""数联""智联"跃迁，到了塑造一种人类文明新形态的高度。人类文明新形态的形成，意味着西方文明中心论正在走向式微，并证明了人类文明形态具有多样性和共时性特征。人类文明新形态不是谋求"一枝独秀",而是力求"百花齐放",是为了进一步丰富人类文明家园,面向全球提供更多超公共产品。数字文明不是东西方文明冲突、博弈的过程,而是东西方文明互鉴、交融的过程。可以说,人类文明新形态建立在对工业文明反思的基础之上,是数字科技推动下有别于工业文明的人类发展新进程,是全球融合、全球共享、全球向善总的治理体系。

"数字文明三部曲"正是基于全球融合、全球共享、全球向善的治理制度建构。全球治理之所以重要,是因为当人类面临气候变化、疫情肆虐、治理失灵、数字鸿沟、文明冲突等全球性问题时,仅凭一己之力难以有效解决,不得不集体共同应对。全球治理是解决所有其他问题的关键,在后疫情时代,建设数字文明的重要性必将更加凸显。因为如果没有持续的全球融合、全球共享、全球向善,人类就无力应对全球挑战。从上述意义上讲,"数字文明三部曲"为理解数字文明时代奠定了理论、价值和法理基础,为窥探数字文明图景提供了一个新视角,为打开数字文明之门提供了一把新钥匙。

2021 年 5 月 26 日于北京

目　录

绪　论

　　1993 年,著名政治学家塞缪尔·亨廷顿在美国《外交》杂志夏季号上发表了《文明的冲突》一文①,之后于 1996 年出版了《文明的冲突与世界秩序的重建》一书,引起国际社会的广泛关注和激烈争论。这一问题之所以牵动世界的神经,是因为随着冷战结束,"世界将向何处去"成为各国普遍关心的问题,人们需要新的观察范式和新的思维框架来理解世界。文明是因高低而冲突,还是持平等而互鉴?这堪称当今的时代之问、世界之问。2020 年,一场突如其来的全球疫情,再次将文明差异问题凸显了出来。到目前为止,虽然后疫情时代的世界将会怎样尚未完全明朗,但在抗击

---

①　其核心观点是,后冷战的世界中,人们之间最重要的区别不是意识形态的、政治的或经济的,而是文化的区别,在这个世界里,最普遍的、重要的和危险的冲突,不是社会阶级之间、富人和穷人之间,或其他以经济来划分的集团之间的冲突,而是属于不同文化实体的人民之间的冲突。

疫情的应对方式和实际效果方面，亚洲特别是东亚地区与欧美地区的鲜明对比，给了人们一个看待世界的新角度。①因此，有必要重新审视"文明"这一概念，提出"文明之问"，以脱离"西方中心论"的束缚，反思"西方中心论"的不足，重构"文明"这一概念的价值。面对多重全球性挑战，任何人、任何国家都无法独善其身，人类必须开展全球行动、全球应对、全球合作，和衷共济、和合共生，践行共商共建共享的全球治理观，朝着构建人类命运共同体的方向不断迈进。"推动构建人类命运共同体，不是以一种制度代替另一种制度，不是以一种文明代替另一种文明，而是不同社会制度、不同意识形态、不同历史文化、不同发展水平的国家在国际事务中利益共生、权利共享、责任共担，形成共建美好世界的最大公约数。"②可以预见的是，共享将成为新一轮科技革命和产业变革的关键力量，基于共享，人类文明必将走向更高阶段，进入由共享权建构的秩序之中，走向共享文明。

一、当今世界的三大风险

习近平主席指出："当下，世界之变、时代之变、历史之

---

① 文扬：《文明的逻辑：中西文明的博弈与未来》，商务印书馆 2021 年版，第6—7页。

② 习近平：《在中华人民共和国恢复联合国合法席位 50 周年纪念会议上的讲话》，中国政府网，2021 年，http://www.gov.cn/xinwen/2021-10/25/content_5644755.htm。

变正以前所未有的方式展开,给人类提出了必须严肃对待的挑战。人类还未走出世纪疫情阴霾,又面临新的传统安全风险;全球经济复苏仍脆弱乏力,又叠加发展鸿沟加剧的矛盾;气候变化等治理赤字尚未填补,数字治理等新课题又摆在我们面前。"[1]

全球变暖的风险。当前,极端天气频发,全球变暖正在加速,联合国发出了"红色警告"。研究数据显示,如今二氧化碳大气浓度已经达到 200 万年以来的最高点,北极的融冰等或将导致海平面在 21 世纪末上升 1 米以上,风暴潮和洪涝灾害将使全球 10 亿人遭遇危机,近 3 亿人失去家园。全球平均气温的持续上升、极地冰川的进一步融化将导致洋流的变化或地势较低的沿海地区的淹没,或进一步加剧现在还能维持农耕的地区的荒漠化。[2] 2022 年 3 月,联合国秘书长古特雷斯在《经济学人》可持续发展峰会上表示,《巴黎协定》中强调的将未来升温限制在 1.5℃的目标,以及格拉斯哥气候变化大会上提出的目标,现在正处于"生命维持"和"重症监护"状态。"要实现 1.5℃的目标,就需要到 2030 年将全球排放量减少 45%,并在本世纪中叶实现

[1] 习近平:《携手迎接挑战,合作开创未来——在博鳌亚洲论坛 2022 年年会开幕式上的主旨演讲》,新华网,2022 年,http://www.news.cn/politics/leaders/2022-04/21/c_1128580418.htm。
[2] [英]尼尔·弗格森:《文明》,曾贤明等译,中信出版社 2012 年版,第 273 页。

碳中和。"新冠疫情带来的经济后果错综复杂，以至世界上大多数国家可能会"暂时"搁置全球变暖问题，专心推动经济复苏。这将使得未来几年内甚至几十年内，全球变暖的风险持续增加。气候变化关系人类前途和命运，尽早实现全球碳中和是应对气候变化的根本解决方案。只有树立人类命运共同体的理念，全球携手合作，坚定走绿色、低碳、循环和可持续发展的道路，才能应对各种挑战，共享美好的地球家园。

数字战争的风险。360集团创始人、董事长周鸿祎的一句话被频频提起："当百姓的吃喝玩乐、衣食住行，整个社会的运转、政府的治理、工厂的运作都架构在软件之上时，整个世界的脆弱性将前所未有，数字化带来的安全挑战也前所未有。"[1]当网络中断或暗网出现后，公众将突然发现自己被扔进"数字黑暗时代"，由此引发的"数字世界黑暗面"被联合国指为当今世界面临的五大挑战之一。[2] 新型科技犯罪多发高发，跨国数字犯罪日益猖獗。以信息通信

---

[1] 周鸿祎：《筑牢数字安全屏障 护航数实融合发展——在第七届世界闽商大会闽商发展高峰论坛上的主题演讲》，央广网，2022年，http://tech.cnr.cn/techph/20220618/t20220618_525871028.shtml。

[2] 联合国秘书长古特雷斯认为，当今世界面临五大挑战：地缘紧张局势、气候危机、全球互不信任、数字世界黑暗面及新冠疫情全球大流行。世界不仅需停止"热"冲突，也必须避免新冷战，通过制定新社会契约、改善全球治理共同应对挑战。

(ICT)技术为支撑的网络战、信息战和认知战是当前地缘冲突的重要战线。美西方凭借在数字领域的强大优势铸就了一条"虚拟战线",针对其他国家的数字技术压制正在不断强化。数字技术、数字经济已经成为大国战略竞争的"战场",美西方将数字领域的博弈与意识形态和地缘政治因素紧密挂钩,日益重视应对所谓"数字威权主义",俄乌冲突则是这一趋势的强劲"催化剂"。[①] 2022 年,美国与欧盟、英国、澳大利亚和日本等联合发起了所谓《互联网未来宣言》,并计划建立"互联网未来联盟"。正如我国外交部发言人赵立坚所言:"不论是搞所谓的'互联网未来联盟',还是《互联网未来宣言》,都掩盖不了美国及一些国家在互联网问题上的政策本质,即以意识形态划线,煽动分裂和对抗,破坏国际规则,并试图将自己的标准强加于人。这份所谓的宣言就是分裂互联网,挑动网络空间对抗的最新例证。"[②]我们需要清醒地认识到,当前及未来一段时期,中国将面临一场

---

① 网络空间具有权力集中性与分散性的共同特点。集中性体现在美国拥有世界领先的网络能力,控制了主要的社交媒体平台,能够制造舆论;而分散性则是指每个人都是信息的接受者与传播者。网络空间的这一特点使各国的舆论监管更加困难。俄乌冲突中体现出的社交媒体武器化的特征,警示各国需要就网络空间治理出台更加明确的规范与法律(黄宇韬:《俄乌冲突对全球治理形成挑战》,《世界知识》2022 年第 10 期,第 49 页)。
② 中华人民共和国外交部:《2022 年 4 月 29 日外交部发言人赵立坚主持例行记者会》,外交部官网,2022 年,https://www.mfa.gov.cn/web/wjdt_674879/fyrbt_674889/202204/t20220429_10680663.shtml。

愈演愈烈的"数字冷战"。新技术革命尤其是智能技术、生物技术的迅速发展，对现有生产、劳动和消费结构的强烈冲击，以及对文化、伦理的深远影响，都可能超越既有"现代秩序"的框架，蕴含着巨大的未知风险。种种可触发数字战争的因素都在威胁着全人类的数字命运，可以说，数字战争已经真实地展示在全人类面前，它带来了威胁人类和平共处的新手段，这种威胁甚于核弹，可能将人类置于新的失序世界。

文明冲突的风险。塞缪尔·亨廷顿提出的"文明冲突论"已经走过了近 30 个年头，在最初巨大的质疑和此后持续的争议中，我们眼看着世界航船在他预测的文明冲突框架内烽烟四起，踟蹰前行。2020 年，美国《国家评论》杂志刊登了《新冠病毒与文明冲突》一文，作者美国哈德逊研究所非常驻高级研究员布鲁诺·马卡斯在亚洲疫情迅速扩展的两个月中刚好在亚洲旅行，他注意到战胜疫情能力比较强的，都是儒家文化圈的国家和地区。他认为，"在大国竞争时期到来之际，这次疫情提供了重新开启文明冲突的绝佳背景"①。古特雷斯也表示，世界面临着史无前例的卫生危机、自大萧条以来最大规模的经济灾难和失业，以及严重

---

① ［美］布鲁诺·马卡斯：《新冠病毒与文明冲突》，吴万伟译，儒家网，2020 年，https://www.rujiazg.com/article/18363。

危及人权的新威胁。此次疫情不仅是警钟,也是对世界应对今后各种挑战的一次彩排。在其他领域,新的文明冲突也正在发生。例如,特斯拉失控事件频发就是一场以人工智能驾驶为代表的新文明与人类亲力亲为的旧文明的冲突,驾驶员按照旧有习惯操作新的人工智能驾驶车辆,而人工智能想纠正改变驾驶员的习惯,这样特斯拉事件就成为引发两种文明冲突的导火线。再者,电商购物的大数据是人工智能在电商领域的应用,本意是为了节省用户挑选时间,提升用户购物体验,但这种智能辅助决策方式与传统决策方式就会产生冲突,冲突产生的导火索就是大数据杀熟。所以说,数字时代引发的群体效应事件也许不是偶然事件,它很可能是新旧文明秩序的冲突。随着数字化、网络化、智能化的深入发展,数字世界的文明冲突会不断增多。数字时代的新安全威胁正在加速推到人类面前,这会给数字生存、数字生态带来致命的破坏力,不断加剧的"数字世界的冷战"不亚于传统战争所造成的灾难,给文明间的冲突演变增加了不确定性。

二、全球秩序的三大特征

习近平主席指出:"当今世界,任何单边主义、极端利己主义都是根本行不通的,任何脱钩、断供、极限施压的行径都是根本行不通的,任何搞'小圈子'、以意识形态划线挑动对立对抗也都是根本行不通的。我们要践行共商共建共享的全球治理观,弘扬全人类共同价值,倡导不同文明交流互鉴。要坚持真正的多边主义,坚定维护以联合国为核心的国际体系和以国际法为基础的国际秩序。"①

逆全球化暗流涌动。全球化是人类不可逆转的大势。全球化与工业化、城市化齐头并进,推进了供应链、产业链、价值链和创新链的全球布局,推进了现代世界城市网络的形成,推进了新型世界经济体系的繁荣,给各国和人民带来了全球化红利。当今世界的互联互通已经达到了前所未有的水平,但过去 10 多年间,催生全球化并推动全球化发展的经济和政治动力不断减弱,反对全球化的声音在持续增强。"全球化已经在衰退,我们应该跟它告别,着眼于新兴的多极世界。"瑞士信贷首席投资官迈克尔·奥沙利文认为,尽管全球化带来诸多好处,但世界已在朝着逆全球化方向发展。② 新冠疫情全球大流行使得许多国家采取了更加严格的边境控制措施和贸易保护主义举措,为控制疫情传播而加强边境管控当然无可厚非,但是民族国家的复兴也

---

① 习近平:《携手迎接挑战,合作开创未来——在博鳌亚洲论坛 2022 年年会开幕式上的主旨演讲》,新华网,2022 年,http://www.news.cn/politics/leaders/2022-04/21/c_1128580418.htm。
② 赵菀滢:《全球化再遇重挫》,《南风窗》2022 年第 8 期,第 40 页。

确实可能会逐步导致国家主义的兴起。① 虽然,减缓全球化甚至逆转全球化的趋势极有可能显现,但展望未来,全球化潮流仍呈现出不可阻挡之势。遗憾的是,当今世界居于全球化主导地位的国家,抱守本国优先的独裁、独霸、独享,无底线、无操守、无节制地在世界各地实施长臂管辖、无差别制裁,不断抑制全球化红利的创造,这是"吸血鬼式"反全球化、逆全球化行为。新冠疫情加速了一些国家的去全球化趋向,各国围绕意识形态、社会制度、地缘政治的竞争和争夺更加凸显,世界秩序面临新的选择。俄乌冲突爆发后,美西方对俄实施一系列"非常规""史诗级"制裁,其范围与烈度远超以往。这一系列的逆全球化举动,或将引发破窗效应,阻断全球化自然历史过程,破坏正常的全球化秩序,使全球化红利急剧下降。但是,我们坚信,数字时代下,美西方逆全球化不过是全球化大势之中的一点浪花、一个插曲,全球化不会终止,新型全球化必然加速构建。

---

① 哈佛大学经济学家丹尼·罗德里克提出的"全球化三难选择"框架就描述了这一现实。刚进入 21 世纪,全球化就开始变成一个敏感的政治和社会问题,根据他的解释,这是国家主义兴起带来的不可避免的后果。超级全球化、国家主权、民主政治是不可调和的三个概念,其中只有两个能在任何一个时间点有效共存。只有超级全球化得到控制,国家主权和民主政治才能和谐共存。相比之下,如果国家主权和超级全球化繁荣发展,那么民主政治就会难以实现。如果民主政治和超级全球化持续发展,那么国家主权就会失去生存空间。因此,我们只能三选二——这就是三难选择框架的核心所在。

民粹主义逆流崛起。爱因斯坦曾说："政治远比物理更难。"他指的是为紧迫的政治问题提供解决方案很难，但他的妙语同样适用于理解政治现象。理解民粹主义也许是当今政治学家和其他民主研究学者所面临的最重要的挑战。当前美西方出现的逆全球化倾向反映了民粹主义崛起的态势，国际社会对全球化进程逆转和狭隘国家主义回潮的忧虑不断增加。民粹主义的崛起在很大程度上暴露了西方国家的治理危机和全球化的不平衡发展。民粹主义崛起的内在根源在于国家治理危机，并且突出地表现为国家治理体系的缺陷、治理能力的不足和民主政治的失序。与当前民粹主义勃兴相伴的是国际格局正在发生深刻变化，新兴国家的迅速崛起使全球治理体系发生革命性变化。在这样的背景之下，民粹主义所掀起的巨浪已然漫卷全球，尤其是西方发达国家中的民粹主义政治已从幕后走向台前。地缘政治与新冠疫情呈双向互动关系。一方面，多边主义在混乱中终结，全球治理格局出现真空，各种形式的国家主义不断兴起。① 经济学家、瑞士洛桑国际管理发展学院教授让-皮埃尔·雷曼非常敏锐地预测了当今形势，"新的全球秩序尚未到来，我们正走向一种混乱的不确定性"。这一趋势已酝

---

① Wimmer A. "Why nationalism works：And why it isn't going away". *Foreign Affairs*，2019，98(2)：27-34.

酿多年,个中原因相互交织,但导致地缘政治形势不稳的根本因素是权力的转移。这一转移会带来混乱、无序和充满不确定性的世界格局。

秩序重构潮流不息。正如经济学家任泽平所言,全球正处于大周期末期,旧秩序开始瓦解,新秩序正在重建,经济、金融、地缘、思潮等动荡加大,贫富差距、民粹主义、逆全球化、强人政治、地缘冲突、修昔底德陷阱、国际秩序重建等现象涌现。在过去 100 年,我们经历了三次经济社会大周期的阶段性拐点,并引发三次思想大论战、经济大变革与国际秩序重构。[①] 表面上是财富与权力在国际国内的重新分配,深层次则是秩序的钟摆周而复始。冷战结束后,经济全球化加速发展,数字化浪潮奔腾而来,新兴力量逐步崛起,世界格局不断演变。俄乌冲突的爆发,充分显现了世界变局中的不稳定性和不确定性。构建一个适应世界多极化、

---

① 1929 年大萧条被称为宏观研究的"圣杯",是宏观经济思想的第一次大论战、大分野,凯恩斯主义、政府干预、民粹主义、马克思主义等登上历史舞台。这一阶段属于大周期初期。20 世纪 70 年代的"滞胀"是宏观经济思想的第二次大论战、大分野,新自由主义兴起,市场化、全球化成为主流。这一阶段属于大周期从初期到达顶部。中国的改革开放赶上了大周期的主升浪,市场化、全球化成为主流思潮,中国依靠改革开放快速追赶。2008 年国际金融危机是宏观经济思想的第三次大论战、大分野,凯恩斯主义、民粹主义、逆全球化等重回历史舞台。经济社会大周期回摆至百年前。2008 年以来属于大周期末期,旧秩序面临挑战,新秩序正在开启(任泽平:《俄乌局势的本质及未来演变》,凤凰网,2022 年,https://news.ifeng.com/c/8JCR4p7ZW10)。

经济全球化、社会信息化、文化多样化、国际关系民主化要求的新型全球治理体系,已成为当今世界的客观需要。正如联合国经济和社会事务部所指出的那样,"有效的全球治理离不开有效的国际合作"[①]。全球治理是解决所有其他问题的关键,没有恰当的全球治理,我们就无力应对全球挑战。在大流行病危机之后,全球协调的重要性必将更加凸显,因为如果没有持续的全球合作,全球经济根本无法重启。如果没有全球合作,我们将面临一个"更加贫穷、平庸和狭窄的世界"[②]。

三、数字文明的三大标志

习近平主席指出:"当前,世界百年变局和世纪疫情交织叠加,国际社会迫切需要携起手来,顺应信息化、数字化、网络化、智能化发展趋势,抓住机遇,应对挑战。中国愿同世界各国一道,共同担起为人类谋进步的历史责任,激发数

[①] United Nations, Department of Economic and Social Affairs (DESA), Committee for Development Policy. "Global governance and global rules for development in the post-2015 era". *Policy Note*. 2014. https://www. un. org/en/development/desa/policy/cdp/cdp _ publications/ 2014cdppolicy note. pdf.

[②] Menon S. "How coronavirus exposed the collapse of global leadership". *Nikkei Asian Review*. 2020. https://asia. nikkei. com/Spotlight/Cover-Story/How-coronavirus-exposed-the-collapse-of-global-leadership.

字经济活力,增强数字政府效能,优化数字社会环境,构建数字合作格局,筑牢数字安全屏障,让数字文明造福各国人民,推动构建人类命运共同体。"①

从数字化生存到元宇宙秩序。20 多年前,美国著名思想家尼古拉·尼葛洛庞帝在《数字化生存》一书中写道:"人类将生存于一个虚拟的、数字化的活动空间,在这个空间里人们应用数字技术(信息技术)从事信息传播、交流、学习、工作等活动,这便是数字化生存。"按照书中的描述,在数字化生存环境中,人们的生产方式、生活方式、交往方式、思维方式、行为方式都呈现出全新的面貌。"数字化生存"已经成为当今人类共有的生活方式和社会存在状态。进入 21世纪,人类社会从匈牙利经济学家卡尔·波兰尼所说的"大转型"迈向了超级大转型时代。人类现在所面临的超级大转型,是人类历史上从未有过的集合思想、科技和财富的系统工程,如同 21 世纪的金字塔。迄今为止,人类各种具有转型意义的试验,都是以人类本身作为试验对象,以地球作为实验场所。现在,这样的模式难以为继。因为,人类已经无法承受试错成本和后果,地球从来没有像现在这样脆弱。人类在现实世界中无法解决的问题,需要到一个新世界去

---

① 习近平:《致 2021 年世界互联网大会乌镇峰会的贺信》,中国政府网,2021年,http://www.gov.cn/xinwen/2021-09/26/content_5639378.htm。

试验，元宇宙就是这样的超级试验场所、载体和平台。或者说，元宇宙是超级转型的实验室。2020年以来，突如其来的新冠疫情对全球经济社会发展产生严重冲击，我们在悲悯人类应对灾难还有诸多脆弱性的时候，也可以看到，数字科技和数字经济的蓬勃发展点亮了"黑暗隧道前的一抹曙光"。当疫情发生时，工厂停产、工地停建、学校停课、车辆停驶、商场停业……在众多的"门"关闭之后，数字科技向全世界打开了元宇宙世界的大门。元宇宙为人类社会最终实现数字化转型提供了新的路径，人类因此而能够从容应对危机，更好适应愈加不确定性的世界，共同创造更美好的未来。

从技术不作恶到数字要向善。新一轮科技革命所引发的深刻变革，不仅给人们带来了便捷与效益，而且带来了风险与挑战。数字科技是一把悬在人类头顶的"达摩克利斯之剑"，它是维护正义的"亮剑"，也是战争狂人的帮凶；它为人类带来了自由，也为人类套上了枷锁。其中既包括个人生活中所感受到的负担与干扰，比如信息过载带来的焦虑与压力；也包括社会层面的公共问题，比如网络空间的虚假信息、数字暴力与各种新型犯罪，以及广受关注的数据安全、隐私保护、算法价值观等技术与伦理方面的问题。总体来看，新技术带来的风险和挑战已经不是某一产品或区域的范畴，而是全球性的治理难题。从凯文·凯利到尤瓦尔·赫拉利,"先知"们曾反复警醒世人:失控的科技将把人类带入毁灭的境地。20多年前,谷歌在上市之前提出了"永不作恶"的公司理念;腾讯针对信息过载导致人们幸福感下降提出了"科技向善"。科技向善的理念虽由腾讯提出,但绝不是腾讯一家的独奏曲,而是行业的共鸣曲。数字文明是数字技术推动下有别于工业文明的人类发展新进程,是全球合作、全民共享、数字向善的总和。

从文明的冲突到命运共同体。俄乌冲突这场发生在世界百年未有之大变局加速演进之际的热战,必将引发世界各国间新的分化组合,其影响远远超过第二次世界大战以来的历次局部战争,将极大加速世界局势的演进,甚至将由此开启世界历史上一个新的阶段。俄乌冲突有着复杂的历史和现实经纬,但其深层原因则是世界百年未有之大变局引发的全球治理赤字。事实已经证明,旧的世界霸权及其所主导的国际政治经济体系已经无法适应未来的世界。构建人类命运共同体必将成为人类社会实现和平与发展的唯一正确方向。① 人类面临的所有全球性问题,凭任何一国单打独斗都无法解决,必须开展全球行动、全球应对、全球合作。这需要重建真正的全球秩序。而全球秩序的未来,不可能把一个区域秩序的价值和原则强加给整个世界,而

---

① 张宏志:《俄乌冲突与世界变局》,《瞭望》2022 年第 15 期,第 31 页。

应当在尊重各个民族国家及其文化传统的基础上,展开真正的对话和商谈。以文明交流超越文明隔阂、文明互鉴超越文明冲突、文明共存超越文明优越。习近平主席提出"构建人类命运共同体,实现共赢共享"的中国方案[①],为不同文明的和谐相处提供了一种新的可能,为全球化的未来开出一条正道。无论如何,我们需要在更深入的层面上展开全球对话,以此构建新的世界秩序的原则框架。当前,国际社会迫切需要携起手来,顺应数字化、网络化、智能化发展趋势,抓住机遇,应对挑战。要着眼于数字时代的全球合作,谋求发展,让数字文明造福各国人民。人类需要以数字文明为桅,升起数字命运共同体之帆,助力人类命运共同体的巨轮乘风破浪。

---

① 习近平:《共同构建人类命运共同体——在联合国日内瓦总部的演讲》,人民网,2017 年,http://jhsjk.people.cn/article/29034230。

第一章　共享权的世界意义

　　人类自有一种与生俱来的能力，它使个人得以在自我之外设计自己，并意识到合作及联合努力的必要。这是一种理性能力，没有这种能力，人类就将在非理性的、自私自利的抑或受本能支配的大漩流中茫然失措，从而导致人类之间各种各样的充满敌意的对抗和抵牾。

——美国著名法理学家　埃德加·博登海默

第一节　文明的本质

当今世界正经历百年未有之大变局，经济格局的复杂性演变、政治秩序的结构性变迁、文明冲突的局部性爆发，使得许多原本清晰的概念、坐标、边界、体系等开始变得模糊，各种矛盾与无序竞争正在形成一种破坏性力量，世界秩序和全球治理正遭遇前所未有的挫折与危机。"我们正处于深渊的边缘，并且朝着错误的方向前进。世界从未受到如此大的威胁，或者说是分裂，并面临着一连串最大的危机。"①世界怎么了？人类向何处去？一切似乎都变得越来越难以捉摸。在这样的关键时刻，人类亟须重新审视走过的历史之路，同时探观未来之道。当我们回顾人类历史时，就会惊奇地发现，共享作为一种行为方式、一种价值追求、一种文明范式，不仅是当下的理性号召，也是人类一以贯之的行动指南。甚或说，共享是人类命运与共的核心价值。

一、共享的基因

共享从来不是天外来物，而是源自对人类发展历程的

---

① ［葡］安东尼奥·古特雷斯：《在联合国大会第76届会议一般性辩论前的工作汇报》，光明网，2021年，https://m.gmw.cn/baijia/2021-09/22/1302593281.html。

总结、反思和超越。以社会性为本质属性的人类从古至今都过着群居生活,在群居中共享各种各样的社会资源,共享的基因源远流长,贯穿于整个人类发展史。从共生的生存状态到共享的发展理念,人类社会发展史可以被称为一部人类共享史。如今,人类能否实现最适合本性的发展,人性会不会被过度纵欲扭曲,尚不得而知,但共享作为一种超越个体情感局限性的意愿和能力,使人再一次回到人本身。从人类文明进步的角度出发,重新寻回共同体之下的共享自由,有望为解决全人类发展面临的困境和矛盾提供可能的路径和治愈的良方。

从共生到共享。在优胜劣汰的自然世界里,无论是动物还是植物,单独生存都将面临更多的危险,更容易遭受攻击甚至自我消亡。那些群居性越强的物种在生物进化中往往更容易利用群体的力量得到更多的食物、受到群体的庇护,建立起更明显的优势力量,从而形成一种共生关系。共生不仅存在于自然界,在人类社会也普遍存在,如家庭联合、群体联合、种族联合、国家联合,共生的合群生活减少了人类体力上的能量消耗,为智力的进化提供了可能。英国心理学家尼古拉斯·汉弗莱和美国生物学家理查德·艾克塞洛德曾提到,人类大脑进化如此之快的原因之一是出于人类相互合作、欺骗以及解读彼此行为的需要。[①] 换言之,人是一切社会关系的总和,不是抽象的存在,其社会属性比动物属性更为重要。人类共生与动物共栖的最大区别就在于人类关系除了赤裸裸的利益关联,还有道德、伦理、情感等因素的参与。在文明演进的过程中,人类构建出国家、宗教、货币等秩序,将越来越多的人紧紧融合为一个难以分割的整体。这种秩序的本质,就是利益共享、风险共担,核心便是"相信"。也就是说,人类对他人的需要不仅仅是为了生存或者谋利,也是为了通过合作确立普遍的道德和规则,使得人与人之间呈现一种共在共生、互利互信的生存状态。德国哲学家海德格尔认为,人(此在)不是单独地"在世界之中存在",而是"与他人共在"。[②] 互信关系的基础是利他,是人类实现从共生到共享的主观前提。利他是一种社会性表现,是对他者利益实现的一种期待。[③] 美国社会生物学家爱德华·威尔逊在《创世记:从细胞到文明,社会的深层起源》中提出:"利他行为促成了演化史上的重大转变,使生

① [美]弗朗西斯·福山:《大断裂:人类本性与社会秩序的重建》,唐磊译,广西师范大学出版社 2015 年版,第 179 页。

② [德]海德格尔:《存在与时间》,陈嘉映、王庆节译,生活·读书·新知三联书店 2006 年版,第 131—152 页。

③ 大数据战略重点实验室:《块数据 5.0:数据社会学的理论与方法》,中信出版社 2019 年版,第 216 页。

命从原核生物逐渐演化成今天纷繁复杂的形态。"[1]人类通过"利他"的理性选择实现"利己"的动物本能,不断突破自身狭小的协作系统范畴,拓展利他行为机理的践行范围和认知半径,使越来越多的个体拥有利他的心理偏好和行为方式,愿意通过合作共享而非暴力掠夺的方式满足需要,人类的行为也逐渐摆脱动物性的本能驱使,从而显得更为尔雅和得体。"共享的基本前提是开放,核心是信任;共享的本质精神是利他,利他主义发乎同理心。"[2]可以说,利他作为共享的重要基因之一,不仅是社会交往的兴奋剂,还是集体福利的催化剂,也是不确定性时代的一泓"甘泉",推动人类社会实现从共生到共享的超越与发展。

人类社会发展史就是一部共享史。共享是人与人、人与自然、人与社会共生、共存、共发展的关系,从先验的觉知和历史的互惠中发展而来,不仅体现为人类整体的共性要求,也体现为人类的普遍性原则——人类最初的意识与思想,根植于人类基因的深处,流淌于人类文明之河。在古埃及、古印度、古犹太、古希腊、古代中国等文明遗址和文化遗存中,均存在着不同于其自身文明特征的标识或其他文化

---

① ［美］爱德华·威尔逊:《创世记:从细胞到文明,社会的深层起源》,傅贺译,中信出版社 2019 年版,第 31—40 页。

② 龙荣远、杨官华:《数权、数权制度与数权法研究》,《科技与法律》2018 年第 5 期,第 22 页。

影响的证据①，如古印度文明的阿拉伯数字、楔形文字、造纸术等发明创造证明着不同文明间交流互鉴的史实。事实上，只要有"合作"，就必然有"共享"。② 从远古时代起，共享就在人类的生产生活中初见端倪。在那个茹毛饮血的时代，为了应对来自大自然的挑战，人类不得不通过协作的方式将采集到的野果、狩猎到的猎物等生活资料与他人共享，通过这种抱团取暖的方式强化共享的力量，使社会成员更加紧密地团结在一起，在与自然及其他物种作斗争的过程中不断扩大自己的领地，形成最初的原始部落。这种共同劳动、平均分配、财物共有就是人类最初形态的共享，有效保证了群体的团结与稳定。到了工业社会，隆隆的机器轰鸣声破坏了农业社会"田园诗般的关系"，人类在从事社会性活动的过程中，每天都与其他社会成员产生必然性交往，形成千丝万缕的联系，没有人可以离开社会而生存。当人的共生共在成为人类面临的首要问题时，合作行动成为必然选择。到了数字社会，工业化的"铁花"结出硕果，大数据的"智流"慢慢浸润，数字技术通过最合适、最有竞争力的技术模式、组织模式和社会发展模式来打造数字社会。合作

---

① 孙英、杨扬、田祥茂：《人类社会进步：文明交流互鉴动力论》，《西北民族大学学报（哲学社会科学版）》2019 年第 6 期，第 34 页。

② 李志祥：《共建共享与共生共享：共享发展的双重逻辑》，《南京社会科学》2019 年第 2 期，第 2 页。

共享是数字化转型的核心价值。[①] "随着被分享的事物越来越多,越来越少的事物会被当作财产看待"[②],数字、信息、数据等不同于物能最重要的本性之一,是其不仅不会因为分享而减少,反而会因分享而增多,使用它们才是真正意义上的拥有。数字时代的数据和信息具有共享的天然本性。此时,分享和共享的内涵区分需要进一步明晰,"分享"是享有方各占部分,"共享"是享有方均独拥整体。[③] 也就是说,农耕时代和工业时代的共享实质上是一种分享。这是因为,分享社会资源的人越多,共享者各自拥有的份额就越少。与农业时代、工业时代的生产要素不同,数字时代的数据信息越共享,其范围越广、内容越多,影响就越深刻。就如同一个蛋糕,分享的人越多,个体得到的份额就越少;而一条新闻,共享的人越多,每个人得到的反而更多,其价值也就越大。

共享使人再一次回到人本身。文明是人类社会特有的现象,人类文明的本质是人的文明与人性的文明,离开了人本身,人类就无所谓文明。人类从使用第一块石头到冶炼

---

① 谢新水:《合作共享:功能良好数字社会的建构原则——基于德鲁克和梅奥的反思》,《学术界》2022 年第 1 期,第 66 页。
② [美]凯文·凯利:《必然》,周峰等译,电子工业出版社 2016 年版,第 139 页。
③ 王天恩:《重新理解"发展"的信息文明"钥匙"》,《中国社会科学》2018 年第 6 期,第 30 页。

出第一块铁,经历了300万年时间;从冶炼出第一块铁到制造出原子弹、氢弹,用了3000年时间;工业文明诞生距今不过300年,而互联网在全球的普及仅仅30年。尤其是近年来,以大数据、区块链、元宇宙等为代表的新一代数字技术革命使得人类前进的速度越来越快,人类乘坐的数字列车以令人惊愕的加速度向前冲刺,导致人类面临一种危险的状态:技术能力或将超过人类秩序的控制能力。无论我们是否承认,当充电宝成为"电子吊瓶",手机成为"身体器官",每个人都活在"信息茧房"时,所看到的一切绝大多数都是基于算法个性化推荐而来,公共空间和共享意识逐渐消弭,数字时代的数字化、智能化和拟人化,正在演变为人类的技术化、机械化和"奴隶化"。美国全球人工智能与认知科学专家皮埃罗·斯加鲁菲曾说:"我最担心的不是机器智能的迅速提高,而是人的智力可能会下降。"①换言之,问题不在于这些新技术本身,而在于使用这些技术的人。如果人类创造的数字技术最终让其自身变得像它们一样,那么人类极有可能失去作为人类最为珍贵的一部分——人性。人性有时很卑劣,自私又顽梗、贪婪又胆怯,肆意破坏,伤害同类;人性有时很高尚,会同情弱者、聆听古训,还会缔

---

① ［美］皮埃罗·斯加鲁菲:《智能的本质:人工智能与机器人领域的64个大问题》,任莉、张建宇译,人民邮电出版社2017年版,第99页。

结契约、协作创新。人性的倾向虽然是自由的,但如果放任其自然发展,只会使其在资本、技术、财富的裹挟下,异化和物化为一种异己的力量。避免异化的关键,就是使人再一次回到人本身,回到人类固有的基因中去寻找方法与答案。共享与人的正义感、道德判断力一样,具有超越自私而寻求善意、公平与正义的一面,引导人类理性地克服对物质的贪欲和追求,保持对人性的警惕和悲悯,增加对世界的谦卑和审慎。这源于"只有在和其他人的关系中,人才是人自身,才能变成自身。人类成为自身,本质上就是成为社会的"①。不管是农业社会、工业社会、信息社会还是数字社会,科技不变的价值锚点永远是人,"任何解放都是使人的世界即各种关系回归到人自身"②。马克思在《〈黑格尔法哲学批判〉导言》中提出,"人不是抽象的蛰居于世界之外的存在物。人就是人的世界,就是国家,社会"③。在这里,马克思所指的人并不是独立的人、抽象的人,而是处于共同体

---

① [荷]E.舒尔曼:《科技文明与人类未来》,李小兵译,东方出版社1995年版,第289页。
② 中共中央马克思恩格斯列宁斯大林著作编译局:《马克思恩格斯文集》(第一卷),人民出版社2009年版,第46页。
③ 中共中央马克思恩格斯列宁斯大林著作编译局:《马克思恩格斯选集》(第一卷),人民出版社1995年版,第1页。

之中的人。① 从古至今,共同体不仅是中国传统文化里天下一家、和衷共济理想的内在追求,也是古希腊哲人理想国的正义所在。穿过时代的暗夜,暴力、时间、历史所不能消灭的,恰恰是人性的希望、文明的血脉、共享的基因。数字革命、智能革命越向前发展,作为个体的人越需要共同体这一弹性的价值共识、制度实践和文化认同来保障自由和权利,而共享使人类具有以人的主体性参与人类生产生活的尊严,并保持与自然、生态、社会共同发展与进步的内在动力,使人类再一次回归到人本身。

---

① 在东西方轴心时代,伟大的思想家孔子和柏拉图曾分别提出对人类理想社会的构想或愿景。在《论语》中,孔子提出了"博施于民而能济众"的社会至善境界,这一思想后来在《礼记·礼运》的"大同社会"中得到进一步论证。古希腊时期,柏拉图的《理想国》从人的政治生活起源出发,讨论了共同体对于人的意义:人们因为生存而聚集在一起,在共同生活中交换物资以满足生活需要。中西方对于理想社会的愿景,都离不开对共同体的思考和阐释,但"共同体"存在多义性。马克思认为人类的共同体有三种——"部落共同体,即天然的共同体""虚幻的共同体"和"真正的共同体"。而"自由人联合体才是真正的共同体"。斐迪南·滕尼斯在《共同体与社会》中提出:"共同体的理论出发点是人的意志完善的统一体。""共同体"概念经过了马克斯·韦伯、费林等人的演绎,变得越来越泛化和模糊化。国际学术界关于共同体的研究虽然很久,有关共同体的定义多达90个,但至今没能给出统一清晰的定义,以至于后续一些学者虽然有所讨论和研究,但基本处于理论概念层面,并未产生显著的社会影响力(吴庆军、王振中:《人类命运共同体理念的逻辑演进及其系统化过程》,《山东社会科学》2021年第10期,第140—141页)。

二、从所有权到共享权

从农业时代到工业时代,所有权都是人类生存权利的核心内涵,人类一旦失去必要的物质资料及其所有权,相应地,就会失去对应所有权的支持、保障与维护。继农业文明、工业文明之后,一个崭新的文明形态——数字文明——已呼之欲出。这一次的文明跃迁像一场风暴,荡涤着一切旧有的生态和秩序,给社会存在与发展带来深刻的变革。整个社会生产关系被打上了数据关系的烙印,这将使发展模式、利益模式、治理模式发生前所未有的变革与重构。如果说物权是工业文明时代的产物,那么数权就是数字文明时代的产物。数据作为数字时代的关键生产要素,其权属将决定数字经济、数字社会的发展方向和进步速度。有别于土地、资本等传统生产要素,数据的可复制性有效突破了传统经济学"资源稀缺性"的基础假设,对数据资源权属的界定提出了新的要求。在此背景下,传统物权视角下的所有权关系不再契合基于数据资源的生产关系,需要立足于"资源丰富性"重新确定数据的核心权利关系。而与此一脉相承、相呼应的,就是存在于人类历史中的共享观念和行为,以及能解决资源稀缺难题、最大化释放要素价值的共享型生产关系。也正是基于此,我们提出了"共享权"的概念,将数据的共享价值上升为一种权利。[①] 共享权的提出，或将成为一种超越物权法的新的法理规则，必将重构人类社会的权利体系、规则体系和治理体系。

所有权是物权的核心。"所有权，是所有人依法对自己财产所享有的占有、使用、收益和处分的权利。"[②]所有权也是一种财产权，是物权中最完全的一种权利，具有绝对性、排他性和永续性等特征。正如英国著名经济学家、政治哲学家弗里德里希·奥古斯特·冯·哈耶克在《致命的自负》中提到的，"在大卫·休谟及18世纪的一些苏格兰道德学家和学者看来，分立的财产得到承认，显然标志着文明的开始；规范产权的规则似乎是一切道德的关键之所在"[③]。对所有权的承认，归根到底是承认个体创造的价值以及个体自治的权利，并在此基础上拓展社会秩序，缔结坚实的社会之网。从部落时代的财产公有发展为酋邦时代的财产私有是人类历史上的一个里程碑。在生产力水平较低的原始部落时期，有限的劳动工具、生存武器、生活用品等都是群体的共同财产，氏族部落通过狩猎和采摘等集体劳动养活部

---

① 大数据战略重点实验室：《数权法2.0：数权的制度建构》，社会科学文献出版社2020年版，第147页。

② 魏琼：《论私权文明的起源与形成》，《法学》2018年第12期，第138页。

③ ［英］弗里德里希·奥古斯特·冯·哈耶克：《致命的自负》，冯克利、胡晋华译，中国社会科学出版社2000年版，第34页。

落成员后,所剩的财产不多。那时,既没有明确的"你的""我的"之分,也没有阶级之分。① 大约从公元前 10000 年起,人类开始进入农耕生产模式,有计划地种植作物、驯养动物,在保证氏族部落成员的需求之外,物品有了剩余。② 部落中的长老、祭师、首领等势力成员及其家族开始占有这些剩余物品,初步具备物品为个人所有的所有权意识。"所有权的功能不仅在于使用权能的私人独占,还在于通过保护对生产资料的资本投入,赋予资本投入者以积极性,从而达到保护投资者个人和增强社会整体生产力的目的。"③人类文明的演进是财富与创造不断积累和完成历史增量的过程,我们把这种财富积累称为"从一个胜利走向另一个胜利",为了获得这种胜利,人类必须保护自己的创造所得。财产为个体所有可以极大地激发和调动人类的创造力和进取心,使得个体财富得以积累,社会分工更加合理。以所有权为主的私权文明虽然在一定程度上带来了人类的不平等,但它更带来了物权时代的准则和秩序,促进了社会财富最大化,是人类文明历史上的重大飞跃。如果我们承认个

---

① 吕振羽:《史前期中国社会研究》(上卷),河北教育出版社 2002 年版,第 58—59 页。

② Foster B R, Foster K P. *Civilizations of Ancient Iraq*. Princeton: Princeton University Press, 2011: 8.

③ [日]加藤雅信:《"所有权"的诞生》,郑芙蓉译,法律出版社 2012 年版,第 145 页。

体创造是人类社会赖以进步的重要源泉，那么就必须承认保护所有权就是保护人类文明大厦的基石。只有充分保护物权时代的所有权，人类社会才会有整体和全局的良性发展，文明的创造才能拥有美好的未来。如果说不夹杂意识形态的自由、民主等价值代表着人类的精神高度，那么物权时代的所有权则让这种精神文明扎根于大地之上，不至于沦落为凌空蹈虚的空中楼阁、无根无基的观念浮萍。

所有权与使用权分离。历史上的每一次经济变革，只有在涉及产权变革时，才变得货真价实起来。在农业社会和工业社会，土地和资本作为重要的经济和社会资源，其所有权是既定的、排他的，在某种意义上具有"独享"的特性。换言之，所有权与使用权是一体化的，如果所有者掌握土地或资本的所有权，那么当他通过销售、转让、馈赠、抵债等形式将其所有权让渡给他人时，就自动放弃了使用权。为此，人类建设并完善以私有制为基础、以私人占有为目的的排他性"自我所有权"制度，导致许多美好的事物难以共享。如果说在工业时代，原子作为物质的最基本单位被视为构成世界的根本元素，那么当人类社会步入数字时代后，数据作为信息的最基本单位，已成为人类社会经济的基本元素。土地、工厂、设备、工人等工业时代不可复制的资本被替代，数据、信息等数字化生产资料不仅可零成本复制和分发，还可以在保留支配权条件下，将所有权的部分权能与所有人分离,通过平台方式开放这些生产资料的使用权,从劳动者收益中支付一定对价给所有人。劳动者仅仅凭借使用权,就可以介入资本运作。[①]　不同于物权时代对所有权的争夺,人类开始分享共有的甚至是原先属于自己的资源,只为产品的使用价值付费,而不必购买其所有权,"使用"代替了"占有","消费者"变成"使用者"和"分享者"。传统产权观念逐渐转变,人类从在意物品的占有权、争夺物品的所有权,转而注重物品的使用权,推动形成一种共享意识,既保证所有人的权益,又满足了他人的需求,在数化万物的同时实现物尽其用。"传统时代被污蔑指责的集体化现象——合作、集体、社群等,正经历变革,以一种全新的、更有价值的社会合作群体形式呈现。"[②]正如《连线》杂志创始主编凯文·凯利在《必然》中所说:"全球经济都在远离物质世界,向非实体的比特世界靠拢。同时,它也在远离所有权,向使用权靠拢;也在远离复制价值,向网络价值靠拢;同时奔向一个必定会到来的世界,那里持续不断发生着日益增多的重混。"[③]区块链带来了一种真正意义上的共享,不仅从物

---

①　姜奇平:《数字所有权要求支配权与使用权分离》,《互联网周刊》2012 年第 5 期,第 70—71 页。
②　[美]雷切尔·博茨曼、[美]路·罗杰斯:《共享经济时代:互联网思维下的协同消费商业模式》,唐朝文译,上海交通大学出版社 2015 年版,第 8 页。
③　[美]凯文·凯利:《必然》,周峰等译,电子工业出版社 2016 年版,第 242 页。

理意义上完成了去中心化的架构解耦，还实现了所有权与使用权的组织解耦。未来，"使用"会变得越来越重要，拥有物品的性质将转变为：你不是拥有，而是使用这个物品。人类也会越来越意识到，仅仅依靠占有资源来培育与巩固核心竞争力已经不够，还要善于共享内部资源，连接外部资源，实现资源共享。在一定程度上，人类社会正在实现"资源所有权的祛魅"，迈向更为开放、包容、共享的发展空间。

共享权是数权的核心。所有权与使用权的分离，表明共享理念已经渗透到对物与数的利用之中，成为一种基本的、常态化的利用方式，借贷、交易、共享、开放等都是常见的共享方式，共享价值已经成为人类的基本价值之一。为此，我们提出"共享权"的概念，把共享价值作为数据的基本价值进行保护。共享权同自由权、平等权一样，是人类的一项基本权利。创设共享权的意义在于，修正传统的"重私利、轻公益"的权利观和数据观，倡导一种公益与私利相平衡的数权观。共享权是数据利用的前提，这既是建设数字文明的根本要求，也是构建社会新秩序的本质要义。[①]"共享是对数据的最终使用，共享权是权利人对数据进行消费和共享的权利，是所有权的最终体现，是数权的本质。所有权的共享并不会导致所有权主体丧失数据的控制权，而是

---

① 龙荣远、杨官华：《数权、数权制度与数权法研究》，《科技与法律》2018 年第 5 期，第 19－30 页。

通过复制在数据之上形成独立的所有权,使得一项数据可以同时为多个所有权主体所控制和利用,而且数权的共享并不会灭失数据的价值,反而扩大了价值。"①作为数字文明的价值基础,共享权以利他主义为根本依据,使数据权利、数据利用、数据保护与数据价值融为一体,在促进人类共享行为朝正向互动发展的同时,必将与以利己为核心的权利观发生冲突,从而推动权利体系不断完善,进一步纠正人类之间的社会发展差异和自然禀赋差异,达到实质上的平等正义。数字文明为共享权的创生提供了价值原点与革新动力,共享权作为人类文明跃迁的产物,反过来为数字文明的制度创设和秩序维系提供存在依据,推动构成以技术演化为基础、以"数字宪章"为基本架构、以"数权共享"为共享模式、以全球分配正义为其旨归的"全球数字治理联盟"②。换言之,共享权不仅是人类从物权时代向数权时代迈进的理性呼唤,更是一种仰望星空的理想守望,推动构建更加公平、和谐、可持续的人类新秩序。

三、共享:文明的标尺

自有文字记录以来,人类社会的暴力浓度越来越低,共

---

① 大数据战略重点实验室:《数权法 1.0:数权的理论基础》,社会科学文献出版社 2018 年版,第 196 页。
② 施展:《破茧:隔离、信任与未来》,湖南文艺出版社 2021 年版,第 226－268 页。

享合作的意愿越来越高。老子有云:"天下之至柔,驰骋天下之至坚,无有入于无间,吾是以知无为之有益。"共享与坚船利炮相比,看似柔弱无力,实则刚健有效,是文明演进发展的内生动力与重要标志,检验着文明程度的高低。也就是说,共享这一文明标尺作为文明多样性的支撑、文明进步的原动力、文明发展的测量仪,能帮助人类认清当下的我们是谁、我们的所在以及我们与世界的关系,尤其是让人类知道在这个波谲云诡、变动不居的数字文明新时代,如何找到一条能够使人类免于自我毁灭并走向繁荣的康庄大道。

共享是文明多样性的支撑。"和羹之美,在于合异。"人类文明多样性是世界的基本特征,是人类进步的源泉,也是人类文明的本质属性之一。世界主要古文明是以尼罗河流域的古埃及文明、两河流域的古巴比伦文明、印度河流域的古印度文明和黄河流域的中华文明等为代表的大河文明。在大河文明的演变过程中,人类吸收借鉴来自四面八方的新鲜事物,从而产生新的行为动作、思想理念,促进文明的融合与演进。由点及面,由面至片,由片到圈,再到全世界、全人类,形象地描绘了文明多样性的形成过程。也就是说,文明的多样性是在共享中形成的,没有共享便难以实现文明的多样性发展。如果说人类文明多样性是人类文明的"原生态"融合发展,那么共享就是保持和尊重人类文明多样性和多元性的基础,为人类的生存打开了一道发展之门。

对此,习近平主席 2021 年在中华人民共和国恢复联合国合法席位 50 周年纪念会议上强调:"世界是丰富多彩的,多样性是人类文明的魅力所在,更是世界发展的活力和动力之源。'非尽百家之美,不能成一人之奇。'文明没有高下、优劣之分,只有特色、地域之别,只有在交流中才能融合,在融合中才能进步。"①2014 年,习近平主席在联合国教科文组织总部演讲时也曾指出:"世界上有 200 多个国家和地区,2500 多个民族和多种宗教。如果只有一种生活方式,只有一种语言,只有一种音乐,只有一种服饰,那是不可想象的。"②文明就像一件东拼西凑的百衲衣,谁也不能夸口是他"独家制造",每一种文明都要经过相互吸纳、交流共享才可能逐步融合发展。日本思想家福泽谕吉在《文明论概略》中提到,文明恰似大剧场,制度、文学、商业等是剧场里的演员,这些演员如果可以表演出卓越的技艺,并且能切合剧情,使观众满意,就是优秀的演员。文明又恰似大仓库,人类的衣食、谋生的资本、蓬勃的生命力都包罗在这个仓库里。③ 任何文明、国家、民族都在共享中维系着人类的永续

---

① 习近平:《在中华人民共和国恢复联合国合法席位 50 周年纪念会议上的讲话》,中国政府网,2021 年,http://www. gov. cn/xinwen/2021-10/25/content_5644755. htm。
② 习近平:《习近平谈治国理政》,外文出版社 2014 年版,第 262 页。
③ [日]福泽谕吉:《文明论概略》,北京编译社译,商务印书馆 2017 年版,第 33 页。

生存与发展,不可能脱离其他国家、个体而单独发展。人类已经联结成不可分割的人类命运共同体,一荣俱荣、一损俱损。无论是"大剧场",还是"大仓库",共享都是推动人类文明多样性的重要支撑,它让人类享受更具内涵的精神生活,开创更加美好的未来。

共享是文明进步的原动力。几百万年以来,动物一直匍匐在尘土之中,共享则源源不断地将人类从尘土中超拔出来,成为万物之灵。先秦的诸子百家,通过游学、讲学打破了知识的垄断。秦汉时期的各民族,通过文字、货币、度量衡等共享扭转了散乱的局面。文艺复兴时代的大师们,通过思想的碰撞打破了僵化观念和宗教桎梏。大航海时代的探险家们,通过共享改变了固有地理观念和经济模式。工业革命时期的科学家们,通过共享颠覆了发展模式和城市格局。在这种不断演变的发展过程中,不存在一种固定而纯粹的形式,无论是政治制度还是经济形态,无论是文化还是科学,都促使人类在从一个台阶迈向更高台阶的过程中巩固共享意识。美国历史学家布鲁斯·马兹利什在《文明及其内涵》中强调,文明终归事关"文明互渗",表示朝向、趋向等含义。① 也就是说,如果一种文明长期自我封闭,那

---

① 〔美〕布鲁斯·马兹利什:《文明及其内涵》,汪辉译,商务印书馆 2017 年版,第 11 页。

么它将走向衰落。人类社会的飞速发展使得文明不止于交流，还需要共享进一步借鉴学习，以取长补短推动人类文明的跃迁。从某种意义而言，文明也是一种公约与规则，是对他人的顾念和尊重，是对共同维护良好秩序和社会规则的认同。原始部落之所以原始，就是因为相互攻击和自私自利使人无法发展自由的协作分工。人类实现自由的过程本身是漫长的，需要超越"小我"利益的狭窄视角，从全人类的"大我"利益出发展开合作。① 人类经历数百万年的发展，已经达到高度文明的新阶段，文明越高级，人类对真、善、美等价值的理解就越趋同。例如，和平、发展、公平、正义、民主、自由等全人类共同价值，不仅是人类社会实践的产物，也是人类交流共享的结果，汇聚了人类文明进步的精神力量。如果把人类文明视为一种生命的有机体，那么共享就是有机体内部不断进行新陈代谢的毛细血管，将野蛮、自私、目光短浅这些文明血液中的"垃圾"排除出去，实现文明的自我更新与迭代升级，推动历史的车轮向着共享的目标前进。

共享是数字文明的测量仪。继农耕文明、工业文明之后，以大数据、区块链、元宇宙等为代表的数字技术正以新

---

① 韩骁：《文明视野下的全人类共同价值及其哲学意蕴》，《哲学研究》2021年第 8 期，第 22 页。

理念、新业态、新模式全面融入人类经济、政治、文化、社会、生态文明建设的各领域和全过程，人类正加速从"网联"向"物联""数联""智联"跃迁，并催生出一种新的人类文明——数字文明，深刻影响着人类文明进程。没有任何一个国家能够垄断所有的技术创新，更没有任何一个国家拥有筑造技术壁垒、禁止技术输出的绝对控制力。这是因为，数据作为数字文明时代的第一生产要素，可以被复制从而不断地、无限制地产生副本，可进行转让、分享和交流，但其本身并不会发生损耗，这是它们与物质和能量的最大不同[1]，也是数字时代共享性质的集中体现。当共享与数字化生活相碰撞，就创造出共享的两大价值规律，即梅卡菲定律与报酬递增定律[2]。美国"数字化教父"尼古拉·尼葛洛庞帝在《数字化生存》中也强调，"我们无法否定数字化时代的存在，也无法阻止数字化时代的前进，就像我们无法对抗大自然的力量一样"[3]。同样，共享也将成为数字文明时代里人类无法对抗的力量，甚至是测量数字文明发展程度的

---

[1] 尹岩：《信息时代个体认同的哲学反思》，《上海师范大学学报（哲学社会科学版）》2021 年第 2 期，第 51 页。

[2] 梅卡菲定律，指网络的价值总和等于网络参与成员数目的平方；报酬递增定律，指网络的价值随着参与成员数目的增加而增加，而价值的增加又会吸引更多的成员加入，如此循环，网络带给成功者的利益和报酬将越来越多。

[3] ［美］尼古拉·尼葛洛庞帝：《数字化生存》，胡泳、范海燕译，海南出版社 1997 年版，第 269 页。

精密仪器。这是因为,数字文明时代,数据与物质、能量等共同构成数字时代的商品和生产要素,它们越是能够满足更多人的需要、被更多人分享,越能为人类带来更多的物质利益和精神利益。相反,如果我们放弃共享,则极有可能退回封闭的工业文明。数字文明不是利益为先的文明,也不是独善其身的文明,更不是"抱团取暖"似的文明,而是全球参与、全球共享、全球向善的总和,其所释放出的潜能,将人与大数据、区块链、元宇宙等科技产物连接起来,构成新时代的人类命运共同体。可以说,共享是一种符合数字时代走向和人文期待的价值呈现,是一种比追求占有和谋取回报更为崇高的理想信念,是一把开启人类文明新境界的"金钥匙"。未来,共享或将成为数字文明时代的测量仪,共享的程度越深、范围越大、内容越广,数字文明发展的进程就越快。人类需要以共享为灯塔,以数字文明为船桅,升起网络空间命运共同体之帆,助力人类命运共同体的巨轮乘风破浪,驶向宁静、祥和、和谐的彼岸。

不可否认,在人类文明演进的历程中,争论和冲突无时不在、无处不在,它们实际是人类文明向前演进所必需的一种动力。争论和冲突首先是基于逻辑的,是尊重共识的,这样的分歧为的是将事情辨明、化解矛盾、消弭冲突,争论过程所导向的是秩序的迭代演化、文明的自我升级。倘若没有共享作为文明演进的标尺,人类的争论和冲突就只是基于立场，甚至仅仅是为了宣泄情绪，其导向的结果是秩序的自我破坏、社会的风险叠加、危机的持续升级，使全球治理陷入恶性循环之中。

第二节　主权区块链与共享价值观

从人人传递信息，到人人交换价值，再到人人共享秩序，主权区块链正推动着互联网从信息互联网到价值互联网再到秩序互联网的演进，为人类提供了一个数权共享、信用共享、价值共享的共享方案。在这种以"共享"为价值基础搭建的数字社会中，共享行为由个人全面延伸至社会，成为数字化生存所共同遵循的原理和准则，我们把这种行为范式、行动准则、治理规制后面所蕴含的思想、理念和观点称为共享价值观。未来，共享作为一种价值观将成为与数据伦理道德共通的精神基础，演化为数字文明时代人类活动的基本精神、价值理念和行为导向。

一、从互联网思维到区块链思维

思维是隐藏在数字技术背后、比技术更重要的范式。人类社会每次经历的伟大飞跃，最关键的不是物质与技术的催化，而是思维方式的迭代升级。以色列历史学家尤瓦尔·赫拉利在《人类简史》中提到，人类靠着思维的一点点

演进,逐渐统治了整个地球。思维的进化是决定人类发展
的关键因素,不断拓展着人类的认知边界。[①] 从互联网思
维到区块链思维,不仅实现了从信息传递到价值共享的发
展,还推动人类成为彼此相依的超级共享者、合作者,使得
人类文明向更高级的维度演进。在可预见的未来,互联网
思维与区块链思维的融合将重构新一代网络空间,给人类
带来的影响将是巨大而持久的。

　　互联网思维的核心是连接。连接不仅是互联网的基本
功能,也是公认的内在法则之一。[②] 古希腊哲学家、科学
家、数学家阿基米德有一句名言:"给我一个支点,我可以撬
动整个地球。"互联网思维是人类撬动数字化转型的支点和
迈向数字世界的标志。需要注意的是,不是因为有了互联
网,才有了互联网思维,而是因为互联网的出现和发展不断
冲击着传统商业形态,人类的思考方式因此发生变化,才使
得用户思维、极致思维、迭代思维、社会化思维、平台思维和
跨界思维等互联网思维集中爆发。当我们拂去互联网思维
所有的外在泡沫后,会发现连接就是互联网思维的"元定
律"。互联网时代"最核心的行为就是把所有东西都联结在

---

① [以]尤瓦尔·赫拉利:《人类简史:从动物到上帝》,林俊宏译,中信出版社
2017 年版,第 32—37 页。

② 彭兰:《连接与反连接:互联网法则的摇摆》,《国际新闻界》2019 年第 2 期,
第 21 页。

一起。所有的东西，无论是大是小，都会在多个层面被接入庞大的网络中。缺少了这些巨大的网络，就没有生命、没有智能，也没有进化"①。互联网时代，人与人、人与物、人与信息在任何地点、任何时间永远在线，人类世界如同一张实时互动、并发、分布式的"网"，无时无刻不连接在一起，形成一种改变社会的庞大力量。"文明社会的核心在于，人们彼此之间要建立连接关系。这些连接关系将有助于抑制暴力，并成为舒适、和平和秩序的源泉。人们不再做孤独者，而是变成了合作者。"②就像美国经济学家托马斯·弗里德曼所说的那样，今天的世界实际上比以往任何时候都要平，我们从未像今天这样把不同的节点联系在一起。我们从来没有像今天这样顺畅连接，加速这些节点之间的连接。③互联网使人类社会不再变得虚无缥缈，虽然其连接方式超出了我们"眼见为实"的范围，但其连接内核依然稳定，人类可以凭借连接思维去感受互联网、利用互联网、发展互联网。

---

① ［美］凯文·凯利：《失控：全人类的最终命运和结局》，张行舟、陈新武、王钦等译，电子工业出版社 2016 年版，第 316 页。
② ［美］尼古拉斯·克里斯塔基斯、［美］詹姆斯·富勒：《大连接：社会网络是如何形成的以及对人类现实行为的影响》，简学译，中国人民大学出版社 2012 年版，第313 页。
③ 全球化智库：《〈世界是平的〉作者对话 CCG 创始人王辉耀：世界比以往更快、更深、更融合、更开放、更脆弱》，全球化智库官网，2021 年，http://www.ccg.org.cn/archives/62916。

区块链思维的本质是共享。区块链思维提供的是一种解构与重构的工具,它解构了组织的存在,使得去中心化组织大量存在,进而形成分布式的节点社会,再到网格式的块链社会,直到分散型组织的奇点,最终重构出一种"失控"的反脆弱系统。这个系统虽然失去了中心化的控制,但其运行结果并不是涣散混乱的,反而形成一种自洽组织,成为一个反脆弱的秩序存在,我们把这种存在称为混沌系统。混沌中存在着一种秩序,如果说区块链是维持这种秩序的原理和规则,那么区块链思维就是混沌社会的底层逻辑,成为打开混沌世界的一把钥匙。人类在混沌世界里,能够打败其他节点从而战胜考验,最终站在食物链的顶端,靠的就是协作共享。区块链天然所具有的共享基因,决定其不仅仅是一种技术,更多也代表着一种共识、共赢、共享、共治的思维模式。进一步说,区块链思维的本质是建立分布式信任及协作共享。这源于其本质是一个去中心化的共享数据库,存储于其中的数据或信息具有"不可伪造""全程留痕""可以追溯""公开透明""集体维护""多方共享"等特征。这一共享数据库把每一个人内心深处的所能、所愿和所为用坚实的共享逻辑支撑起来,以实现去中心化的自由民主思想,具体体现为账本共享、理念共享、信任共享、规则共享、数据权限共享和算力共享。① 可以说，区块链让每个人都可以通过分布式、平等的技术架构，成为数字世界的建设者、监督者、受益者，这种由共建到共享的转变，是从互联网思维到区块链思维的一种进步，预示着人类基于共享的区块链思维，将铸造一个更加自由、民主、开放的人类文明新时代。

从信息传递到价值共享。人类正处于一场从物理世界向虚拟世界大规模迁徙的历史性运动中，与传统互联网的信息流通不同，区块链带来的不是简单的信息传递，而是让价值实现自由的流通与可信的共享，推动实现从信息传递到价值共享的跃迁。区块链一改过去各个部门、区域、层级各自为政、分兵把守的私有制属性，通过分布式记账、共识机制、加密算法、智能合约构建可靠的数据账本，形成透明、开放、共享、安全的网络空间环境，为数据的共享开放提供了坚实的机制保障。换言之，区块链通过一种可信任的数据共享系统——公开账簿系统，使得所有人都可以通过该系统即时查验数据传递的真实性，构建起一个更加可靠的共享系统，解决价值交换与转移中存在的欺诈和寻租现象，实现价值的可信流通与自由共享。也就是说，区块链下的

---

① OK 区块链工程院：《春风化雨万物生，区块链下的新型共享经济》，金评媒官网，2018 年，http://www.jpm.cn/article-60648-1.html。

价值在链上自由流通，不同链之间的价值潜力和活力得以充分释放，简单高效地实现了链与链之间的数据交换、价值增长、场景互通，最终形成一个共享的价值生态体系，成为人类历史上关键的价值革命之一。

二、主权区块链的共享机制

主权区块链不仅是一种集成技术、一场数据革命，也是一次秩序重建，更是一个时代的拐点，已经成为人类构建秩序的前沿力量，它像一条不断延长的链条，将不同思想和技术串联起来，改变和重构着人类的物质世界和观念世界。正如美国经济史学家爱德华·汤姆森所言，技术变革就像上帝，人们对它讨论颇多，有人顶礼膜拜，有人拒绝抵制，却没有多少人理解。[1] 也许，主权区块链就是这样一种技术。未来，人类将会发现其意义不仅在于对区块链的继承与发展，更重要的是其共享机制将为人类创造一种价值共享新范式，为数字治理带来一种新理念、新思想和新规则，"为我们创造了一个'共同的世界'，一个我们无论如何都只能共同分享的世界"[2]。

---

[1]　转引自闫德利：《数字技术简史：三位奠基人、三个阶段、五大定律、十项发明》，腾讯研究院官网，2021 年，https://www.tisi.org/22891。

[2]　[德]乌尔里希·贝克、邓正来、沈国麟：《风险社会与中国——与德国社会学家乌尔里希·贝克的对话》，《社会学研究》2010 年第 5 期，第 209—210 页。

　　从区块链到主权区块链的进化。区块链的本质是信任网络,其拥有点对点、时间戳、博弈论、共识机制、数据存储、加密算法、隐私保护和智能合约等关键核心技术,天然地具有多方维护、交叉验证、全网一致、不易篡改等特性。如果说,互联网是一条通往未来的高速公路,那么大数据就是行驶在这条高速公路上的一辆辆车,区块链则是让这些车在高速公路上合法和有序行驶的制度与规则。互联网为我们带来了一个不规则、不安全、不稳定的世界,区块链则让这个世界变得更有秩序、更加安全和更趋稳定。① 在区块链的支撑和推动下,互联网经历了从信息互联网、价值互联网到秩序互联网的发展"三部曲"。② 从区块链到主权区块链,其意义并不仅限于推动区块链发展,更大的意义在于给网络空间治理带来了新规制。主权区块链基于数据信息构建现代社会共识的"混凝土",强化社会系统在数字时代的组织性和控制力,更为有效地调节社会系统的各个组成部分,使人类社会的发展边界从封闭走向开放,从垄断走向共享,从集中走向分散,从单维走向多维,推动区块链治理机制创新发展。未来,主权区块链构架下的互联网将形成一

---

① 　大数据战略重点实验室:《块数据 3.0:秩序互联网与主权区块链》,中信出版社 2017 年版,第 111 页。

② 　大数据战略重点实验室:《主权区块链 1.0:秩序互联网与人类命运共同体》,浙江大学出版社 2020 年版,第 54－56 页。

种全新的生态，凭借线上线下统一的诚信支撑，推动数据资源、信息和知识像现实中的交易性资源一样自由流通，实现共识价值跨主权、跨中心的流通、分享及增值，最终形成一种"主观为己、客观为人"的社会价值形态，推动全球秩序互联网真正到来。可以说，从区块链到主权区块链不是标新立异、刻意求奇，也不是叠床架屋、画蛇添足，其发展符合内外因相互作用的基本规律，是基于互联网秩序的共识、共享和共治的智能化制度体系，对于构建平衡、均衡、守恒的世界秩序具有重要意义。

主权区块链的信任和共识机制。在传统社会，信任问题主要通过第三方背书来解决。然而，从历史经验来看，违反规则的人往往就是制定规则的人，信任系统中最不可信任的往往是由人或组织构成的第三方。信任和共识是区块链的关键概念，其利用分布式的节点网络和智能合约，使任意节点之间的信任依赖于网络中所有参与节点对于共识的认同，构建起一种基于算法的"去信任"模式。"去信任"不是不需要信任，而是信任不再由传统中心式的第三方权威机构提供，将人类在合作过程中的信任对象由人和机构等第三方主体，转移到区块链这一共识机器，以实现信任的转移。换言之，工业社会的"背靠背信任"被数字社会基于区块链的"面对面信任"取代，降低了交易和交换的成本，其去信任机制的本质不是"去信任"，而是再造信任。主权区块链以国家信用和文化道德为背景，采用多中心化部署与层次化监管相结合的模式，兼顾系统效率、信息安全等多方面需求，通过节点授权、用户授权、应用授权、匿名机制等多技术手段，实现既定目标，优化结构秩序，促进信任产生。同时，这种高信任文化又反过来降低传播成本、运行成本和秩序成本，不仅实现了信任的转移，更保障了国家网络空间主权。主权区块链在缺少可信任中央节点的情况下，利用密码学和代码学，创造充分的信息可信度和便捷的利益流通机制，围绕达成共识和建立互信所打造的共识机制，实现生态系统中所有操作的共识、共享、共治。可以说，主权区块链的信任和共识机制不是要取代信任，而是通过技术手段构建更大规模的信任。

主权区块链的价值共享新范式。人类社会一直面临中心化机构攫取利润过多的问题，中心化一旦形成，中心化机构便利用资源集聚优势对人类在生产过程中产生的价值进行垄断。主权区块链在区块链的基础上建构新的空间，由社会个体共同来组成一个多中心平台。这个平台本身就是分布式的，并以此来保证价值归劳动者所有，形成一种价值共享新范式。第一，从控制到自治。区块链的点对点传输技术，形成一种新的分配机制，把价值通过去中心化的方式直接分配给劳动者，这种点对点实际上是对人类自发秩序的一种回归。从人类社会早期起，点对点就存在于人类的物物交换之中。① 而主权区块链基于区块链的分布式特征进一步弱化等级、封闭、控制等威权价值,强化共享、平等、开放、协作等自治价值。第二,从效率到公平。传统互联网的根本目标是通过信息中介增加经济利益,价值流转是价值互联网的重要活动,而价值权属分明、过程安全可信是完成价值流转的必要前提,区块链正是保障价值流转的重要基础。去中心化作为区块链的本质属性和核心特征,从"面"的维度构建扁平化、开放化、多元化的共享格局,促进社群的价值共享。主权区块链则通过和谐包容的共识算法和规则体系保护交易、创造价值,使得诚信、公平、正当成为核心价值。第三,从物质到价值。区块链将进一步改变价值次序,开放性将代替渠道、产品、人员,成为组织成功的关键,"链接"而不是"占有"、"网络关系"而不是"封闭式结构"将成为价值源泉。在法律与监管的双重规制下,主权区块链通过改进和完善自身架构,以分布式账本为基础,以规则与共识为核心,提供基于数据主权的价值度量衡,支撑引领带动各节点主动自愿地成为数据和价值的提供者与使用者,实现分散多中心的社会认同,提升节点间的相互认同感,进而形成数字社会的共同行为准则和价值规范,允许多

---

① 高奇琦:《智能革命与国家治理现代化初探》,《中国社会科学》2020 年第 7 期,第93－94页。

元价值观在多维坐标体系中，不互相等同、重叠、融合，顺应人类多样化的生存和利益需求，实现物质财富激励和社会价值激励的均衡，将技术的价值中立与社会的公共选择有机结合，推动人类社会从"物理共同体"向"利益共同体"到"价值共同体"转化。未来，当主权区块链成为互联网底层协议之时，主权国家的法律和监管镶嵌于区块链中，构建以国家主权为背景的秩序传输层，将进一步消除信任鸿沟，实现价值共享。

三、共享作为一种价值观

随着人类社会共享程度的不断提高，共享的范围正从物质领域延伸到精神层面。建立在群体理性和契约精神基础上的共享价值凝聚为一种公共精神和社会价值，不仅是一种理念、精神和价值观，更是一种制度安排和政策体系，彰显为一种社会价值观。第 71 届联合国大会主席彼得·汤姆森把共享视为"人类在这个星球上的唯一未来"，重新唤醒人类对价值观的追求，告诫人类价值观不是虚无缥缈的，而是与我们的社会生活息息相关的，"无论走到哪儿，人类都会受到欢迎并得到彼此的帮助"①。正如哈耶克在《通

---

① Slee T. *What's Yours is Mine：Against the Sharing Economy*. New York & London：OR Books, 2015：14.

往奴役之路》中所言,观念的转变和人类意志的力量,塑造了今天的世界。^① 共享作为一种价值观,以公平正义为价值定位,以责任共担为价值回应,以人的自由全面发展为价值归宿,广泛分布在人类的社会经济政治生活中,使其拥有共享的核心灵魂与内在要义,或将帮助人类穿过时代沸腾的、冗杂的噪声,使其在漫长无尽的岁月长河中散发出人性之光,推动人类文明在共享中迎接更加灿烂的未来。

以公平正义为价值定位。公平正义是人类最古老的价值目标,也是人类社会良性运行的基本保证。美国思想家罗尔斯在《正义论》开篇中便写道,"正义是社会制度的首要价值,就像真实是思想体系的首要美德"^②。公共精神是共享发展的内在伦理要义,公平正义是共享的价值目标,共享与公平正义具有相似的伦理学意蕴,是远古公共精神的现代表达^③,也是人类社会实现价值认同、群体认同和社会整合的重要条件,没有共享的社会就像没有共享的家庭一样注定是要分裂解体的。"共享是一种强调个人权利和社会

---

① Hayek F A. *The Collected Works of F. A. Hayek（Volume 2）：The Road to Serfdom*. Edited by Bruce Caldwell. Chicago：The Chicago University Press，2007：66.

② Rawls J. *A Theory of Justice*（Revised Edition）. Cambridge：Harvard University Press，1999：3.

③ 刘玲:《公平正义和共享发展的历史根源与统一治理格局》,《海南大学学报（人文社会科学版）》2019 年第 4 期,第 25 页。

正义的价值观"①,这意味着共享的公平正义旨在让人类普遍享有社会发展成果的"获得感"。这种"获得感"包含物质财富与精神财富的多维共享,对主体、对象及内容有着不同向度的导引,使得共享作为一种价值观在回应公平正义的危机时具有独特意义。"从人的生命生存需要到人的应然权利,再到平等的价值追求,共享关涉人的自由发展、自我超越和自我完善,关涉人的本质问题。"②共享作为一种价值观,从人类的基本权利出发,让每一个人平等享有生存、自由与发展的"应得"利益。这是基于共享的实质正义和制度正义所应得的理性预期,人类带着这种理性预期对基于共享价值观创设的制度设计和政策规则更加充满希望,使得人类在大洗牌时代,拥有更多的想象力和更大的勇气。同时,共享的实质正义和制度正义也愈发呈现为一种相辅相成的关系:一方面,共享的实质正义是制度正义的基础,判定共享制度是否正义,需要以其是否能促进生产力的发展,是否与生产方式保持一致为衡量标准;另一方面,共享的制度正义是实质正义的保障,是正义价值的具体化和实体化,是实现实质正义的制度保障。③ 这种辩证关系不仅

① 何建华:《共享理论的当代建构》,《伦理学研究》2017年第4期,第9页。
② 潘乾:《共享理念的制度伦理考察》,《伦理学研究》2018年第4期,第116页。
③ 苗瑞丹、代俊远:《共享发展的理论内涵与实践路径探究》,《思想教育研究》2017年第3期,第98页。

规范了"资本逻辑",修正了"丛林法则",还体现了人类生产关系的本质是一种"善"的制度安排,充满着与人类社会发展基本趋势相适应的历史正义性①。如果说公平正义是衡量社会文明进步的重要尺度和核心价值,社会越公平正义,人类离野蛮状态越远;那么共享就是社会现代化的方向和标尺,社会越共享,人类离现代化的美好未来就越近,人类文明也越能走向更为高级的发展阶段。

以责任共担为价值回应。责任共担与利益共享相对应而存在,"没有无义务的权利,也没有无权利的义务"②。也就是说,共享不仅是对利益的共同分享,也是一种平等共担风险的责任,利益和责任组成共享的"一体两面"。正如德国著名哲学家黑格尔所言:"如果一切权利都在一边,一切义务都在另一边,那么整体就要瓦解,因为只有同一才是我们这里所应坚持的基础。"③换言之,一部分人共享社会资源,另一部分人承担责任,或者一部分人在享有较多权利的同时履行较少的义务,这些都不能称为共享。同时,共享也不是无条件地以承担义务作为人类享有权利的前提。责任

---

① 曾盛聪:《地利共享的正义逻辑与制度安排》,《哲学研究》2016年第2期,第94—98页。
② 中共中央马克思恩格斯列宁斯大林著作编译局:《马克思恩格斯选集》(第三卷),人民出版社2012年版,第172页。
③ [德]黑格尔:《法哲学原理》,范扬等译,商务印书馆1961年版,第173页。

共担意味着社会成员以平等的基本权利为价值基础，在制度安排中体现权利与义务的统一，承担共享权利所应履行的社会责任。尤其是伴随着现代化社会进程中人类活动能力的提高，共享还蕴含着一种共担社会发展风险的前瞻性责任意识。这是因为"被制造出来的风险"①日益扩张，"核战争的可能性，生态灾难，不可遏制的人口爆炸，全球经济交流的崩溃，以及其他潜在的全球性灾难，对我们每一个人都勾画出了一幅令人不安的危险前景"②，这要求每个人都要树立正确的风险责任意识。共享的主体是人类本身，社会发展的责任也应由人类共同承担，直接关系到共享的践行质量，是共享的价值回应和内在要求。正如荷兰哲学家斯宾诺莎所言："人要保持他的存在，最有价值的事，莫过于力求所有的人都和谐一致，使所有人的心灵与身体都好像是一个人的心灵与身体一样，人人都团结一致。"③此外，这种责任共担的价值观在某种程度上正在重新唤醒人类既有的契约精神，实现对人性善的正视和恶的约束、自由与责任的统一、幸福感和安全感的追寻。

---

① ［英］安东尼·吉登斯：《失控的世界》，周红云译，江西人民出版社 2001 年版，第 22 页。
② ［英］安东尼·吉登斯：《现代性的后果》，田禾译，译林出版社 2000 年版，第 110 页。
③ ［荷］斯宾诺莎：《伦理学》，贺麟译，商务印书馆 1981 年版，第 170—171 页。

以人的全面发展为价值归宿。人的全面发展是人存在发展的终极价值目标。习近平同志在《之江新语》中提出："人,本质上就是文化的人,而不是'物化'的人;是能动的、全面的人,而不是僵化的、'单向度'的人。"①也就是说,"个人的全面性不是想象的或设想的全面性,而是他的现实关系和观念关系的全面性"②。人的全面发展实质是"人的本质力量的展示"和"人的本质力量的发展",是马克思主义的最高理想和对人的终极关怀,也是共享的出发点和落脚点。如果说"共享"是定性的,阐释了社会发展的成果最终归属于人,那么"全面"就是定量的,指出了人类享受的不是局部的、片面的,而是全方位的成果,既包括社会发展的内容,也包括社会发展的存在方式。这种存在不局限于物质存在,还是一种精神存在,它以人为全面发展的原动力,强调人类不仅有物质需要、自然需要、现实需要、生存安全需要,还关注其精神需要、享受需要、发展需要、理想需要、社会需要等,突出人类在社会发展中的价值、地位、尊严和作用。这就要求,共享作为一种价值观,不以牺牲人的尊严为代价,而是始终围绕肯定人的价值、保障人的权利、维护人的尊严而展开,尽可能拓展人人共享的内容,借此向每一个人赋予

---

① 习近平:《之江新语》,浙江人民出版社 2007 年版,第 150 页。
② 中共中央马克思恩格斯列宁斯大林著作编译局:《马克思恩格斯全集》(第四十六卷)(下册),人民出版社 1980 年版,第 36 页。

共享的能力，激励和激发人的主体自觉性、主动性、积极性和创造性，并为实现人的全面发展创造真正平等、自由的发展机会与发展动力，使每个人都能够有尊严地共享社会资源。[①]

第三节　基于共享权的全球治理

纵观人类发展史和文明史，许多时代的拐点总是不可避免地带来转型的阵痛，唯有坚定不移地推动治理创新才是人类社会的出路。全球治理演进的历史，也是权利共享和文明跃升的历史。当前，人类面临的风险挑战是前所未有的，具有全球性和复杂性（见图 1-1）[②]。然而，究其根本，

[①]　潘乾：《共享理念的制度伦理考察》，《伦理学研究》2018 年第 4 期，第 117 页。

[②]　根据世界经济论坛发布的《2020 年全球风险报告》，全球将面临地缘政治局势动荡、全球经济进一步放缓、气候变化更为猛烈、网络空间安全威胁加大、全球政治经济不平等状况加剧等五大风险。《2021 年全球风险报告》认为，未来十年，从发生概率看，全球前十大风险是：极端天气、气候行动失败、人类环境破坏、传染病、生物多样性丧失、数字权力集中、数字不平等、国家间关系破裂、网络安全故障和民生危机；从冲击力看，前十大风险是：传染病、气候行动失败、大规模杀伤性武器、生物多样性丧失、自然资源危机、人类环境破坏、民生危机、极端天气、债务危机和信息基础设施崩溃。《2022 年全球风险报告》则深入分析了四大全新的风险领域：网络风险、太空竞争、气候转型失序和移民压力，并指出为有效管理这些风险需要加强全球协作。需要指出的是，人类面临的共同风险之间存在关联，每项风险总会与同一宏观领域的其他风险相结合，也可能与其他宏观领域下的风险相结合。

人类面临的最大危机不是气候行动失败,不是资源枯竭环境污染,不是生物病毒,也不是核武器威胁,而是人类本身。今天,人类已经进入全球化和数字化交汇、物理世界和数字世界融合的时代,基于共享的"和平、和谐、和睦、和合、和善",正在形成能量巨大的"和武器",成为全球治理理念的新灯塔。人类正在突破重围,人类必须突破重围。在未来已来并走向共享的时代,重要的不是我们如何判断这是一个什么时代,而是我们将以怎样的理念与行动迎接和建设这个时代。共享权便是这个新时代赋予我们的宝藏,它不仅为全球治理提供了一种全新的思路与方向,也为人类文明迈向更高发展阶段提供了重要的价值支持和制度支撑,有望成为人权研究史上新的里程碑,创造一个人类共享经济社会发展成果的共享文明新时代。

一、从权力转移到权利共享

权力是指影响他人或物的一种能力[①],属于最基本的社会现象,与宇宙的本质相关,取决于宇宙和人类行为中的

---

① ［英］戴维·米勒、［英］韦农·波格丹诺编,邓正来主编:《布莱克维尔政治学百科全书》,中国问题研究所等组织翻译,中国政法大学出版社1992年版,第595页。

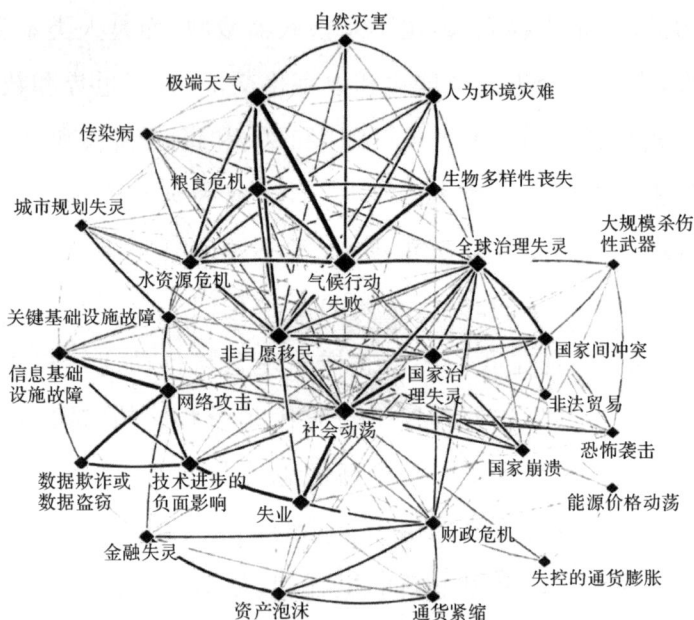

图 1-1　2020 年全球风险格局

资料来源:World Economic Forum. *The Global Risks Report* 2020,
Figure IV: The Global Risks Interconnections Map 2020. World
Economic Forum Global Risks Perception Survey 2019-2020.

偶然性①,主要基于政治地位、经济实力、社会影响、文化渗
透等资源优势产生并发挥作用。权力的转移不是从一个
人、一个政党、一个机构或国家转移到另一个人、政党、机构
或国家,而是当人类社会以更迅速猛烈的发展速度冲向未

———————

① [美]阿尔文·托夫勒:《权力的转移》,黄锦桂译,中信出版社 2018 年版,
第 501 页。

来时,深层次的"权力三角"也发生着潜移默化的改变,这是从权力转移到权利共享危险而又令人兴奋的秘密。权利共享作为对公平与效率之争的继承和延伸,不仅体现了人类对真理价值的追寻,更塑造了一种更为开放的权力结构,在权利之间、权力与权利之间实现又一次均衡发展。

权力的转移。从全球来看,权力作为一种关键变量,其动态趋势十分显著,权力的转移将会影响权力结构的整体变迁,给全球治理体系带来深刻的影响和挑战。全球流行疾病的暴发、民粹主义的兴起,以及大国竞争的回归,这些曾经被认为是过去式的严峻形势又重新出现在人类的视野中。人类社会重新来到"权威丧失"的长周期阶段,权力的历史性转移成为不可避免的趋势。第一,权力主体间的权力转移。以美国为首的西方国家长期以来通过联盟体系和制度性权力主导全球治理体系,形成了单级霸权治理模式。这种霸权体现为一种国际社会与其他国家的被动认同,形成的权威模式具有一定时代性和合理性。随着大西方霸权的分散与弱化和新东方实力的逐渐提升,全球权力格局重构正在成为历史的趋势。美国国际关系学者约瑟夫·奈在《道德重要吗》中提出:"在这个新的世界里,国际政治权力在某些方面是一个正和博弈的结果。仅仅考虑美国对其他国家的影响力是不够的。我们还必须从实现共同目标的权力角度去进行更广泛的思考,这包括尊重并赋予他者行使权力的可能。"①第二，权力形态的转移。随着全球治理机制的完善，强制性权力作为全球治理体系的传统权力形式之一，被消解并转化为相应的规范机制。这种规范性的认同与约瑟夫·奈提出的"软实力"类似，即不以强制性方式达到目的，主要源于国家的内在文化、价值观和内外政策等要素。② 就如同英国经济学家亚当·斯密将市场的力量喻为"看不见的手"，"软实力"正在成为全球治理中的"软武器"，越来越多的国家主体或非国家行为体利用"软实力"推动全球治理体系变革，成为权力性质发生变化的重要表征。第三，权力向新兴治理领域转移。新一轮科技革命是物理、信息、能量、生命四大空间的高度融合再创新，这种多域融合的新科技革命将重塑原有权力体系，塑造权力新支柱，使得权力向新兴治理领域转移。尤其是新一代数字技术使国际权力域出现现代化转变，催生算法权力、数据权力等新科技权力域，这些最具现代性的时代症候通过赋能、拓新、增量等方式③，对国际权力进行价值性重构，不断生产、重塑

---

① ［美］约瑟夫·奈：《全球权力转移的另一种方式》，世界报业辛迪加网，2020年，https://www. project-syndicate. org/commentary/new-technology-threats-to-us-national-security-by-joseph-s-nye-2020-08。

② ［美］约瑟夫·奈：《美国霸权的困惑》，郑志国译，世界知识出版社 2002 年版，第 9-10 页。

③ 林奇富、贺竞超：《大数据权力：一种现代权力逻辑及其经验反思》，《东北大学学报（社会科学版）》2016 年第 5 期，第 484 页。

和支配新的政治经济社会关系,形成多中心的国际权力体系,实现权力的转移。卡内基国际和平基金会专家莫伊塞斯·纳伊姆把这种过程归因为数量革命、迁移革命和心态革命(见图1-2),"数量革命正在使权力壁垒失效,迁移革命正在规避权力壁垒,而心态革命正在削弱权力壁垒"①。数字革命所蕴藏的海量数据,以及所带来的权力转移与扩散方式的转变,驱动着传统权力壁垒走向坍塌、权力结构走向重塑、权力理念走向更新。

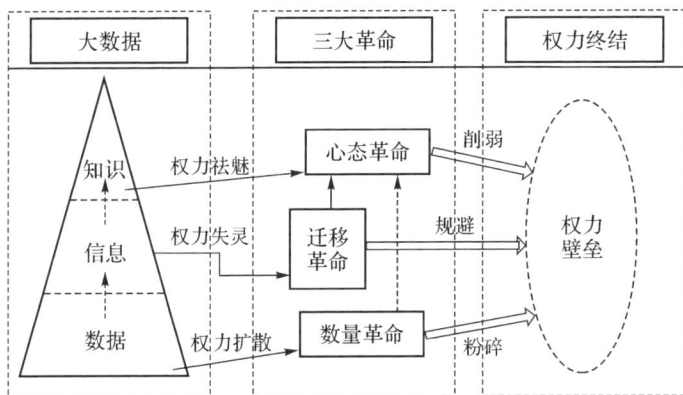

图1-2　大数据与三大革命

资料来源:刘建义、陈芸:《大数据、权力终结与公共决策创新》,《天府新论》2017年第6期,第75页。

从权力到权利。权力的本质是公权力。"公权力作为

---

① 〔委〕莫伊塞斯·纳伊姆:《权力的终结》,王吉美等译,中信出版社2013年版,第66页。

社会生活秩序的拐杖，历来被视为社会生活的主导者。"①
无论是政治权力、经济权力还是社会权力，权力的行使主体
都是公共机关和社会组织，权力的直接作用内容都是法律
所保护的公共利益，具有支配性、强制性、扩张性、排他性、
公共性、不可随意放弃性等特征。② 而权利的本质是私权
利，私权利是私人性质的，它以体现个人利益和意志为主，
带有私人性质的能量和资格。为了捍卫自身的自然权利和
弥补自然状态的缺陷，人类通过签订契约自愿放弃部分权
利，并将这部分权利交给人们一致同意的某个人或某些人。
人类社会的历史就是公权力与私权利资源在不同阶层按不
同方位排列组合的历史。③ 法国启蒙思想家让-雅克·卢梭
在《社会契约论》中也指出，国家权力是每个公民让渡自己
的一部分私人权利而产生的。从这个意义上而言，"私权利
是公权力的本源，公权力是私权利的附属"④。如果失去私
权利，公权力也就失去存在的价值和根基。尤其是数字技
术凭借其革新性、平等性、网络性等特征，使得人类通过技
术的"自我赋能"与"自我赋权"在知情、表达、决策等方面获

---

① 窦炎国：《公共权力与公民权利》，《毛泽东邓小平理论研究》2006 年第 5
　期，第 20 页。
② 段凡：《权力与权利：共置和构建》，人民出版社 2016 年版，第 4—5 页。
③ 汪渊智：《理性思考公权力与私权利的关系》，《山西大学学报（哲学社会科
　学版）》2006 年第 4 期，第 61 页。
④ 谢桃：《公权力与私权利的博弈》，《知识经济》2011 年第 21 期，第 27 页。

得更多的权利,成为社会发展的推动者、参与者,甚至是决定性力量,改变既有的力量平衡。可以说,从权力到权利,折射的是公权力的理性退让与私权利的人性成长。人类文明的发展史也是权利和权力动态分配调整的曲折史:从无序的权利过渡到有序的权力支配,再从失序的权力过渡到权利与权力的平衡,形成新的秩序。

权利的共享。19 世纪,德国法学家鲁道夫·冯·耶林认为,"世界上的一切法都是经过斗争得来的"①,强调"斗争"对实现权利的重要性,主张人类应该时刻准备着"为权利而斗争"。进入 21 世纪,人们逐渐意识到,"权利本身就表征了人与人之间的一种关系,这种关系的核心不应当总是有种斗争关系,它还包括人与人之间的合作关系。在特定的历史条件下合作关系有可能更能表征权利的性质与内涵"②。如今,以大数据、区块链、元宇宙为代表的新一代数字技术在一定程度上可以说是权利的福音,权力被稀释与扩散后,传统权力结构走向衰退和终结,权利有了更大的生长空间。这源于,数据衍生出来的"数据权利"与"数据权力"以正式或非正式制度为介质,在人类社会实践中不断生成、作用或演化,并反作用于人类数字空间的规制和调整。

---

① 梁慧星:《民商法论丛(第 2 卷)》,法律出版社 1994 年版,第 12 页。
② 李拥军、郑智航:《从斗争到合作:权利实现的理念更新与方式转换》,《社会科学》2008 年第 10 期,第 105－114 页。

可以说，数据既是一种权力叙事，也是一种权利范式。数据权利虽然是大数据时代才提出的，但其理念早已有之。诸如个人信息、个人隐私、知识规律、商业秘密等传统意义上的数据已经被各国纳入民事权利的范畴。数据权利的提出，既是上述传统民事权利的发展，也是一项新型权利的构建。"从权利视角看，共享和占有是数权与物权的本质区别。其原因在于，在物的使用权让渡中，占有权的存在让物的权利主体的利益不会因此受到损害，权利主体仍旧对该物具有控制权。但数权不同，一旦数据的使用权让渡，获取数据的一方就完整地拥有了数据本身，数据就会脱离初始权利人的掌控，此时对数据本身的占有权就因此失去了意义，数权突破了'一物一权'和'物必有体'的局限，往往表现为一数多权。对于数据来说，强调数权的共享权与强调物权的占有权一样重要，这是从物尽其用到数尽其用的必然。"①

二、共享权与全球治理观

在新旧世界格局交替变化的过程中，国际权力结构进入动荡调整期，新序与旧序并存，失序与增序交织，调整、变

---

① 大数据战略重点实验室：《数权法 2.0：数权的制度建构》，社会科学文献出版社 2020 年版，第 101—102 页。

革与重构势不可挡,全球治理体系的演变进程在曲折中提速,在动荡中前行。人类正陷入单边主义、民粹主义和逆全球化的危机之中,进入了真正意义上不确定的、秩序混乱的、无法预估的、四处动乱的时代。人类比任何时候都需要一种与不确定时代相适应的理念、机制和制度,来引领人类前进,创造新的未来。价值引领行动,方向决定未来。全球治理归根结底是价值共识支配下的公共行为和合作行动。价值共识是全球治理的行动指南,是人类实现更全面发展的桥梁和纽带。面对复杂多变的国际形势和不确定不稳定不可测因素增加的未来前景,和平崛起的中国镇定自若、积极应对、顺势而为,基于全人类福祉和利益提出共商共建共享的全球治理观,为全球治理体系增添新思想,以解决谁来治理、怎样治理和为谁治理等问题,表现出强大的战略定力和政治智慧。倘若忽视共享的精神内里,就忽视了引导全球合作、推动全球治理的新力量。而共享权作为数权制度的本质特性、利他主义的文化内涵、数字文明的重要支撑、人类命运与共的价值取向,或将超越其基于人权制度的理论假设,为全球治理体系从"扭曲的全球治理"走向"健康的全球治理"提供一种新思路、新方法和新路径。

共商共建共享的全球治理观。现行国际秩序是第二次世界大战后大国博弈的产物,霸权主义、强权政治等痼疾难解。以美国为代表的西方大国,在这一体系中处于主导地位，其内外政策的调整在很大程度上左右着世界经济发展、国际形势变化、地区安全形势，这种独一无二的发言权和决定权导致全球平等协商的体制机制始终难以确立。换言之，全球治理的规则和机制大多由西方国家制定，在很大程度上体现的是发达国家的意图和价值①，这也是诸多矛盾冲突产生的重要原因，难以应对人类面临的各种重大挑战。如今，人类站在全球治理体系变革的十字路口，大国行动的每一步都是在为世界的未来背书，决定着人类社会是退回弱肉强食的霍布斯丛林世界，是走向人类历史的至暗时刻，还是迈向人类美好的光明未来。中国作为新兴的发展中大国，基于全人类的福祉和利益，积极提出共商共建共享的全球治理观，主张共同构建人类命运共同体，从全人类视角为"全球主义"和"人类主义"等共享理念增添新内容，目的就是倡导更多的国家和组织参与进来，共负责任、共担风险、共享成果。共商共建共享全球治理观下的治理主体既是规则的组织者也是成果的受益者，将发展成果回归到全人类本身，是全人类的合作共赢。如果说"共商"和"共建"为全球治理转型和建设过程提供了具体规则和实现路径，那么"共享"则为全球治理提出更高的要求和更长远的规划，既是全球治理价值的归属和落脚点，又是对"共商""共建"内

---

① 俞可平：《全球治理引论》，《马克思主义与现实》2002 年第 1 期，第 20—32 页。

生动力的深化发展。"一带一路"作为共商共建共享全球治理观最生动的实践体现,以"合而治之"应对时代挑战,不为中国独有、独治、独享,已然得到国际上的广泛响应和支持,成为共商共建共享全球治理观生动的实践典范。换言之,共商共建共享全球治理观体现的是事物之间相互依存而不相害、共同成长而不相悖的共生思维,彰显着中华文化"己欲立而立人,己欲达而达人"的舒展气度,或将成为推进全球治理体系与治理能力现代化不可或缺的系统链条,为解决全人类面临的全球性问题提供理想的价值理念和行动方案。

全球治理中的权力结构变迁。全球治理作为一种建立在国际政治经济权力格局与结构上的治理机制和制度安排,实质上是国家间利益和权力的博弈与较量。国际政治中的权力犹如天气,所有人都对它议论纷纷,却没有人能够真正地掌握它。从前,西方发达国家具有明显的权力优势,强势掌控着全球治理规则的话语权、制定权、解释权和变更权,当全球治理的游戏规则与其利益相悖时,任意修改、变更甚至违背规则,将全球化发展趋势和世界历史前进的规律弃之不顾,形成一种以发达国家为核心、新兴国家居次核心、广大发展中国家处于边缘的,具有强烈"等级"色彩的全球治理体系。然而,在构建人类命运共同体这样的全球合作行动中,任何一个国家都不能将利益作为唯一考虑因素,或许可通过共商、共建、共享的方式来扩大合作利益，共同分享合作过程中产生的新利益。这源于，全球治理体系变革并非自发而成，它是由全球各个利益主体在"攻"与"守"的权力博弈中形成的。一旦权力结构调整，权力大小的消长将会影响决定权的重新调整与分配。如今，随着经济全球化的发展，国际社会呈现政治多极化、全球问题复杂化和权威需求新型化的时代发展趋势，发达国家与不发达国家之间的经济往来愈加频繁，全球经济迎来增速换挡期，催生形成新的全球治理体系。① 新兴经济体的崛起所导致的权力转移成为当今全球治理的主要特征，新兴经济体积极探索多边合作机制，增强权力凝聚力以摆脱发达国家的压制。然而，在权力、资源、影响与机会极度不平等的国际政治生态中，全球治理体系主张的平等对话、多边协商的游戏规则只能沦为空谈。尤其是新冠疫情以近乎极端的方式镜鉴了人类社会在面临层叠交错的"黑天鹅"与"灰犀牛"事件时，权力结构变迁对全球治理主体合作意愿的大幅削弱，及其对现有多边合作机制的急剧分裂。

共享权下的全球治理体系变革。随着人类的现代化发展，依靠船坚炮利进行血腥殖民和暴力统治的形式已经不

---

① 刘同舫：《人类命运共同体对全球治理体系的历史性重构》，《四川大学学报（哲学社会科学版）》2020 年第 5 期，第 7 页。

再适应时代发展的需要,全球化进入推行民主、自由和人权等价值理念的新时期。从全球治理①的定义也可以发现,人权和民主是支撑全球治理大厦的核心价值基础。共享权作为一项由不特定多数主体享有的非排他性权利,不是泛化的、空洞的,而是实化的、规范的,是对人权广泛性、公平性和真实性的发扬②,使人类享有共同参与全球治理、共享人类发展成果、共享安全保障的权利与机遇。正如美国思想家欧文·拉兹洛所言:"我们生活在这样一个时代:不再有任何共同体或国家能够统治其他所有的共同体和国家;不再有任何国家能够离开其他国家而生存下去。在某种程度上,每一个共同体、每一个国家在经济、生态乃至领土安全方面都要依赖其他共同体和国家。"③共享权立足于全人类共同价值和人类历史发展规律的生成历史,对全球治理体系因游戏规则"一边倒"倾向造成的治理失灵现象,构筑了契合全球化发展新阶段下人类交往的"社会形式",构建数据作为第一生产要素的共识性框架,解决数字时代的国

---

① 全球治理,指的是通过有约束力的国际规则解决全球性的冲突、生态、人权、移民、毒品、走私、传染病等问题,以维持正常的国际政治经济秩序(俞可平:《全球化:全球治理》,社会科学文献出版社 2003 年版,第 13 页)。

② 万斌、王康:《论胡锦涛"共享"思想的人权意蕴》,《浙江学刊》2008 年第 5 期,第 209-210 页。

③ 〔美〕欧文·拉兹洛:《决定命运的选择》,李吟波等译,生活·读书·新知三联书店 1997 年版,第 113 页。

家安全与数据自由流动问题、数字税问题和跨境网络犯罪问题等，推动各全球治理主体携手创造一个公平的数字化国际竞争环境，搭建基于数字技术的国际秩序，成为发展数字文明新时代的重要基石。这不仅是对全球化实践中价值理念的历史性反思，还有利于凝聚全球治理体系中各参与主体利益间的价值共识。共享权下的全球治理体系提倡以个人"基本享有"为单元的世界观与人类共同利益为取向的价值观，旨在消隐价值认知之间的客观差异，超越单一民族、国家或群体以及西方资本主义对世界价值形态的"畸形"统一，反映的是人类寻求真正的和平、共享、合作、自由等价值共识的努力。在互构的普遍价值共识、共生性系统、包容性机制作用下，共享权推动实现治理主体间的平等共享，这种平等共享不是权力主体间"你之所得即为我之所失"的"零和博弈"，而是一种非对抗性、合作性的"正和博弈"，抛弃了以往非合作的、损人利己式的负和博弈与零和博弈，强调集体主义与团结利己，是公平、公正、效率、和谐、自由的集合体。[①] 共享权下的全球治理体系以开放共享替代封闭保守，以团结协作替代排他性竞争，以共存共荣替代霸权统治，更符合全人类的核心利益关切，更易于获得全人

---

① 张晋铭、徐艳玲：《科学把握人类命运共同体与全球治理体系的"正和博弈"》，《青海社会科学》2020 年第 2 期，第 1 页。

类的接受和认可。可以说,共享权深刻洞彻了人类本身发展的核心命脉和基本趋势,摒弃了以往依靠强制性的范式来维持现状的做法,竭力化解全球治理体系极端演化所造成的全球发展困境,更多地回应了现实的变化(见表1-1)。共享权下的全球治理体系变革以技术的张力和开放的空间,为重新整合社会变迁、全球发展与国家利益之间的矛盾关系,以及推动全球治理体系变革提供了价值支撑、理念支撑和制度支撑。

表 1-1　共享权下的全球治理体系与传统治理体系之对比

对比元素	传统全球治理体系	共享权下的全球治理体系
主体选择	同质性/排他性	异质性/包容性
主体定位	利己的权力主体	利他的权力主体
结构形式	中心—外围的环状结构	互联互动的网状结构
结构特性	等级从属	平等共享
运行逻辑	零和博弈(冲突)	合作共赢(共享)
实现路径	资本无序扩张	主体平等协商

三、主权区块链对全球治理的特殊意义

人类社会正处在大发展、大变革、大调整时期。世界经济复苏乏力、冲突频仍,网络犯罪、恐怖主义、难民危机、气候变化等非传统安全问题持续蔓延,网络民粹主义、贸易保护主义、逆全球化思潮明显上升,冷战思维和强权政治阴魂

不散。全球问题的应对之道是全球治理，如果想要避免冲突造成的不计其数的风险与挑战，就需要建立一个新的全球秩序，或者至少是新的"交通规则"。基于主权区块链的全球治理就是这样一种"交通规则"，使行驶在高速路上的数据和信息按照一定的规则运行，减少风险与危机的发生。主权区块链这一治理科技，在新的现实环境、技术条件、制度逻辑下，为全球治理提供了一套全新的思维范式、基础架构、规则体系。

全球挑战中的全球治理与人类命运。进入 21 世纪以来，人类的科学技术与经济发展水平都达到了前所未有的高度，特别是供过于求已经成为一种全球性常态，但国家间的利益冲突与各种各样的文明退化现象却呈现愈演愈烈的发展势头。人类既要面对武装冲突、核武器、非防卫性军事力量等全球安全引发的政治挑战，又要关注资源短缺、环境污染等全球生态环境问题和全球金融危机、全球经济安全问题等引发的经济挑战，还要注意恐怖活动、毒品交易、跨国犯罪以及疾病传染、饥饿贫困等引发的社会挑战，以及由不同民族、国家之间的价值冲突引发的文化挑战。尤其是技术革命的跨越式发展，使得以往林林总总的"不可能"正在变成现实和未来的无限"可能"。无论是 6G、人工智能、元宇宙，还是生命科学、新能源开发、太空深海探索，这场新技术革命必然推动经济革命、社会革命、全球治理革命，其变化是历史性、颠覆性的。[①] 在如此错综复杂的百年未有之大变局下,世界秩序正在重构。正如德国社会学家乌尔里希·贝克所言,"全球风险的一个主要效应就是它创造了一个'共同世界',一个我们无论如何都只能共同分享的世界,一个没有'外部'、没有'出口'、没有'他者'的世界"[②],任何人都不可能独善其身、置身事外,人类或许只有和衷共济、和合共生、合作共享这一条出路。而中国倡导的人类命运共同体理念回应了各国人民求和平、谋发展、促合作的普遍诉求,为有效解决日益凸显的治理赤字、信任赤字、和平赤字、发展赤字等人类发展问题提供了路径选择,在全球治理变革的进程中彰显出强大的吸引力、感召力和行动力。

主权区块链:技术之治与制度之治。技术不是制度,也不可能取代制度。单一的制度之治在强化主权国家网络权威时,也会遏制互联网空间的创新与活力,而单一的技术之治则会使网络空间陷入秩序混乱的窘境,信任缺失、隐私泄露、信息瘟疫、数字垄断、网络极化、网络诈骗、黑客入侵、暗网交易等问题凸显。也就是说,过度迷信区块链的技术功能,认为区块链可以冲破主权国家的组织壁垒,甚至跨越制

---

① 何亚非:《全人类共同价值为全球治理贡献中国智慧》,《人民论坛》2021年第 29 期,第 8 页。

② [德]乌尔里希·贝克、邓正来、沈国麟:《风险社会与中国——与德国社会学家乌尔里希·贝克的对话》,《社会学研究》2010 年第 5 期,第 209—210 页。

度界限的想法亦是天马行空。这是因为，区块链作为一项技术，要有效运用于全球治理和社会治理，必须通过社会组织和制度安排来实现。换言之，区块链应用于具体的治理场景时，需要遵循"制度为体、技术为用"的基本原则。主权区块链基于区块链的技术基础，在坚持国家主权原则的前提下，加强法律监管，以分布式账本为基础，以规则和共识为核心，根据不同的数据权属、功能定位、应用场景和开放权限，构建不同层级的智能化制度体系，是技术与制度的共生、弥合与发展，而不是相互攻击、互为取代的对抗。进一步讲，数据主权论、数字信任论和智能合约论是主权区块链的核心议题，为实现技术创新与制度重构奠定了坚实基础。

具体而言，数据主权论指主权区块链基于不可篡改和叠加密码学等技术特征，将不同层面和类型的制度相互衔接和联系，促进数据主权与数字人权协调发展，增进人类数据福祉。数字信任论指主权区块链在尊重数据主权和国家法律监管的前提下，建立起以规则和共识为核心的安全分布式账本技术解决方案，在制度与规则层面构建基于共识的新型组织或群体。智能合约论指主权区块链将智能合约植入法律体系，为数据要素的流动提供统一的共识机制和安全可追溯机制，让信任像信息一样自由流转，以有效减少人为干预与冗长的审批过程，推动实现更加高效、公平和有序的全球治理。可以发现，主权区块链通过融合技术信任体系和制度信任体系,使社会信任关系实现公信力和共信力的双驱动,最大限度地拓展了社会信任范围,打破了血缘、地缘、业缘的限制,让原本主要基于熟人社会和地域化情境的信任"脱域化"。未来,主权区块链合于中国"天下为公""和而不同""有容乃大"的传统文化思想,将最大化融合技术之治与法律之治,实现真正的科技向善与良知之治①,令"万物并育而不相害",并最终致"天地万物一体之仁",成为全球治理的最大公约数和共识基础。

基于主权区块链的全球治理新构想。主权区块链凭借其可监管、可治理、可互信、分散多中心化等特性将全面创新全球治理模式,构建全球治理新秩序。首先,主权区块链将推动全球治理树立共识共治的价值导向。如今,全球治理难题的症结不是源于一场冲突,也不是源于规则的博弈,更不是利益之争。这是一场围绕如何定义未来的竞争,归根到底是一个关乎存在的问题,其背后隐藏的是深层次的价值冲突。长期以来,西方"普世价值观"以抽象空洞虚假的"自由、民主、人权"为口号,左右和支配着"中心—边缘"的旧世界格局体系,而与西方主导价值逻辑不同的国家制度、社会生活、行为方式则被视为消极的存在物。各主权国

---

① 大数据战略重点实验室:《主权区块链 1.0:秩序互联网与人类命运共同体》,浙江大学出版社 2020 年版,第 324—353 页。

家在解决全球性问题时，不仅难以达成共识，反而消耗了大量的沟通成本。主权区块链本身的去中心化特征，使得区块链系统中不存在单极组织，其分布式网络各个节点上的参与者共同遵从一定的共识机制，不受制于文化、语言和意识形态，推动各国摒弃狭隘的国家利益观，摒弃强权政治和霸权主义，从而形成一种全球性的价值共识（见表 1-2）。这是一种源于共享思想的共识，也是基于理性、科学、技术的共识，符合对全人类核心利益的现实关切，代表了人类对未来的憧憬和展望，将远超历史上的"华盛顿共识"。

表 1-2　主权区块链特征与全球治理创新

主权区块链（技术）	主权区块链（技术＋法律）	全球治理
分散多中心化	所有节点权利义务平等	多元治理主体分布式联结
协商共治	系统由节点共同维护	治理主体协同高效
共识	和谐包容的共识算法和规则体系，无须第三方信任	治理主体互信共治、全球资源分配市场化
智能合约	自动执行合约	自动化、智能化机制无处不在
监管	监管节点的控制和干预能力	有效监管治理主体

　　其次，主权区块链将推动全球治理建立公平公正的规则体系。万物更迭，自有时序。全球治理新规则的出现是缓慢而艰难的，但终究会取代滞后于时代发展的旧规则。全球治理本质上是人类探索社会运行规则的过程，没有规

则就没有全球治理,这要求全球治理坚持规则导向,以规则约束国际权力。区块链以其去中心化、开放性、自治性、匿名性颠覆传统法治监管体系,由预先定义好的技术规则来实现"自治",可提高操作的便捷性和高效性。而主权区块链作为一种法律规制下的制度之治,在区块链混合技术架构的基础之上进行法律规制,形成一套由技术规则和法律规制共同监管治理的"组合拳",兼顾技术规则的可行性和法律规则的权威性。如果将全球治理主体视为主权区块链上的各个节点,其分布式账本技术可使经济数据和决策信息在各参与主体之间实现共享、复制和同步,解决数据和信息过于集中导致的霸权问题,推动构建公平公正的全球治理规则。

最后,主权区块链将推动形成全球共治的理想模式。主权区块链下的全球治理主体作为区块链节点,在面对全球治理问题时形成自己的区块链账本,可实现治理过程的实时共享,处于节点上的任何个体都不能欺骗对方,这些特征使得主权区块链在民主共治方面"天赋异禀"[①]。这种基于算法的共治,使得节点间的关系建立在智能合约和通证之上,其强激励、精细化、低成本等特点将极大地调动治理

---

① 陈伟光、袁静:《区块链技术融入全球经济治理:范式革新与监管挑战》,《天津社会科学》2020 年第 6 期,第 96－97 页。

主体的积极性,有效克服区块链节点反应迟缓的弊病。[①]
虽然,基于分布式自治的共治模式是当前全球治理实践中
较难实现的理想模式,但随着技术的成熟、算法的改进、模
式的跃迁,承载这种先进治理理念的主权区块链节点共治
平台,将有助于构建尊重全球各治理主体的多中心治理体
系,真正实现全人类监督、全世界合作、全球范围内共治。

人类社会演化的动力始终维系于少数人的精神以及他
们的努力。因为多数人保持对传统生活的满意,从而不怀
疑传统。我们提出主权区块链对全球治理的特殊意义,如
同"知识的诅咒",即当人们知道一件事后,就无法再去想象
不知道这件事的样子。我们把这个概念反过来理解就是
"知识的祝福",当人类展开了对未来新世界的想象,眼前的
世界就不再是原来的样子。就如同我们在理解主权区块链
对全球治理、人类未来的特殊意义后,便难以想象没有主权
区块链的世界。基于主权区块链的全球治理并非人类普遍
幸福的神话,而是谋求人类普遍安全以及权益共享的制度
安排,也绝不是统治世界的一种新手段,而是人类的"无外"
监护体系,它将帮助人类以共生、共在、共存、共享的方式存
在,促使人类放弃损人利己的发展方式,避免人类世界的彻

---

① 韩传峰:《基于区块链的社区治理机制创新研究》,《人民论坛·学术前沿》
2020 年第 5 期,第 66—75 页。

底失败、人类文明的彻底终结。未来，主权区块链将成为这样一项新规则、新制度、新范式：在公权力与私权利之间、在共享权与隐私权之间、在主权国家与个体节点之间、在国家权力和社会权力之间寻求最佳平衡点，使得全球治理朝着更加平等、民主、共享的方向发展，推动人类进入更为璀璨的人类文明新时代。

第二章　数字金融与文明的秩序

　　区块链经济的到来,将通过世界货币、可编程智能合约、资产链上全球流通等特点,进一步促进全球化与人类命运共同体的深入融合,区块链经济将带给全人类更加繁荣与文明的未来。

——亚洲区块链基金会董事,

联合国世界区块链组织助理总干事、数字经济署署长,

中国电子学会区块链专委会委员　郭小川

第一节 金融世界观：理解世界的坐标

金融是人类社会对抗不确定性的学问。当今时代是一个金融全球化的时代，谁掌握了国际金融的主导权，谁就拥有了左右经济增长、财富积累、资金分配的权力。金融是经济的"血液"，货币是金融的"细胞"。从为人类解决了什么问题的角度看，货币形态的演变出现过三次范式革命。第一次是金属货币革命，金属货币的出现改变了以往交易媒介的物品多种多样的局面，解决了统一价值尺度的问题。第二次是法定货币革命，货币本身是国家债务的凭证，法定货币解决了国家与货币之间的关系问题，纸币时代随之而来。第三次是信用货币革命，货币除了代表信用，已基本没有贵金属的"含金量"，信用货币解决了货币仅充当信用流通的工具、不再直接代表任何贵金属的问题。2008 年全球金融危机以来，世界货币体系亟待重新寻找稳定"货币锚"，重构货币信用体系。伴随金融科技的发展，数字货币应运而生。毫无疑问，以国家信用背书的数字货币的大规模应用，将彻底解决"什么是货币"这个最根本的问题，货币与金融的运行方式将迎来下一场范式革命。随着数字货币时代的到来，全球财富格局将被重新定义，世界货币格局也将被改写，我们必须要以全新的逻辑、结构和运行机理来理解数字时代的金融世界。

一、从货币的起源说开去

"货币是人造的神迹,也是世界的隐形血脉,金融的实质在于货币的流转,文明传承甚至也依赖于与之共舞。"[①]伴随商品生产与交换的发展,以及技术与制度的不断进步,千百年来,关于货币起源的争论不绝于耳。货币形态大致经历了实物货币、金属货币、代用货币、信用货币、电子货币、数字货币的演变过程。从本质上看,货币的发明只是人类金融活动的起点,通过货币这个信用载体,人类最终实现的是对于处在不同时(间)空(间)的物品进行等价交换功能的信任,其在本质上是人类对于未来交换的"信用工具"[②]。如果说以现金为基础的纸币代表着货币的现在,那么以分布式记账凭证为基础的数字货币的崛起则代表着货币的未来。数字货币改变了货币发行的主体和信用方式,由此带来了传统金融行业与交易方式的颠覆性变革,但其本质仍然是一种人类社会用以进行未来信用传递的工具。可以预见,作为一种全新的理念与技术,数字货币及其背后的区块链技术具有强大生命力和创新潜能,必将成为未来金融竞

---

① 徐瑾:《白银帝国:一部新的中国货币史》,中信出版集团 2017 年版,第 42 页。
② 郑戈:《论数字货币的信用传承与形态变革》,《财经法学》2020 年第 5 期,第 154 页。

争的核心场所。

货币的起源。英国经济学家约翰·梅纳德·凯恩斯曾说:"正像某些其他主要的文明要素一样,货币这种设施的年代,比几年前人们让我们相信的年代要古老得多。它的起源消失在冰河融化时期那一印象模糊的时代中,可能远伸到间冰期人类历史上的黄金阶段中去了;那时气候宜人,人类心灵开朗,是新观念的沃土。"①人们对货币起源问题的追问和探讨由来已久,并从不同角度提出了诸多不同的解释。②亚里士多德认为,货币的出现"不是出于自然的而是出于人为的力量,并且我们有力量改变它或废弃它",且"货币同别的事物一样,要受到法律的管辖"③。亚当·斯密详细论述了货币的产生和发展过程:"分工产生了交换;最初人们把牲畜等物品作为交换的媒介,随后金属由于自

---

① [英]约翰·梅纳德·凯恩斯:《货币论(上卷):货币的纯理论》,何瑞英译,商务印书馆1986年版,第14—15页。
② 从思想史看,早期的经济学家主要从国家或个人的角度来解释货币起源。这种解读模式受到重农学派和古典经济学家的猛烈批判,后者强调客观因素在货币产生中的作用,认为无论对国家还是个人来说,客观的经济关系和经济规律都是不可抗拒的。而后来的经济学理论又重新转向个人的主观意志。
③ [古希腊]亚里士多德:《尼科马可伦理学》,转引自[美]门罗:《早期经济思想——亚当·斯密以前的经济文献选集》,蔡受百译,商务印书馆2011年版,第26页。

身的自然特点而成为交换媒介即货币。"[1]凯恩斯则认为，货币起源于表示债务和价目的功能。[2]关于货币的起源，一种比较成熟的说法认为，在货币诞生之前，人类的经济活动是从物物交换开始的。后来逐步发展到以贝壳、石头等当时具有普遍价值的东西来交换物品，直到金币、银币的出现。货币起源于通过间接媒介的交换，货币的主要功能，就是作为交换媒介或者工具。马克思通过对货币的研究考察，认为货币是一种特殊的商品，且被固定用来当作一般等价物，"货币既然不是思考或协商的产物，而是在交换过程中本能地形成的"[3]。从商品占有者的角度来看，马克思认为货币是商品占有者克服商品交换过程所包含的私人性和社会性之间的矛盾的产物。"货币结晶是交换过程的必然产物，在交换过程中，各种不同的劳动产品事实上彼此等同，从而事实上转化为商品。交换的扩大和加深的历史过程，使商品本性中潜伏着的使用价值和价值的对立发展起来。为了交易，需要这一对立在外部表现出来，这就要求商品价值有一个独立的形式，这个需要一直存在，直到由于商

---

① ［英］亚当·斯密：《国富论》，富强译，陕西师范大学出版社 2010 年版，第 19—21 页。

② ［英］约翰·梅纳德·凯恩斯：《货币论（上卷）：货币的纯理论》，何瑞英译，商务印书馆 1986 年版，第 5 页。

③ 中共中央马克思恩格斯列宁斯大林著作编译局：《马克思恩格斯全集》（第三十一卷），人民出版社 1998 年版，第 442 页。

品分为商品和货币这种二重化而最终取得这个形式为止。"①可见，"货币是人类生存需要和经济活动的产物"②，正是商品交换和交换关系的不断发展，人类交往程度的不断提高和交换关系的不断扩展，才推动了使用价值与价值的矛盾运动，也体现了物质生产力和生产关系不断发展的必然结果。

货币的本质。长期以来，人们认为"货币"背后实际体现的是一种社会关系。随着社会分工的出现，生产者生产的商品不能满足自己的日常需求，需要与其他生产者进行交换，这时私人劳动形成的商品就具有了社会劳动的性质。货币在本质上反映了私人劳动与社会劳动的矛盾，却以货币的形式掩盖了这种关系。从生产关系的角度来看，"货币不是东西，而是一种社会关系"③，是商品交换发展到一定阶段的产物，是一种生产关系④。"传统理论大多秉持货币的商品本质观，认为货币作为一般等价物必须如传统贵金

---

① 中共中央马克思恩格斯列宁斯大林著作编译局：《马克思恩格斯全集》（第二十三卷），人民出版社 1972 年版，第 105 页。
② 苗延波：《货币简史：从货币的起源到货币的未来》，人民日报出版社 2018 年版，第 35 页。
③ 中共中央马克思恩格斯列宁斯大林著作编译局：《马克思恩格斯全集》（第四卷），人民出版社 1958 年版，第 119 页。
④ 戴金平、黎艳：《货币会消亡吗？——兼论数字货币的未来》，《南开学报（哲学社会科学版）》2016 年第 4 期，第 141—149 页。

属货币拥有自身价值基础,或者必须如现代信用纸币那样以国家信用为其价值支撑。"①货币之所以能够从普通实物演变为一般等价物,原因在于货币产生了普遍信用,人们只要充分信任,社会范围内的普遍交换便可行,"正是人们彼此之间的信任产生了货币,而且各种形态的票证都可以充当货币"②。因此,货币是人们相互信任的产物,"货币的本质是一种保证实现商品交换的信用,是所有者与市场关于交换权的契约。货币是社会关系下的人际信用,体现的是人与人之间的信用关系"③。具体来说,货币的本质是一种实现商品交换的信用。④ 英国经济学家大卫·休谟也曾言:"金银因人类而赋予其想象的价值,更大范围地说,货币价值基于心理评估,货币的本质就是大家基于信用普遍接受的交易媒介。"⑤简言之,货币的本质是一种信用品、交换媒介或者工具,货币是信用的载体、担保物,而货币信用的

① 刘新华等:《货币的债务内涵与国家属性——兼论私人数字货币的本质》,《金融体制改革》2019 年第 3 期,第 59 页。
② 阮达、何玉、庄毓敏:《货币起源"信任说"对人民币国际化的启示》,《现代管理科学》2015 年第 5 期,第 9—11 页。
③ 向坤、王公博:《央行法定数字货币发行的驱动力、影响推演及政策建议》,《财经问题研究》2021 年第 1 期,第 65 页。
④ 褚俊虹、党建中、陈金贤:《普适性信任及交易成本递减规律——从交易货币化看货币的信用本质》,《金融研究》2002 年第 3 期,第 32—38 页。
⑤ [英]大卫·休谟:《休谟经济论文选》,陈玮译,商务印书馆 1984 年版,第 29 页。

产生及其维持时间的长短取决于货币形式与功能相互结合的模式。随着商品经济形态的发展演变、交易频率的加快和人们对商品依赖的加强，"人与人之间建立了一系列的信用关系——实力、诚信，心理的和情感的因素超越了对特定'商品'的信任"①，最后推动货币从"商品"向"信用"特征转化，即信用货币日益成为通货。比如，纸币作为一般等价物的意义在于它已成为一种促进流通和支付的社会信用。

货币的未来。亚当·斯密在《国富论》中提出，货币在经济社会中发挥着三大职能：价值储藏、交易媒介和记账单位。货币的形态在从商品货币、金属本位货币、金属汇兑本位货币再到完全信用货币的演进历程中始终保持上述属性，但其实现方式伴随人类认知和科技水平的发展经历了重要变革（见图2-1）。从古至今，人类记账方式的变化也直接反映了人类文明的发展阶段。从用树枝记在地上，到用刀具记到树皮上，再到刻在石头上，后来写到竹简上，记到纸上，一直到计算机出现，催生了新的记账方式。区块链技术恰好就是公开维护、一经记录无法篡改、可追根溯源的一个分布式账本。交换是货币演变的主要动力，"货币是国家与国家、地区与地区、人与人之间发生社会关系、交换关系

---

① 方建国：《商品与信用：货币本质二重性的历史变迁》，《社会科学战线》2020年第2期，第54页。

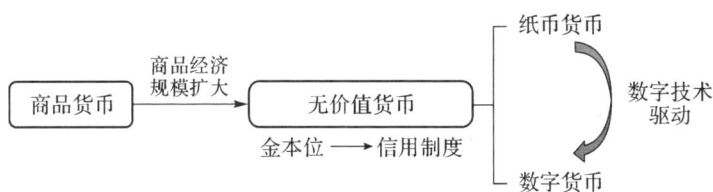

图 2-1 基于马克思理论的货币形态演化趋势

所必不可少的媒介"①。于是,人类对交换便利性的渴求与
现有货币交易中不便性之间的矛盾推动了货币形式的不断
演进,"以底层区块链技术、分布式记账技术等为基础的数
字货币必然会极大地满足人类交易便利性的需要,也必将
引起货币支付体系的革新"②。2009 年初,基于区块链技术
的加密数字货币——比特币——的诞生,为未来货币发行、
支付模式的创新变革提供了全新的方向。"以比特币为代
表的数字货币具有信息充分透明、交易记录不可篡改、运行
效率高等技术先进特点,符合货币技术演进优化的规
律。"③从中本聪对数字货币的起始设计看,其动因并不是
源于流通中改进支付工具、提高交易效率,而是拟通过点对
点去中心化结构设计,改善信任机制,或者说比特币设计的

---

① 黄奇帆:《数字化、区块链重塑全球金融生态》,《全球化》2019 年第 12 期,
第 14 页。
② 冯永琦、刘韧:《货币职能、货币权力与数字货币的未来》,《经济学家》2020
年第 4 期,第 100 页。
③ 冯静:《货币演化中的数字货币》,《金融评论》2019 年第 4 期,第 80 页。

首要目的是改变货币的信任机制。这也决定了数字货币作为"货币"形态演进的起点、路径不同于以往任何货币的演进逻辑，它颠覆了传统的货币演进逻辑。区块链在诞生初期就具备极强的数字金融属性，"由数字世界基本规律和成熟技术构建的区块链数字金融极具侵略性，比特币在短短的十年间构建了数字金融的产业基石"①。从货币的进化和发展规律来看，加密数字货币必将是未来的发展趋势，但"数字货币并未脱离货币发展的一般规律，即在本质上依然需要依托稳固的信用制度作为基础"②。毋庸置疑，数字货币作为一种更加便捷和高效、低成本的货币新形态，已经成为人类科技文明的重要产物。

二、金融创新与国家能力

金融是现代经济的血脉，是国家重要的核心竞争力，经济的健康发展离不开金融的有力支持。金融创新是一定社会物质条件下的产物，金融的发展史本身就是一部技术的创新史。基于交易的频繁性和数据的密集性，金融与数字技术之间有着天然的高度融合属性，在科技创新应用方面，金融机构是积极推动者，也是直接受益者。回望金融科技

---

① 朱纪伟：《区块链：数字金融的基石》，《信息化建设》2019 年第 7 期，第 56 页。
② 肖远企：《货币的本质与未来》，《金融监管研究》2020 年第 1 期，第 13 页。

过去 10 多年的发展历程,从早期"数据大集中"的开展、网上银行的设立到互联网金融浪潮的来袭与消退,再到当下金融与以大数据、人工智能、云计算、区块链等为代表的新一代信息技术深度融合、迈向智能化,金融科技的发展可谓日新月异。如今,站在新时代的起点,金融与科技正实现新一轮的创新融合,数字金融日益成为社会各界关注的重要领域。数字普惠金融是数字金融和普惠金融发展的最终趋势,正成为发展中国家和新兴市场国家提高金融包容性的关键驱动因素,"全球各国纷纷将数字普惠金融提升至国家竞争力的战略层面"①。金融科技加剧了金融企业特别是传统金融企业与新兴金融企业的竞争,也加剧了金融领域的国际竞争,以数字贸易为核心的全球贸易竞争格局正在重塑,贸易价值链分工正在调整,数字贸易规则主导权争夺日益激烈。

金融科技驱动创新。进入 21 世纪以来,随着互联网应用的普及,特别是近年来以大数据、云计算、区块链、人工智能等为代表的金融科技②,以及数字技术应用构建的金融

---

① 胡滨、程雪军:《金融科技、数字普惠金融与国家金融竞争力》,《武汉大学学报(哲学社会科学版)》2020 年第 3 期,第 131 页。

② 全球金融稳定理事会(FSB)将金融科技(FinTech)定义为金融服务中以技术为基础的创新,可以产生新的业务模型、应用程序、流程或产品,从而对金融服务的提供产生重大影响。简而言之,金融科技是将金融和技术方面纳入金融服务提供的一种技术形式。

数据基础设施,两者相互交织、共同演进,带来了支付、资金筹集、资金使用、资金管理等模式的创新。金融科技是技术与金融相互融合的结果,技术驱动的金融创新冲击了市场的旧格局,为金融市场带来了新变化。当下,区块链更是被认为是金融科技领域最具挑战性的创新之一,从根本上颠覆了传统金融的固有逻辑、运行模式和业务范围,将重构互联网金融乃至整个金融业的关键底层基础设施。区块链是一种集合创新技术,被人们认为是互联网技术发明以来最具颠覆性的技术创新,这种推动产业更替、产业革命甚至人类文明进程更迭的新技术体系的发明及其应用,也正是熊彼特眼中的"破坏性"创新。显然,如果从人类产业与科技双向互动演进的历史长周期视角来观察,当前我们正处于互联网创新的大规模扩散过程中,包括金融业在内,几乎所有产业都曾受到或正在遭遇"破坏性"或"颠覆性"影响。金融创新既包括金融企业为追求更高风险收益和更高利润而重新组合的金融产品和金融工具,也包括推动金融产品和金融工具创新的金融技术、金融方式、金融机构、金融组织、金融市场,甚至包括金融体制、金融监管等多方面的创新及变革。① 作为对传统金融的创新,"金融科技正以加速的前

---

① 彭绪庶:《金融科技与金融信息服务创新和监管研究》,经济管理出版社2019年版,第51页。

进方式,广泛渗透并深度融合到人类金融活动的各个方面,成为重塑世界新金融格局、创造人类未来金融生活的主导力量"[1]。"货币起源伴随着价值量度的起源,而金融的创新却促进了量度价值的工具和手段得以提升,使价值跨越时空的配置方式愈来愈便利,从而使物的交换带动了人的社会交往走向更加深入、更加自觉。"[2]可以说,金融发展史就是一部人类大胆探索、积极改变社会福利优化配置的金融创新史。

数字金融普惠发展。在金融科技与金融数据双重驱动下,金融业要素资源实现数字化服务、网络化共享、集约化增长、精准化匹配,数字金融行业应运而生。数字金融是金融科技与传统金融业务的深度融合(见图 2-2),"泛指传统金融机构与科技企业利用数字技术实现融资、支付、投资和其他新型金融业务模式"[3]。"数字金融是金融与科技结合的高级发展阶段,是金融创新与金融科技的发展方向。"[4]

---

[1]　陈辉:《金融新文明进化的十大新思维(上)》,《中国保险报》2019 年 9 月 10 日,第 6 版。

[2]　张雄:《金融化世界与精神世界的二律背反》,《中国社会科学》2016 年第 1 期,第 8 页。

[3]　黄益平、黄卓:《中国的数字金融发展:现在与未来》,《经济学》2018 年第 4 期,第 1489—1502 页。

[4]　欧阳日辉:《数字金融蓝皮书:中国数字金融创新发展报告(2021)》,社会科学文献出版社 2021 年版,第 1 页。

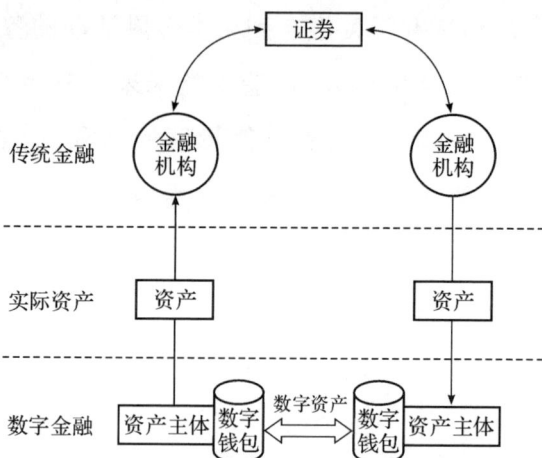

图 2-2　数字金融与传统金融的区别

资料来源:姚前、林华等:《区块链与资产证券化》,中信出版社 2020 年版,第 8 页。

数字金融打破了现有金融的边界,更好地发挥金融的本质作用,实现资金在短缺方与盈余方之间的有效流通[1],当前已扩展至金融行业投融资、货币支付、咨询等全范围内的各类技术创新。[2] 数字金融虽通过将数字技术融入传统金融业务流程而优于传统金融,但并未脱离传统金融,因此没有改变依靠信用、使用杠杆的金融本质属性。[3] 无论是金融

---

[1]　何宏庆:《数字金融:经济高质量发展的重要驱动》,《西安财经学院学报》2019 年第 2 期,第 48 页。

[2]　陈胤默、王喆、张明:《数字金融研究国际比较与展望》,《经济社会体制比较》2021 年第 1 期,第 180 页。

[3]　深圳证券交易所综合研究所:《数字金融:理论、模式与监管》研究报告,2021 年 5 月 7 日,第 9 页。

科技还是数字金融,其最终目标仍旧是通过对数字技术的使用来降低资源配置成本、提高服务普惠性,使金融体系更具包容性,最终要义是金融要为实体经济服务,数字金融普惠发展已成为数字金融转型升级的重要方向。① 基于金融科技的数字经济和数字金融,使金融服务的可得性和便利性大幅度改善,特别是为原先被传统金融排除在外的群体提供了改善机会不平等的条件。② 数字普惠金融的核心价值是可以"帮助我们在越来越宽广的社会阶层中广泛分配财富,金融创造的产品可以更加大众化,也可以更好地和社会经济融为一体"③。数字普惠金融的普及"大大提升了金融服务的效率,成为传统金融服务的重要补充,具有促进创

---

① 数字普惠金融(Digital Financial Inclusion,DFI)概念在 2016 年 G20 杭州峰会上首次提出。根据 G20 普惠金融全球合作伙伴(GPFI)的定义,数字普惠金融泛指一切通过数字金融服务促进普惠金融的行动。它包括运用数字技术为无法获得金融服务或缺乏金融服务的群体提供一系列正规的金融服务,其所提供的金融服务能够满足他们的需求,并且是以负责任的、成本可负担的方式提供,同时对服务提供商而言是可持续的。G20 杭州峰会发布的《G20 数字普惠金融高级原则》提出,数字普惠金融的具体内容包括各类金融产品和服务(如支付、转账、储蓄、信贷、保险、证券、理财、银行对账单服务等),通过数字化或电子化技术进行交易,如电子货币、支付卡或常规银行账户。

② 张勋、万广华等:《数字经济、普惠金融与包容性增长》,《经济研究》2019 年第 8 期,第 84 页。

③ [美]罗伯特·希勒:《金融与好的社会》,束宇译,中信出版社 2012 年版,第 13 页。

新和消费以及增收等社会经济效应"①，并可培育数字经济素养，缩小"数字鸿沟"，让社会大众普遍享受"数字红利"。数字普惠金融具有广泛的包容性，改变了传统普惠金融的发展路径，"已成为当前普惠金融发展的主流"②。从全球视角看，数字普惠金融体现以人为本的原则，与全球包容性发展方向一致，蕴含着人类命运共同体的金融理念，在促进全球均衡发展的基础上，将为发展中国家以及落后地区带来难得的发展机遇，推动国际金融体系变革，让各国、各阶层都能共享数字金融的成果。③

国家新金融竞争力。习近平总书记曾指出，"金融是国家重要的核心竞争力"④，要"提高金融业全球竞争能力……提高参与国际金融治理能力"⑤。"国家的金融竞争力是指一国比他国金融行业能够更有效地将金融资源用于

① 周天芸、陈铭翔：《数字渗透、金融普惠与家庭财富增长》，《财经研究》2021年第 7 期，第 33—47 页。
② 曾刚、何炜等：《中国普惠金融创新报告（2020）》，社会科学文献出版社 2020 年版，第 5 页。
③ 宗良：《数字普惠金融将成全球潮流》，《经济日报》2021 年 10 月 27 日，第 7 版。
④ 习近平：《在全国金融工作会议上发表重要讲话》，新华网，2017 年，http://www.xinhuanet.com/politics/2017-07/16/c_1121324933.htm。
⑤ 习近平：《深化金融供给侧结构性改革，增强金融服务实体经济能力——在中共中央政治局第十三次集体学习时强调》，新华网，2019 年，http://www.gov.cn/xinwen/2019-02/23/content_5367953.htm。

转换,向市场提供更优质的产品与服务,以实现更多价值之动态系统的能力。"①金融竞争力能够反映一国金融发展的水平,不但考量金融市场效率,而且考量金融市场的可信赖性与信心。② 金融体系的竞争力取决于构成金融体系的资本与货币两个市场运行状况。金融竞争力是国家金融体系、效率、成本与活动的综合竞争能力,它是国际竞争力的重要构成。③ 随着金融与科技的融合发展,数字化、网络化、智能化水平逐步提高,引领着传统金融迈向数字金融时代,数字竞争力成为金融博弈终极战场。积极响应数字普惠金融创新与发展,提升金融竞争力成为各国竞相角逐的关键。随着全球数字化浪潮的推进,数字科技正在改变原有权力的主体,颠覆原有的平衡状态,塑造出"数字权力",而数字权力正在重塑数字金融主导权。2019 年,腾讯研究院基于国际竞争力理论,将焦点从经济领域转移到数字领域,以新时代的观察视角建立国家数字竞争力体系,对"钻

---

① 詹继生:《金融竞争力探讨》,《江西社会科学》2006 年第 4 期,第 136 页。

② 王伟、王茜、汪玲:《金融竞争力、信贷扩张与经常账户不平衡》,《国际金融研究》2019 年第 6 期,第 50 页。

③ 赵彦云、汪涛:《金融体系国际竞争力理论及应用研究》,《金融研究》2000 年第 8 期,第 62—71 页。

石模型"①进行扩展，提出了国家数字竞争力②理论模型（见图2-3）。作为金融与科技深度融合的产物，金融科技已成为数字时代全球金融创新和金融竞争的制高地。金融科技驱动下的数字金融，既是现代金融体系的重要组成部分，也是现代金融体系建设的关键驱动力量。可以预见，无论是传统金融强国还是新兴市场国家，都会高度关注并积极参与金融科技国际规则的制定和话语权的争夺，更加注重普惠金融客户的金融素养和数字基础设施能力建设。"数字普惠金融已成为未来中国金融发展和转型的重要方向。在全球金融竞争日趋激烈的背景下，中国应以发展数字普惠金融为战略突破口，进而提升中国金融业的国际竞争力。"③因此，在全球金融竞争日趋激烈的环境下，金融科技

---

① "钻石模型"由美国哈佛商学院著名战略管理学家迈克尔·波特提出，用于分析一个国家某种产业为什么会在国际上有较强的竞争力。波特认为，决定一个国家的某种产业竞争力的有四个因素：一是生产要素。包括人力资源、天然资源、知识资源、资本资源、基础设施。二是需求条件。主要是本国市场的需求。三是相关产业和支持产业的表现。这些产业和相关上游产业是否有国际竞争力。四是企业的战略、结构、竞争对手的表现。这四个要素具有双向作用，形成钻石体系。

② "国家数字竞争力"指的是一个国家或地区在数字化技术领域创造和保持竞争优势以及凭此优势带动其他领域发展的能力（腾讯研究院、中国人民大学统计学院国家数字竞争力指数研究课题团队：《国家数字竞争力指数研究报告（2019）》，2019 年 5 月 13 日）。

③ 胡滨、程雪军：《金融科技、数字普惠金融与国家金融竞争力》，《武汉大学学报（哲学社会科学版）》2020 年第 3 期，第 138 页。

已成为重要的变革力量,中国要想提升金融业全球竞争力,需积极制定数字金融发展规划和产业支持政策,不断提升数字产业的影响力与竞争力,并参与甚至发起数字金融领域的规则和标准制定行动。

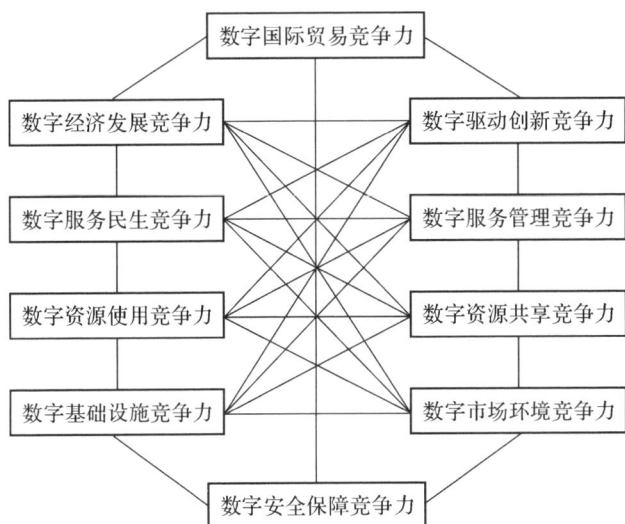

图 2-3　国家数字竞争力理论模型

资料来源:腾讯研究院、中国人民大学统计学院国家数字竞争力指数研究课题团队:《国家数字竞争力指数研究报告(2019)》,2019 年 5 月 13 日。

三、金融秩序与世界格局

当今世界,"和平赤字、发展赤字、治理赤字,是摆在全人类面前的严峻挑战"[1],反全球化、逆全球化趋势成为全球发展的重大阻碍。全球金融市场正在发生一种深刻的结构性变革,新冠疫情又进一步加速了这一进程。数据大爆炸、债务大膨胀与货币大放水,正成为改变这个世界的重要力量。2008 年全球金融危机暴露了现行国际金融秩序的缺陷,改革现行国际金融秩序成为国际社会的共识。2020年新冠疫情大流行进一步加快了既有国际秩序的松动与瓦解,经济全球化遭遇逆流,世界进入动荡变革期,民粹主义、单边主义、霸权主义对世界和平与发展构成威胁,世界不稳定性、不确定性因素日渐增加。当前,"百年未有之大变局"中非常确定的一个重要变局,就是以数字化、网络化、智能化为中心的新一轮科技革命,即"第四次科技革命"。科技革命不但开启了经济发展的新变局,而且正改变整个社会结构和人类生产生活思维方式,从而牵动全球金融秩序的深度调整,并将进一步引发世界格局的深刻变化,带来新的重要机遇与重大挑战。

全球金融失衡。21 世纪金融化的生存世界是个高度经济理性、高度世俗化、高度价值通约、高度信息流动的世界。逐利的金融意志主义蔓延,直接导致个体生命的"金融

内化"和人类整体主义精神的日趋衰减。[1] 全球金融失衡的本质是全球流动性的需求和供给在不同经济体之间存在持续和过度的不匹配,外在表现是国际跨境资本流动的过度增长和大幅波动,与各经济体汇率、利率及资产价格的波动相互影响、相互加强。[2] 现行金融秩序的缺陷主要有两方面:一方面,这一"以联合国为主体的包括世界贸易组织、世界银行等相关国际机制构成的多边主义国际框架"[3],在设计过程中主要由西方国家主导,更多反映西方国家的价值和利益诉求。另一方面,基于第二次世界大战后国际政治经济发展状况创设的相关制度规则,随着经济全球化进程中挑战的增多和国际行为体日趋多元化,已无法有效应对各种问题,安全失序和发展失衡的风险越来越大。金融资源是支撑现代经济成长和运行的重要资源,但是在全球范围内,金融资源的不平等日益严重。"全球金融的不平衡是美元霸权体系内生的产物,也是全球生产—消费不平衡的结果。"[4]正是当今这套国际货币体系的严重缺陷,造成

---

[1] 张雄:《金融化世界与精神世界的二律背反》,《中国社会科学》2016 年第 1 期,第 4 页。

[2] 乔依德、何知仁等:《全球金融失衡与治理》,中信出版社 2021 年版,第 5 页。

[3] 傅莹:《坚持合作安全、共同发展、政治包容,携手构建人类命运共同体》,《人民日报》2017 年 5 月 16 日,第 8 版。

[4] 王晋斌:《疫情背景下全球金融市场动荡及对未来金融变局的思考》,《新金融》2020 年第 9 期,第 10 页。

全球金融资源的失衡和分配的不平等，不仅阻碍世界经济的均衡发展，而且加剧贫富分化和社会分裂。2008年全球金融危机后，在国际货币体系中发挥主导作用的国家利用其优势地位滥发货币，转嫁其经济矛盾，从而加剧了世界贸易、金融、经济发展的不均衡、不平等和不可持续性。2020年受新冠疫情影响，全球各国均开启了新一轮货币宽松政策，全球流动性的泛滥，令全球金融秩序再次面临严峻挑战。"在货币过量发行且集中流动于某区域时，就会发生金融失衡"①，当前全球金融资产数量的急剧膨胀、美元的回流进一步加剧了全球金融失衡，为未来全球金融市场的动荡埋下了隐患，也有可能会引发全球金融格局的变革。因此，世界各国必须主动作为，为建立一个全球统一的、动态平衡的、可持续发展的国际金融体系而共同努力。

美元霸权陷阱。尽管"布雷顿森林体系"②早已解体，

---

① 姜子叶：《美元本位制下的金融失衡》，《国际金融》2020年第2期，第65页。

② 1944年7月，西方主要国家的代表在联合国国际货币金融会议上确立了该体系，因为此次会议是在美国新罕布什尔州布雷顿森林举行的，所以该体系也被称为"布雷顿森林体系"。关贸总协定作为1944年布雷顿森林会议的补充，连同布雷顿森林会议通过的各项协定，统称为"布雷顿森林体系"，即以外汇自由化、资本自由化和贸易自由化为主要内容的多边经济制度，构成资本主义集团的核心内容。布雷顿森林体系的建立促进了战后资本主义世界经济的恢复和发展。因美元危机与美国经济危机的频繁爆发，以及制度本身不可解脱的矛盾性，该体系于1971年8月15日被尼克松政府宣告结束。

但"该体系的崩溃也拯救了当时美元的霸权地位,开创了黄金非货币化时代"①。当前,以美元为核心的世界货币体系和金融体系依然主导着全球经济。"全球支付系统基于美国的价值观和美元霸权而建立,美国充分利用了这种霸权作为手段对他国实施掌控"②,垄断着区域性与全球性金融机构的权力,掌控着国际经济政策的协调机制。美国利用金融自由化迫使其他国家打开国内的金融市场,利用量化宽松政策超发货币,使得美元资产纷纷涌进这些国家的金融市场,收割其社会财富资源和剩余价值,并通过贸易摩擦、货币摩擦制造不稳定因素,加深其他国家对美元资产的需求程度和依赖程度。③ 美元发行泛滥引发了全球范围内的流动性过剩,向世界其他国家输出通货膨胀,致使世界货币供应量持续无限扩容,经济脱实向虚,资产泡沫不断增大,世界逐渐陷入经济危机漩涡的巨大风险之中。特别是新冠疫情暴发后,美国似乎只知道依靠滥发货币来缓解危机,借助美元霸权转嫁风险至其他国家。"美元霸

① 李凌云:《从美元霸权到美元危机的历史与逻辑》,《国际金融》2010 年第 3 期,第 49 页。
② 唐新华:《技术政治时代的权力与战略》,《国际政治科学》2021 年第 2 期,第 59—89 页。
③ 朱巧玲、杨剑刚:《货币数字化与金融霸权:基于政治经济学的分析》,《改革与战略》2021 年第 6 期,第 14 页。

权"实质上是美国对其他国家的物质和金融财富进行全方位掠夺的一种国际秩序。① 疫情之前，美元独霸的国际货币体系已经成为全球经济平稳健康发展的桎梏；疫情之后，政治极化及扩张性的经济政策持续削弱美国继续维持美元霸权的能力与意志。② 结果是美国国内利率长期走低、消费信用过度膨胀、投资过度、储蓄严重不足以及制造业衰退和失业增加，这种循环大幅提高了境外对美国金融资产的需求，刺激了美国虚拟经济的膨胀，加速了其实体经济的衰退，引发了境外市场对美元信心的崩溃。这将大幅削弱美元在国际储备货币中的地位。全球货币均与美元挂钩，一旦美元"堰塞湖"崩溃，世界经济将遭受巨大冲击，中国作为美国主要债权国首当其冲。需尽快制定方案谨慎对待这些潜在风险，积极推动国际货币体系新格局的形成。

　　世界格局演变。回顾历史，经济力量的对比是构成国

---

① 王曦、陈中飞：《"美元危机"到来还有多远》，《人民论坛》2011 年第 14 期，第 66—67 页。

② 袁志刚、林燕芳：《国际货币体系变局的拐点与中国战略选择》，《探索与争鸣》2021 年第 8 期，第 4 页。

际格局的重要因素。① 2008 年国际金融危机以来,"世界格局正处在加快演变的历史进程之中"②,全球经历了新一轮经济格局变革、政治版图重塑和国际秩序重构的过程③。金融危机及其引发的经济衰退,加之新冠疫情猛烈地冲击着全球事务和国际关系,加速在此之前已经逐步形成的质变聚积,催生着新的国际格局和世界新秩序④,这对世界经济运行、全球治理体系和国际政治格局将产生重大冲击和影响。霸权始终无法获得合法性,当今世界不会支持霸权体系和霸权制度,国际社会成员也不会自愿服从霸权领导。

---

① 在 17 世纪中叶,荷兰不仅商业繁荣,渔业、海运业和工场手工业也都超过了其他国家,当时其是资本主义最发达的国家,首都阿姆斯特丹是世界贸易中心,也是国际信贷中心。从 18 世纪中叶到 19 世纪中叶,英国凭借工业资本而发展壮大起来,英国是世界工厂,在国际贸易中占据独家垄断地位,是最早的资本输出国和国际金融中心,独霸世界经济整整一个百年的时间。从 19 世纪末到 20 世纪中叶,英国逐步丧失在世界工业中的垄断地位,美国在世界经济中的地位不断上升,全面取代了英国当年的地位,成为新的世界经济中心。美国在战后所确立的世界经济霸主地位首先遭到了苏联的挑战,苏联成为世界上仅次于美国的经济大国,形成了美苏争霸的两极世界。随着冷战的结束和两极格局的瓦解,世界主要经济力量发生了重大变化。2010 年,中国超过日本成为世界第二大经济体,综合国力不断增强。
② 习近平:《深刻认识马克思主义时代意义和现实意义 继续推进马克思主义中国化时代化大众化》,《人民日报》2017 年 9 月 30 日,第 1 版。
③ 俞使超:《2008 年金融危机以来美国币权扩张及其对世界格局演变的影响》,《中国矿业大学学报(社会科学版)》2021 年第 5 期,第 149 页。
④ 杨洁勉:《疫情下国际格局和世界秩序变化趋势分析》,《俄罗斯研究》2020 年第 5 期,第 3 页。

美元国际货币地位因疫情得以稳固，但美元主导这一格局并没有缓解长期以来国际货币体系存在的各种弊端，甚至会产生新的风险，使得疫情后寻求国际货币多元化的趋势进一步凸显。① 全球疫情催化了世界主要力量对比（国际格局）在原有轨迹上加速变化，世界主要力量加快重新组合，"当前的国际秩序正经历着新一轮调整和转型"②。世界格局继续朝着多极化方向发展，世界事务正在变得更加多元，世界本身已经成为一个多极多元交汇的复合体，多极格局的实质是"去美元霸权化"的结构变化。多极多元既表示大国会发挥重要作用并承担更大责任，也表明大国的作用和责任是在与其他国际社会成员的协调协商协作之中显现出来的。多极多元的交汇则意味着世界会出现更加明显的权力分散和下沉态势，霸权和两极所表现的权力集中、少数国家主导世界的时代已经成为过去，共商共建共享才是世界和平、发展和进步的实践原则和基本保证。③ 对中国来说，成为新兴经济大国尤其是世界第二大经济体后，无论是被动接受还是主动迎接，都需要面对并适应这种格局的

---

① 高海红：《疫情催生国际金融格局两大变化》，《经济参考报》2020 年 5 月 26 日，第 A06 版。

② 韩召颖、王辛未：《中美对国际秩序的认知差异与变化趋势》，《中国社会科学报》2021 年 11 月 11 日，第 5 版。

③ 秦亚青：《世界格局的变化与走向》，《世界知识》2021 年第 4 期，第 26 页。

演变,谋求更大的发展空间,承担相应的全球责任。"中国和平崛起道路指向的是一个和帝国霸权逻辑不同的政治经济新秩序,是一种更强调合作和稳定的国际体系,是注重构建新型国际关系而不是颠覆抑或摧毁现行国际体系。"①中国应继续以平等互信、互利共赢的理念积极开展与新兴经济体及广大发展中国家的合作,加强政策协调,形成责任与命运共同体,共同参与未来国际金融体系的构建,提倡建设一个公平公正、包容有序的国际金融新秩序。

第二节　金融区块链:下一场金融革命

区块链会改变价值交互的方式,在此基础上重塑商业模式和生活方式,从而对人类社会进行"价值重构"。② 在区块链技术助力金融领域创新的过程中,不仅产生了一系列新型金融形态,也带动了金融业态的转型升级。区块链构建了一种跨越时间的机制,能够帮助人们快速达成关于价值的共识:一方面能够快速完成信用的建设,且不需要第三方的认证和加持;另一方面保持了价值交换、流通的唯一性。金融区块链应用有助于解决业务执行效率低和处理成

---

① 石逢健、纽维敢:《"百年未有之大变局":新帝国主义危机》,《学术探索》2021年第2期,第29页。
② 香帅:《香帅金融学讲义》,中信出版社2020年版,第526页。

本高等问题,有助于降低金融业务复杂度,增强金融工具的流动性,提高金融业务的效率,进而可以完善和创新金融制度。毫无疑问,区块链已在金融全领域彰显了巨大的应用潜力和价值,为整个金融体系带来了革命性影响。区块链金融革命的到来,将依托世界货币、可编程智能合约、资产链上全球流通等,进一步促进全球化与人类命运共同体的深度融合。区块链技术从货币端重构金融生态,数字货币为数字金融提供了价值载体,在支付端优化了传统的支付体系、价值体系,为金融系统提供了更好的流动性。区块链以去中心化的方式解决了"信用"这一价值交换基础设施的构建,使任何规模的价值交换都有了生存的"土壤",金融区块链将带给人类社会更加繁荣和文明的未来。

一、从契约到智能合约

18世纪,法国著名思想家让-雅克·卢梭在《社会契约论》中主张"一切人把一切权利转让给一切人",从而保护每个人的自由、平等。[①] 19世纪,英国法学家亨利·梅因用

---

① 卢梭是18世纪西方启蒙运动的代表人物之一,代表作《社会契约论》是近代民主思潮的奠基之作。其主要观点是:人是生而自由平等的,国家只能是自由的人民自由协议的产物,如果自由被强力所剥夺,则被剥夺了自由的人民有革命的权利,可以用强力夺回自己的自由;国家的主权在于人民,而最好的政体应该是民主共和国。卢梭认为,社会契约的产生需要"一次全体一致同意",这个契约把"每个结合者及其自身的一切权利全部转给整个集体"。

"从身份到契约"描述人类社会的进步和转型,将所有社会进步的运动描述为是一个"从身份到契约"的运动。1995年,美国学者尼克·萨博首次提出智能合约,一套以数字形式定义的承诺智能合约搭建了虚拟世界和现实物理世界之间的桥梁,从而保证了承诺的有效实施。2008年,区块链的诞生为智能合约提供了可信的执行环境,保障了合约的公平公正执行。"智能合约是合约代码化带来的技术之治,是打造可信数字经济、可编程社会、可追溯政府的监管框架,是数字文明新时代的社会契约论。"[1]毋庸置疑,区块链与智能合约重新构建了契约实现的信任机制,由于契约是社会交互活动的基础,这种变化将给社会带来深远影响。在新的信任体系之上,区块链还将重新定义人类经济社会的契约关系,推动人类社会真正践行卢梭《社会契约论》的核心思想。

从身份到契约。卢梭在《社会契约论》中指出,订立社会契约的宗旨是"要寻求一种结合的形式,使它能够以全部共同的力量来卫护和保障每个结合者的人身和财富,并且由于这一结合而使每一个和全体相联合的个人又只不过是

---

[1]　连玉明:《主权区块链再造贵阳大数据新价值》,《贵阳日报》2020年7月6日,第7版。

在服从自己本人，并且仍然像以往一样地自由"①。梅因在《古代法》一书中提出了"从身份到契约"的著名论断，亦即"家族依附的消灭和个人权利义务的增长"②，这可以说是彼时自由主义的经典诠释。以自由主义作为价值基础，19世纪在契约领域形成了以契约自由为原则，以合意为核心要素的古典契约理论。德国哲学家威廉·狄尔泰指出，"历史本身所产生的某些原则之所以有效，是因为它们使生命所包含的那些关系明显地表现出来了。这些原则都是义务，都是以某种契约、以对任何一个个体仅仅作为人而具有的价值和高贵性为基础建立起来的。这些真理之所以具有普遍有效性，是因为它们使历史世界的所有各种方面都具有了秩序"③。然而，20世纪的新古典契约法理论已经对19世纪的古典契约法理论作出了调整，例如出现了显失公平和诚实信用等原则性条款④，社会信用成为从身份社会到契约社会必然的逻辑走向。人类历史上先后出现关系信

---

① ［法］让-雅克·卢梭：《社会契约论》，崇明译，浙江大学出版社 2018 年版，第 16—17 页。
② ［英］亨利·梅因：《古代法》，沈景一译，商务印书馆 2015 年版，第 110—112 页。
③ ［德］威廉·狄尔泰：《历史中的意义》，艾彦译，译林出版社 2011 年版，第 13 页。
④ 刘承韪：《契约法理论的历史嬗变与现代发展——以英美契约法为核心的考察》，《中外法学》2011 年第 4 期，第 774—794 页。

用和契约信用两种社会信用机制。[1]　其中,关系信用产生于农业社会,以个人声誉背书,作用于有限地理空间的熟人社会,如赊购赊销。契约信用产生于工业社会,以政府、银行等第三方机构背书,作用于不同地理空间的流动性社会,如单位介绍信、信用卡消费。我国著名社会学家费孝通在《乡土中国》中描述的"熟人社会"是对中国乡村社会性质的经典论述,即人们的活动范围有地域上的限制,"熟悉"成为乡土社会的重要特征,也成为人与人之间取得关系型信任的基础。"点对点"的关系型信任主要源于道德层面的"诚信",是一种在稳定情感基础上的人身信任机制。在熟人社会中,依靠血缘、地缘、情缘等因素催生的关系型信任在社会交往中发挥着主导作用,这种社会特征亦影响着金融交易,交易主体之间存在相应的人身信任,进而产生要约与承诺的可能,每笔金融交易的背后实际上是一种人格化的交换关系。[2]　可见,若只有契约或者协定还不够,从洽谈、签订到执行的整个契约过程都需要一定的信用保障,依赖信任机制才能形成良好的社会秩序。

　　社会契约重塑。计算机科学家、密码学家、法律学者尼

---

[1]　韩家平:《中国社会信用体系建设的特点与趋势分析》,《中国信用》2018年第 7 期,第 126 页。

[2]　马文洁、邓建鹏:《信任机制演进下的金融交易特点与规制路径探索》,《广西警察学院学报》2021 年第 4 期,第 17－18 页。

克·萨博将智能合约定义为："一个智能合约是一套以数字形式定义的承诺（promise），包括合约参与方可以在上面执行这些承诺的协议。"[①]然而，智能合约的工作理论迟迟没有实现，一个重要原因是缺乏能够支持可编程合约的数字系统和技术。区块链技术的出现解决了该问题，不仅可以支持可编程合约，而且具有去中心化、不可篡改、过程透明可追踪等优点，天然适合于智能合约。人类文明已经从"身份社会"进化到了"契约社会"，然而人性的弱点让纸质契约的约束力往往大打折扣。智能合约的出现让物理世界与虚拟世界完美结合，以电脑程序作为合约的执行者，将违约和不诚信变为零可能。智能合约就是数字化的纸质合约，不需要人去执行，是以数字化方式传播、验证或执行合同的计算机协议。智能合约作为区块链交易的秩序守护者，尤其强调各当事人之间的信赖及身份关系，允许在没有第三方的情况下进行可信交易，这些交易可追踪且不可逆转。而基于区块链的"智能合约"的出现大大减少了人工的参与。智能合约由区块链系统网络自动执行，所以任何人都无法干预。而区块链共识机制是基于算法的"智能合约"机制，

---

① 智能合约（smart contract）这个术语由尼克·萨博（Nick Szabo）于 1995 年提出。他在发表于自己的网站的几篇文章中提到了该理念，并认为智能合约是一种旨在以信息化方式传播、验证或执行合同的计算机协议。简单地说它就是一段计算机执行的程序，满足可准确自动执行即可。

使交易彼此之间的信任关系变得简单。"使用智能合约之后可以预先将规章制度、契约转化成代码,并向区块链的参与者公开,确保这些规章制度、契约能够透明地运行。"①区块链与智能合约的结合,一方面使契约智能化,提高了契约的完备度,使契约的执行更有保障,能够较好地避免契约执行时间和契约完备度对交易的不利影响;另一方面区块链使契约类型更加多元化,可最大限度地促成交易,减少违约风险。② 区块链不再需要任何的"可信中介"或陌生人之间信用的担保方,"智能合约"最大的优势是利用程序算法替代依赖于人的仲裁和执行合同。③ 基于区块链智能合约的信任关系则是一种在线上节点之间形成的新型信任关系,它有别于传统条件下的其他契约形式,是一种数字时代的信任机制重构,并以系统信用为基石构建新型社会信用体系,成为智慧社会建设的重要路径(见表2-1)。区块链技术不仅是一种技术创新运动,而且使得社会生活方式发生了重大变革,因此被视为开启"新信任时代"的一种颠覆性技

---

① 金澈清等:《区块链:面向新一代互联网的基础设施》,《新疆师范大学学报(哲学社会科学版)》2020年第5期,第107页。

② 黄少安、刘阳荷:《区块链的制度属性和多重制度功能》,《天津社会科学》2020年第3期,第95页。

③ 李赫、张继飞、杨泳:《基于区块链2.0的以太坊初探》,《发展论坛》2017年第6期,第57页。

术。① 智能合约最终有望深刻改变传统商业模式和社会生产关系，"为构建可编程资产、系统和社会奠定基础，对于中国以及世界将会有着非常重要的意义"②。

表 2-1　系统信用与传统社会信用机制的比较

比较方面	关系信用	契约信用	系统信用
产生时期	农业社会	工业社会	智慧社会
适用范围	熟人社会	流动性社会	交织共融的虚拟社会及现实社会
信用中介	无中介或第三方	第三方	无
信用载体	人	契约	数据系统
信用信息	有限信用信息	信用信息	信用大数据
信用评价	社会口碑	信用评级	信用画像
约束机制	个人声誉	规范性制度	智能合约等数学算法

资料来源：张毅：《基于区块链技术的新型社会信用体系》，《人民论坛·学术前沿》2020 年第 5 期，第 10 页。

货币智能合约。马克思指出，"商品并不是由于有了货币才可以通约，恰恰相反，因为一切商品作为价值都是物化的人类劳动，它们本身就可以通约"③。他在《资本论》中多次提到"契约"会出现在商品交换和劳动力交换的行为中，

① 张成岗：《区块链时代：技术发展、社会变革及风险挑战》，《人民论坛·学术前沿》2018 年第 12 期，第 35—45 页。
② 蔡维德：《智能合约：重构社会契约》，法律出版社 2020 年版，前言。
③ ［德］马克思：《资本论》（第一卷），中央编译局编译，人民出版社 2018 年版，第 103 页。

而且有重复签订契约等问题。瑞士经济学家西斯蒙第曾指出:"货币只不过是契约的工具而已。"①英国经济学家凯恩斯也认为:"货币本身是交割后付清债务契约和价目契约的东西。"②可以看出,经济学先贤们已经提出了"货币是一种合约工具"的观念,货币的合约功能为解释货币形态历史演变和未来发展提供了一种全新视角。区块链被普遍认为将重构金融市场的基础设施,并将谱写金融市场新契约,通过一套基于共识的数学算法,在机器之间建立"信任"网络,借助技术背书实现信用创造。"区块链的重要特征是智能合约,用算法技术来维持参与方的相互信任。"③货币本身就具有可编程的合约属性,能够用计算机代码将其编入智能合约中④,区块链技术"使得创建分散的货币、自动执行的数字合约和通过因特网控制智能资产成为可能"⑤,这样就可以重构信用机制,优化货币的职能。"法定货币是一种契

① [瑞士]西斯蒙第:《政治经济学新原理》,何钦译,商务印书馆1983年版,第285页。

② [英]约翰·梅纳德·凯恩斯:《货币论》(上卷),何瑞英译,商务印书馆1997年版,第5页。

③ 高奇琦:《主权区块链与全球区块链研究》,《世界经济与政治》2020年第10期,第69页。

④ 杨延超:《论数字货币的法律属性》,《中国社会科学》2020年第1期,第103页。

⑤ 杨东:《区块链如何推动金融科技监管的变革》,《学术前沿》2018年第6期,第52页。

约,契约即承诺,但这种契约是以政府信用为担保,以法律和国家暴力为强制执行的强制契约。"①智能合约的信用塑造功能值得央行关注,"可设置货币智能合约,处理数字时代权力与市场的关系,在法定数字货币的发行与流通中重新配置权力、权利与义务"②。法定数字货币是以国家信用担保的新社会契约,是央行与市场主体配置信用关系的货币契约。货币智能合约应用将革新货币理念,更加凸显法定数字货币的契约属性。数字货币基于互联网和算法,以超低成本完成货币创造、流通、交易,并且跨国界流动,从根本上改变社会、经济和信息互联的方式,进而改变货币和支付系统,建立"数字货币区",使货币与特定数字网络的用户关联起来,而不是将货币与国家关联起来。③ 人们对于数字货币的可编程性甚至还给予了更多期待和希望,在未来社会,数字货币可以作为一切权利、义务的对价被编写到计算机代码中,进而实现各类合约的自动执行,从而实现通过

---

① 汪其昌:《货币和金融的本质与金融学的思维方法》,《金融教育研究》2017年第1期,第3—11页。

② 景欣:《法定数字货币中智能合约的构造与规制》,《现代经济探讨》2021年第10期,第126页。

③ Brunnermeier M K, James H, Landau J P. "Digital currency areas". Voxeu, CEPR Policy Portal. 2019. https://voxeu. org/article/digital-currency-areas.

技术重构人类社会信用的理想。[①] 智能合约的未来预期为数字货币的广泛应用带来了更多可能，必将极大推动数字货币向法定货币方向演变。

二、数字人民币国际化

在 2008 年国际金融危机后货币"非国家化"思潮的影响下，比特币问世，此后无锚定私人数字货币呈现蓬勃发展态势，引发全球大规模的数字货币实验，但均未取得明显成效。到 2019 年，主流金融机构和科技企业纷纷推出数字稳定币项目，如 Facebook（脸书，现改名为"Meta"）先后发布 Libra1.0 版、2.0 版白皮书（Libra 现改名为"Diem"），从锚定一篮子货币到锚定单一货币美元。我国在央行数字货币的研发和实践方面位居世界前列，数字人民币（DC/EP）试点与应用落地也在如火如荼地进行。2014 年，中国便已开始进行法定数字货币的研究，研发重点从国内场景试点逐步转变为与国际数字货币的标准接轨。当前，人民币国际化面临的国内外环境正发生深刻变化，随着"数字货币"时代的来临和数字人民币的研发推广，人民币国际化将迎来"弯道超车"机遇。对我国而言，应充分顺应数字货币带来的国际化发展潮流，发挥政府、市场、人才等"多轮驱动"作

---

① Tu K V. "Perfecting Bitcoin". *Georgia Law Review*，2018，52(2)：7.

用,通过金融科技赋能实现数字人民币职能和空间维度的扩展,探索构建基于央行数字人民币的跨境支付体系,在共建"一带一路"中推进数字人民币使用,加强数字货币国际合作,审慎推进人民币国际化,以更高水平金融开放助力经济高质量发展,更深程度参与国际多元货币体系构建。

法定数字货币崛起。迪姆币(Diem)以及早期出现的比特币、瑞波币等基于互联网和加密技术的所谓"数字货币"能否真正成为货币,关键是其能否发挥货币的价值尺度、流通手段等职能。比特币等私人数字货币缺乏内在的价值基础,价格波动大,金融稳定理事会(FSB)等国际组织已将其定位为"加密资产"而非货币。[①] 迪姆币等以法定货币为准备而发行的"稳定币"价值可望保持相对稳定,但支付的未来不是稳定币。从当前各国监管部门的态度以及中外货币史揭示的规律看,任凭迪姆币等非法定货币野蛮生长,只会破坏法定货币的国家信用。法定货币作为一种社会契约,以国家信用担保为基础,"无论以实物或数字形式发行与流通,都得到宪法、法律与非正式制度的保障,形成维护国家信用共识的共同体"[②]。传统数字货币一般都由

① FSB Chair. "FSB Chair's Letter to G20 Ministers and Governors March 2018". FSB. 2019. https://www.fsb.org.
② 景欣:《法定数字货币中智能合约的构造与规制》,《现代经济探讨》2021年第 10 期,第 126 页。

私人机构发行,背后缺乏强有力的实物或信用支撑,而发行者为了追求收益也倾向于将数字货币抛出而不是持有,导致传统数字货币价值波动较大,即使发行主体愿意将数字货币与法定货币挂钩,也会由于传统数字货币对主权货币的冲击而受到各国政府的抵制,因此受到其发行和流通范围的极大限制。这也就意味着,法定数字货币与传统数字货币之间需要有明确的界定(见表 2-2)。主权区块链强调尊重国家主权、数据主权,而绝非超主权和无主权,法定数字货币将成为未来主权区块链上价值认定和流通的最终实现方式。"数字人民币作为中国的法定数字货币,是由中国人民银行发行、由国家信用背书、具有法偿能力的法定货币。"[1]数字人民币将有利于维护货币金融体系的稳定。在数字人民币运行过程中,通过实时掌控所有数字人民币的收付情况以及数字人民币交易的具体分布情况,央行能够实现对数字人民币全方位、全流程、精细化的监控,有助于国家的宏观审慎管理。相较于传统纸币的发行,数字人民币不仅能够节约纸币发行过程中印制、流通、防伪等环节的相关费用,有效增强货币收付过程中的监控力度,而且其具

---

[1]　季晓南、陈珊:《法定数字货币影响人民币国际化的机制与对策探讨》,《理论探讨》2021 年第 1 期,第 94 页。

有的匿名性也能够保护用户现金交易的隐私需求。^① 同时,数字人民币的广泛应用将有助于反洗钱、反逃税、反诈骗和反恐怖融资等金融监管活动的开展,能够有效维护社会安全稳定。

表 2-2　数字货币主要类型比较

货币类型	信用背书	主要特征	应用实例
无锚定私人数字货币	无	由私人发行的去中心化代币	比特币、莱特币
数字稳定币	线下一篮子资产,以美元为主	锚定法定货币储备资产或其他资产,从而保持价值稳定的数字货币	泰达币(USDT)迪姆币(Diem)
法定数字货币	国家信用背书	由一国中央银行(或其他货币当局)发行的数字形式的法定货币	DC/EP(中国人民银行发行)Ubin(新加坡央行发行)

　　数字人民币的应用。随着数字经济的快速发展与数字金融服务需求的不断增加,全球货币金融体系迈入数字化变革时代,许多经济体按下央行数字货币研发快进键。据不完全统计,至少有 105 个国家和地区正在探索研究央行数字货币,其中约 50 个国家和地区已经进入开发、试点、发

---

① 　石建勋、刘宇:《法定数字人民币对人民币国际化战略的意义及对策》,《新疆师范大学学报(哲学社会科学版)》2021 年第 4 期,第 137 页。

行等高级阶段。^① 习近平总书记高度重视数字人民币的研发和试点工作,多次作出重要批示,提出要"积极参与数字货币、数字税等国际规则制定"^②。2019 年 8 月,中共中央、国务院印发《关于支持深圳建设中国特色社会主义先行示范区的意见》,为发行数字货币提供了实验基础,做好了前期的探索和经验积累。2020 年 8 月,商务部发布的《全面深化服务贸易创新发展试点总体方案》提出:"在京津冀、长三角、粤港澳大湾区及中西部具备条件的试点地区开展数字人民币试点,先由深圳、成都、苏州、雄安新区等地及未来冬奥场景相关部门协助推进,后续视情扩大到其他地区。"^③"十四五"规划和 2035 年远景目标纲要提出"稳妥推进数字货币研发",表明数字人民币研发工作已正式纳入国家发展战略规划。2021 年 7 月,中国人民银行发布的《中国数字人民币的研发进展白皮书》指出,数字人民币未来将成为重要的支付基础设施。在数字技术和数字经济蓬勃发展的今天,社会公众对零售支付便捷性、安全性、普惠性、隐

---

① 俞懿春、邹松等:《全球央行数字货币发展提速》,人民网,2022 年,http://finance. people. com. cn/n1/2022/0729/c1004-32488802. html。

② 习近平:《国家中长期经济社会发展战略若干重大问题》,《求是》2020 年第 21 期,第 1 页。

③ 商务部:《关于印发全面深化服务贸易创新发展试点总体方案的通知》,中国政府网,2020 年,http://www. gov. cn/zhengce/zhengceku/2020-08/14/content_5534759. htm。

私性等方面的需求也日益提高，数字人民币正是在这种情况下从理论走向实践。[①] 具体来看，2020 年 10 月，数字人民币试点在深圳等地基础上，增加了上海、海南、长沙、西安、青岛、大连等 6 个试点测试地区，基本形成了"10＋1"的试点布局。2022 年，数字人民币试点地区再度扩容，先是增加天津市、重庆市、广东省广州市、福建省福州市和厦门市以及浙江的杭州、宁波、温州、湖州、绍兴、金华，北京市和河北省张家口市在 2022 年北京冬奥会、冬残奥会场景试点结束后也转为了试点地区。同时，吸收兴业银行作为新的指定运营机构。后再次扩围，由之前的深圳、苏州、雄安、成都扩展至广东、江苏、河北、四川全省，并增加山东省济南市、广西壮族自治区南宁市和防城港市以及云南省昆明市和西双版纳傣族自治州作为试点地区。截至 2022 年底，我国已形成了 17 个省级行政区的 26 个地区试点、10 家运营机构参研的研发试点格局。从试点情况看，数字人民币在批发零售、餐饮文旅、教育医疗、公共服务等领域已形成一大批涵盖线上线下、可复制可推广的应用模式，在拉动居民消费、推动绿色发展、提升金融普惠、改善营商环境等方面提供了新的发展动力。截至 2021 年末，数字人民币试点场

---

① 潘世鹏：《先把数字人民币用起来——海南三亚数字人民币试点调查》，《经济日报》2021 年 11 月 24 日，第 9 版。

景已超 808.51 万个,累计开立个人钱包 2.61 亿个,交易金额 875.65 亿元。[1] 此外,中国人民银行现已申请了 80 余项与数字货币有关的专利,涵盖发行与供应央行数字货币、使用数字货币的银行间结算系统以及将数字货币钱包整合进现有零售银行账户等相关计划。但总的来看,数字人民币运营不可能一蹴而就,距离规模化普及应用还面临诸多困难,"必须进一步完善底层技术架构,完善应用场景设计,完善央行数字货币运营管理的体制机制,确保数字人民币在高并发市场中的规模化可靠应用"[2],并尽快从早期多地相对独立的"单点"试点模式向多地联动的"区域网"应用模式过渡,不断完善数字人民币生态体系构建,提升普惠性和可得性。

人民币国际化机遇。作为快速崛起的世界第二大经济体、世界第一货物贸易大国、世界第一制造业大国和全球主要储备大国,中国是全球高速互联网技术、大数据、超级计算、人工智能及量子通信技术的引领大国,不仅具备发行流通以人民币为信用基准的主权数字货币的技术与市场条件,而且具备推动以人民币为信用基准的法定数字货币国

---

[1]　陈果静:《试点场景超过 808.51 万个——数字人民币加速融入大众生活》,《经济日报》2022 年 1 月 27 日,第 7 版。

[2]　李礼辉:《在 2021 全球财富管理论坛上的讲话》,网易新闻,2021 年,https://3g.163.com/foxue_x/article/GN0GSI340514D3UH.html。

际化的条件和现实必要性。货币数字化是各国未来重点研究突破的方向，因为未来国与国的竞争很可能是在金融领域的竞争，中国只有不落后于他国，才能在货币国际化中实现后发赶超。如果数字人民币最终得以跨国界应用，将有助于快速推动人民币的普及和推广，推动人民币与外币的结算与清算，加速人民币国际化的进程。① 但是，"一国货币的国际化涉及价值储藏、交换媒介、计价单位和流通货币多方面，并非仅依赖央行数字货币在跨境支付领域的广泛应用以及打破货币使用和储藏惯性就能实现"②。也就是说，人民币国际化受人民币汇率的灵活性、资本市场的开放程度、国际投资者对人民币的信心、国际结算清算体系等因素影响。目前来看，数字人民币在提高跨境支付、结算清算的便利性，增强国际投资者对我国信心等方面有巨大的影响（见图2-4）。"数字货币与纸币一样，本质上都属于纯信用货币，但数字货币可以进一步降低运行成本，并能在更广泛的领域内以更高的效率加以应用。"③以数字货币为主体有助于克服现有国际货币体系的缺陷，有望构建更为公平

---

① 黄敏学：《数字人民币的市场发展与运作机理》，《人民论坛》2021年第19期，第78—81页。
② 吴蕴赟：《央行法定数字货币与人民币国际化》，《现代商业》2021年第3期，第123页。
③ 郑润祥：《数字货币与人民币国际化》，电子工业出版社2021年版，第151页。

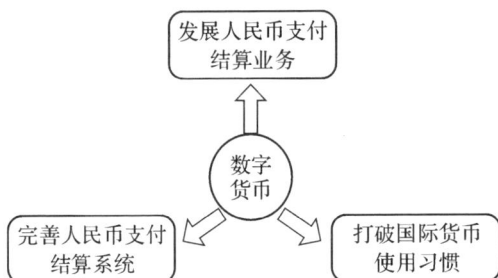

图 2-4　数字货币对人民币国际化的长期影响

和更具效率的国际货币体系,也有助于人民币的国际化。法定数字货币特别是数字人民币的发行和流通是人类社会货币发展适应经济全球化与区域一体化发展的必然要求的产物,具有客观性与必然性。① 为此,中国应以"一带一路"和自贸区建设为契机打造海外应用场景,使人民币渗透至国内外。"'一带一路'+法定数字货币"与"自贸区+法定数字货币"是落实、推进和试验中国新一代数字支付应用最好的研发实验室。此外,中国还应该积极"参与数字货币领域国际规则和标准的制定,为构建更加公平公正的国际政治经济新秩序贡献中国方案"②。可以预见,数字人民币国

---

① 保建云:《主权数字货币、金融科技创新与国际货币体系改革——兼论数字人民币发行、流通及国际化》,《人民论坛·学术前沿》2020 年第 2 期,第 22—35 页。

② 刘凯:《数字人民币与人民币国际化》,光明网,2021 年,https://m.gmw.cn/baijia/2021-06/03/34898216.html。

际化将有助于绕开 SWIFT（环球同业银行金融电讯协会管理和国际资金清算系统），打破美元的垄断地位，间接帮助人民币实现国际化，捍卫国家货币主权。

三、全球金融稳定与体系重构

2020 年，新冠疫情在全球的蔓延造成全球贸易网、产业链、供应链等严重受损，甚至一度中断和停滞，导致全球金融体系和金融市场急剧波动，威胁实体经济发展和国家金融安全。一些西方发达国家以国家安全为由对我国科技产业及企业进行打压，甚至不惜采取金融制裁行为进行协同打击，进一步凸显了金融基础设施安全的重要性。当前，各国正积极参与和推进以金融科技驱动的新一代金融基础设施体系建设，以抢占国际话语权和规则制定权。"货币管控是确保国家金融安全的重要方式之一，金融科技最大的应用是数字货币。"[1]数字货币推动货币职能的"解构"与"重组"，开辟了货币国际化的新路径，通过网络重塑，使国际货币在职能和空间上展开升维竞争。金融安全是非传统领域的安全，金融是经济的"血液"，金融安全是经济安全的核心，经济安全是金融安全的基础和保障。数字货币作为

---

[1] 俞勇、郑鸿：《构建我国金融安全边界体系的政策建议》，《开放导报》2021年第 1 期，第 61—71 页。

技术创新催生的新业态,作为新一代全球金融基础设施①,它的出现是对传统货币流通与经济规则的重塑与革新,将对传统金融制度和金融安全提出挑战,数字货币全球治理迫在眉睫。在此背景下,各国均呈现出对法定数字货币发行的积极态度,并逐渐形成以跨境支付体系为起点、以量变推动质变重塑国际货币体系的底层逻辑,不断助推和维护全球货币金融体系的稳定。

数字货币的主权之争。主权货币代表着现代国家的独立和权威,货币垄断支撑政府权力,而非主权数字货币的大规模发行和流通会将这种权力从政府手中拿走,形成一种与国家公权力相对的私权利。政府拥有货币发行的垄断权,并利用此权力发行货币,政府也有权力规定通过哪种物品清偿坍缩发行国货币标价的债务。② 进入数字时代,主权货币仍是国际货币体系竞争的主角,但各国金融科技的发展、市场主体拥抱数字时代的能力,将极大影响国际货币竞争的结果,围绕数字货币规则与主导权的国际竞争将更趋激烈。在国家监管缺失的情形下,私人数字货币或在金融领域夺得一席之地,与主权货币形成竞争,并在数据共

---

① 杨东、马扬:《天秤币(Libra)对我国数字货币监管的挑战及其应对》,《探索与争鸣》2019年第11期,第75—85页。
② [英]弗里德里希·冯·哈耶克:《货币的非国家化》,姚中秋译,海南出版社2020年版,第23页。

享、社会组织管理等方面占据一定的话语权和控制权,社会分层和政治组织形式将会发生改变,传统国家的治理模式将被颠覆。① 比特币、迪姆币等私人数字货币可能会逐步成为世界储备货币,使得一些主权货币边缘化,丧失国际地位。② 数字货币发行主体的多元化,以及数字货币作为基础设施的资源禀赋属性,使得大型互联网公司和科技公司成为重要的潜在发行主体,未来或将形成主权国家、大型公司、国际组织等多元主体并存的格局。这一多元格局形式突破了货币只有主权国家才能发行的历史传统,这种颠覆可能引发全球金融秩序的深度调整。③ 主权数字货币因为法定地位和国家主权背书而可信任,其他任何机构的数字货币同样要做到"可信任"。基于区块链的去中心化的私人数字货币脱离了主权信用,发行基础无法保证,币值无法稳定,难以真正形成社会财富。对主权国家而言,践行货币国家发行权最好的办法就是由中央银行发行主权数字货币。相较于传统主权信用货币的流通,主权数字货币流通突破了传统主权信用货币发行与流通的技术限制,能够克服传

---

① 陈伟光、明元鹏:《数字货币:从国家监管到全球治理》,《社会科学》2021 年第 9 期,第 16 页。

② 何为、罗勇:《数字货币来了》,当代世界出版社 2021 年版,第 98 页。

③ 唐新华:《技术政治时代的权力与战略》,《国际政治科学》2021 年第 2 期,第 59—89 页。

统地理空间、主权领土空间的物理限制,必将进一步激发数字生态系统跨越主权疆界的溢出效应。近年来,全球各主要经济体对于央行数字货币的研究与关注已陆续步入白热化阶段,越来越多的货币当局正加快步伐研究央行数字货币,主权数字货币跨境交易与流通可能诱发国际货币矛盾与国际金融动荡风险,将进一步加剧各国对数字基础设施的竞争,从传统的货币主导权的竞争衍生至数字金融空间主导权的博弈。

数字货币全球治理。未来国际货币体系竞争与合作的重要议题是数字货币全球治理,关系到能否实现"全球数字货币治理联盟"提出的"高效、统一、包容、透明、可信任"的治理目标。[①] 目前来看,数字货币全球治理机制正在形成之中,同时也面临着治理主体不明确、治理内容不清晰等困境。尽管大部分国家对私人数字货币的法律地位未予以明确定位,但其带来的风险和挑战已引起国际社会的极大关注,很多国家根据本国国情和金融环境,出台了相关监管政策,数字货币规制亟待从国家监管走向全球治理,将其纳入公平合法、安全可控的发展轨道。G20 峰会、国际货币基金

---

① 2020 年 1 月,世界经济论坛(WEF)创建了致力于设计数字货币跨国治理框架的首个全球性组织——全球数字货币治理联盟,该联盟将专注于开发可互操作、透明和包容性的政策,以规范数字货币空间并促进来自新兴经济体和发达国家的公私合作。

组织（IMF）、反洗钱金融行动特别工作组（FATF）、世界经济论坛（WEF）等国际组织，也关注数字货币对全球金融市场和资产流动产生的重大冲击和影响，数字货币全球治理逐步提上议程，预示着数字货币从国家独立监管走向全球治理的合作。① 私人数字货币的兴起更像是一个叫醒电话，唤醒中央银行重视法币的稳定价值，中央银行不能忽视数字加密货币这一难以回避的技术浪潮，应重视央行货币与金融科技的融合创新。② 当前，各国央行加快法定数字货币的研发实验，反映出公权力对私人主体觊觎货币发行权的警惕③，以及对私人数字货币规制和治理的重要性。在数字货币交易中的权利和义务缺乏法律的具体规范，权益得不到保障，比特币、莱特币等数字货币受到全球投资者的追捧，被认为是历史上最大的资产泡沫之一。④ 以迪姆币为代表的稳定币尝试凭借"共识"创造全球性货币，保留传输记账过程中的"去中心化""去权威"优势，同时承接传

---

① 陈伟光、明元鹏：《数字货币：从国家监管到全球治理》，《社会科学》2021 年第 9 期，第 14 页。

② ［德］诺伯特·海林：《新货币战争——数字货币与电子支付如何塑造我们的世界》，寇瑛译，中信出版集团 2020 年版，第 7 页。

③ 许多奇：《从监管走向治理——数字货币规制的全球格局与实践共识》，《法律科学（西北政法大学学报）》2021 年第 2 期，第 93－106 页。

④ 邹传伟：《泡沫与机遇——数字加密货币和区块链金融的九个经济学问题》，《金融会计》2018 年第 3 期，第 5－18 页。

统银行的财政信用,功能更为全面,具备在全世界普遍使用的潜力和公信力①,主权货币所面临的潜在威胁近在眼前。数字货币可有效执行跨境转账,绕过传统支付系统管辖,一定程度上会促进资本的流动,使货币政策执行和汇率管理变得复杂,可能会成为全球金融危机的新源头。② 非主权数字货币可能会成为主流,国家法规需寻求更长远的应对之策③,出台全球性的数字货币监管规则。从全球范围观察,虽然各方都在积极探索并加强数字货币基础设施建设,但并没有就制度建设或规则形成统一共识。④ 未来,如何建立数字货币背景下的新型国际货币协调机制、底层技术标准和潜在技术风险防控、监管要求等深层治理问题还需各国重点探讨和寻求深度合作,从国家监管上升到全球治理,形成多种形式的国际合作,全面加强未来数字金融背景下的全球治理体系能力。

国际金融体系重构。人类的货币制度经历了一个从去

---

① 何为、罗勇:《数字货币来了》,当代世界出版社 2021 年版,第 98 页。

② IMF. "Digital money across borders: Macro financial implications". IMF. 2020. https://franklin.library.upenn.edu/catalog/FRANKLIN_9978056148203681.

③ 杨东、陈哲立:《法定数字货币的定位与性质研究》,《中国人民大学学报》2020 年第 3 期,第 108－121 页。

④ 汤翠玲、范子萌:《央行数字货币国际竞争升级 规则制定权争夺战打响》,《上海证券报》2021 年 10 月 15 日,第 4 版。

中心化走向中心化、从商业信用走向政府信用的过程。当下的货币机制形成了以美元作为国际结算货币的机制,但由于美元信用泛滥,国际金融失衡和资产荒出现,国际社会有动力构建更好的货币体系。① 数字货币的出现在给现有的主权信用货币带来巨大冲击的同时,也为构建新的基于技术信用的国际货币体系提供了新的可供选择的思路。数字货币可以减少不同主权货币在存在形式、技术架构、发行模型、支付结算等方面的差异,这将为不同货币间的融合打下基础,从而促进货币的国际化和超主权化②,将极大地削弱主权国家政府对于货币发行和货币政策的权力,进而削弱甚至颠覆其对经济活动的掌控能力。③ "新的数字化货币有望重塑全球货币格局,创建新的连接和新的边界。数字化经济可能会动摇国际货币体系的基础,有可能导致新的国际货币的崛起。"④值得说明的是,数字货币并未从本质上改变国际货币体系的演化逻辑,而是加速多元化发展

---

① 向坤、王公博:《央行法定数字货币发行的驱动力、影响推演及政策建议》,《财经问题研究》2021 年第 1 期,第 67 页。
② 王作功、韩壮飞:《新中国成立 70 年来人民币国际化的成就与前景——兼论数字货币视角下国际货币体系的发展》,《企业经济》2019 年第 8 期,第 32—38 页。
③ 石建勋、刘宇:《法定数字人民币对人民币国际化战略的意义及对策》,《新疆师范大学学报(哲学社会科学版)》2021 年第 4 期,第 136 页。
④ 郑润祥:《数字货币与人民币国际化》,电子工业出版社 2021 年版,第 158 页。

的进程,通过技术赋能缓解货币市场失灵现象,并通过货币职能的"解绑"和"重组"形成全新的货币国际化路径(见图2-5)。[1] 多种数字货币的出现有着深刻的经济背景和国际背景,而在用户需求的推动下,数字技术的发展为用户需求创造了可实现的场景,从而推动了多元化国际货币体系的形成。可以看出,数字货币将在未来的全球数字经济竞争中居于核心地位,区块链将为国际货币体系甚至是国际秩序重构提供新的基础结构。在这一过程中,以智能合约构建的可编程社会为基础,以区块链作为"信任机器"驱动力,通过区块链重构产业链、供应链、价值链和金融链,加速价值安全、高速交易和传递,形成新型数字资产和数字财富体系,完成传统经济向数字经济的转型。作为信息高速公路的互联网天然蕴含着公共产品属性,区块链同样附带着公共产品基因。数字货币既体现了金融元逻辑所蕴含的公共服务精神,又积极推动建立和完善平等互利的国际货币金融治理体系,为世界各国提供以强大主权信用为支撑的优

---

[1] 从实现路径看,数字货币技术属性和运行特征有望推动货币职能的"解构—重组":在解构的过程中,数字货币能够基于交易媒介功能开辟国际化新路径,以量变推动质变的逻辑强化国际地位;在重组的过程中,数字货币有望基于数字化平台与其他增值服务深度融合,形成差异化的货币国际化路径(戚聿东、刘欢欢、肖旭:《数字货币与国际货币体系变革及人民币国际化新机遇》,《武汉大学学报(哲学社会科学版)》2021 年第 5 期,第 105－108 页)。

质国际货币选择，推动实现国际货币体系多元化，助力重构
国际金融新秩序。

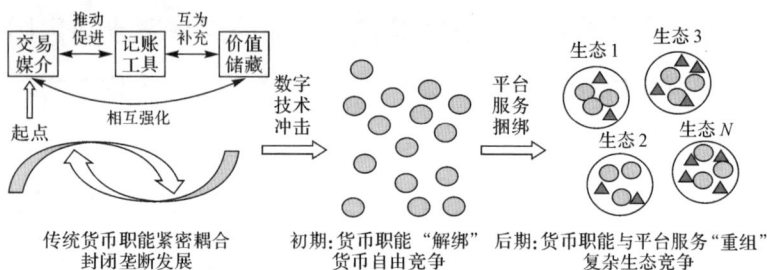

图 2-5　数字货币新型竞争路径

资料来源：戚聿东、刘欢欢、肖旭：《数字货币与国际货币体系变革及人民币
国际化新机遇》，《武汉大学学报（哲学社会科学版）》2021 年第 5 期，第
110 页。

第三节　金融文明论：当数据成为财富

数字经济时代，数据已然成为一种关键要素和新型资
产，为经济社会发展注入新动能，也正在成为未来创造财富
和决定财富流向的核心要素。数据已从单纯的生产要素，
向"资产"乃至"资本"转变，成为市场资源配置中不可替代
的生产要素①，"数据就是财富，数据改变未来"已经成为共
识。数字资产将是数字经济时代的核心资产，"区块链时代
的资产见证物是通过网络化数据传输与判定所产生的可信

---

① 余建斌：《促进数据要素高效配置》，《人民日报》2021 年 11 月 30 日，第 11 版。

数据"①。换言之,区块链革命的核心要义,就是能够形成新的数据财富,进而推动财富表达方式的变革。回顾历史,新文明的诞生是历史递延的结果。"区块链文明"也可以说是互联网文明的迭代,它与人类历史上的农耕文明、工业文明完全不一样:人已经衍生为数据人,数据与数据之间会自由、自主地进行匹配,最终建立更强大的信任机制。从这种意义上说,区块链不单是金融科技的创新,更是人类金融文明进步的标志。

一、数据要素与新财富文明

在党的十九届四中全会首次提出将数据纳入生产要素后,2020 年 4 月,中共中央、国务院发布《关于构建更加完善的要素市场化配置体制机制的意见》,明确提出加快培育数据要素市场,充分挖掘数据要素价值。"十四五"规划和2035 年远景目标纲要更是开宗明义地写道:"迎接数字时代,激活数据要素潜能。"以数据为核心生产要素的数字经济触发了对生产力与生产关系的变革,不仅是中国经济实现高质量发展的重要推动力,也是全球新一轮产业竞争与创新的制高点。在数字文明社会,以大数据、云计算、区块链、人工智能等数字技术为代表的先进生产力的出现,将驱

---

① 韩锋等:《区块链国富论》,机械工业出版社 2021 年版,第 238 页。

动工业社会中建立的生产关系的迭代更新,使之出现与该先进生产力相匹配的生产关系。① 数据通过不断延伸人的脑力劳动,持续推动社会产生新的需求和新的生产模式,从而带来生产力"质"的增长。"数据通过价值增值闭环不断提高人类智力,持续提高精神生产力的效能,由此推动物质生产力高级化发展,带来物质财富和精神财富的新增长态势。"②可以看出,以新型生产要素的价值释放为核心,创新劳动工具,培养新型劳动者,构建数字社会数据关系,提高数据生产力,是数字经济时代财富文明持续增长的新表征。

数据要素价值化。随着人类文明的进步,生产要素的范围不断拓展。农业文明时代,英国古典政治经济学之父威廉·配第认为,"土地为财富之母,而劳动则为财富之父和能动的要素"③,土地和劳动是农业文明的主要生产要素。进入工业文明后,法国经济学家让-巴蒂斯特·萨伊提出"生产三要素论",将生产要素概括为劳动、资本和土地,

① 聂娜:《数字要素驱动经济高质量发展的理论逻辑、现实价值与关键举措》,《甘肃理论学刊》2021 年第 2 期,第 91 页。

② 戚聿东、刘欢欢:《数字经济下数据的生产要素属性及其市场化配置机制研究》,《经济纵横》2020 年第 11 期,第 66—67 页。

③ [英]威廉·配第:《赋税论·献给英明人士·货币略论》,陈冬野等译,商务印书馆 1978 年版,第 12 页。

工资、利息、地租分别是三者的价值形式。① 英国近代经济学家阿尔弗雷德·马歇尔认为,知识和组织是资本的重要组成部分,并且认为可以将组织分离出来,列为一个独立的生产要素。② 进入数字文明时代,数据成为新的关键生产要素,正在成为企业经营决策的新驱动、商品服务贸易的新内容、社会全面治理的新手段。作为数字社会提高生产力、发展生产力的关键引擎,大数据正朝着资源化、资产化、资本化的趋势推进。数据成为一种新型资产已成为普遍共识,数据被誉为数字经济时代的"石油",数据价值化和资产化标志着数字经济整体迈向新的高度。③ 2020 年全球新冠疫情的暴发更加凸显了释放数字要素价值,加速企业、产业和政府治理数字化转型的紧迫性与战略重要性。④ 数据价值化是指以数据资源化为起点,经历数据资产化、数据资本化阶段,实现数据价值化的经济过程(见图 2-6)。数据资源化是使无序、混乱的原始数据成为有序、有使用价值的数据

① 　[法]萨伊:《政治经济学概论》,陈福生、陈振骅译,商务印书馆 1997 年版,第Ⅷ页。

② 　[英]阿尔弗雷德·马歇尔、[英]玛丽·佩利·马歇尔:《产业经济学》,肖卫东译,商务印书馆 2015 年版,第 21 页。

③ 　郑磊:《通证数字经济实现路径:产业数字化与数据资产化》,《财经问题研究》2020 年第 5 期,第 48—55 页。

④ 　王一鸣:《百年大变局、高质量发展与构建新发展格局》,《管理世界》2020 年第 12 期,第 1—13 页。

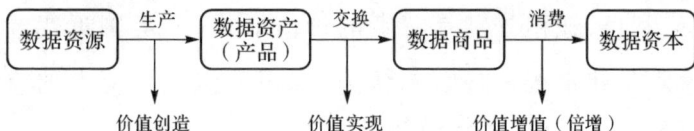

图 2-6　数据要素价值化流程

资源；数据资产化是实现数据价值的核心，其本质是形成数据交换价值，初步实现数据价值的过程；数据资本化主要包括两种方式，数据信贷融资与数据证券化。"数据价值化重构生产要素体系，是数字经济发展的基础"[1]，是数字文明下科技创新与社会进步不断共演的必然产物，是其自然属性与数字社会发展过程中诞生和被赋予的新特性。要充分发挥数据要素价值倍增效益，应"以要素市场为主，以商品市场为辅，发挥平台在数据要素增值上以数据生产要素倍增实物生产要素的作用，最大限度发挥产业数据化中数据生产要素的价值化倍增作用"[2]，充分挖掘和培育数据要素市场新业态和数字经济发展新模式，打造新型区域性和全

---

[1]　数据资源化是激发数据价值的基础，其本质是提升数据质量、形成数据使用价值的过程。数据资产化是数据通过流通交易给使用者或所有者带来经济利益的过程。数据资本化是拓展数据价值的途径，其本质是实现数据要素的社会化配置（中国信息通信研究院政策与经济研究所：《数据价值化与数据要素市场发展报告（2021 年）》，中国信通院官网，2021 年，http://www.caict.ac.cn/）。

[2]　姜奇平：《面向价值化探索数据要素市场化之路》，《互联网周刊》2021 年第 6 期，第 70-71 页。

球性数据要素价值化生态系统。

数据竞争与垄断。按照约瑟夫·熊彼特的创新理论，垄断和创新有天然的联系，而"完全竞争"则与创新不相容。"垄断所带来的超额收益往往是创新的动力。但是，当垄断力量过于强大，又会抑制竞争，长期有可能抑制创新。"[①]数据正在成为新型的生产要素，一些互联网巨头因拥有巨大的平台优势，掌握大量数据，极有可能成为数据寡头，带来数据垄断。数据垄断比技术垄断更难突破，容易产生数字鸿沟问题。当前数字企业竞争已呈现'内卷化'格局，平台二选一、独家交易权、数据拒接入、大数据杀熟等涉嫌垄断的问题与日俱增。数据垄断的局面是数据创造价值的正反馈效应的结果，即"积极的反馈使强者更强，弱者变弱，从而导致一种极端的结果"[②]。近年来，日益严重的垄断化经营不仅滋生了"算法算人"、"二选一"、侵犯和泄露隐私等一系列法律问题，违背了国家"大众创业、万众创新"、发展平台经济的初衷，而且更重要的是扭曲了效率与公平的价值平衡。2020 年 12 月，中共中央明确提出"强化反垄断和防止资本无序扩张"。在决策层面，应高度关注新型"大而不能

---

① 袁志刚：《东西方文明下数字经济的垄断共性与分殊》，《探索与争鸣》2021 年第 2 期，第 7 页。

② ［美］卡尔·夏皮罗、［美］哈尔·瓦里安：《信息规则网络经济的策略指导》，张帆译，中国人民大学出版社 2000 年版，第 144 页。

倒"风险，即部分大型科技公司通过运用"数据垄断"优势进行混业经营，同时采取不正当手段阻碍公平竞争，获取超额收益，造成"赢者通吃"的局面。在法律层面，尽管我国目前有《中华人民共和国反不正当竞争法》《中华人民共和国反垄断法》等法律法规对"不正当竞争和垄断行为"进行了规制，但多数条款不直接规定数据要素市场竞争秩序，针对性及规范性不足，"以及'数据垄断'监管理念的差异导致诸多争端，对反垄断法理论与实践造成诸多困扰"[①]，这与我国数据要素市场竞争治理的需求不相适应，亟待法律的修订及新法的出台。在技术层面，区块链技术可重构平台经济的数据市场，重塑平台的内部要素构成，重新定义算法权力，其分布式储存的数据不再集中于少数平台及少数人手中，以此纠正市场缺陷导致的市场失灵，构建更加公平的数据市场，消除"数字鸿沟"，从根本上破解垄断。总之，释放数据价值须依托数据要素的公平竞争，在宏观政策与制度维度，以平等、合理、非歧视的基准确保"数据要素"市场流转畅通。既要以审慎包容的态度构建数据市场监管规则，又要廓清行政机关对"数据市场"规制的边界，更应预防"数据相关市场"的行政性垄断，防止行政权力扭曲市场资源配

① 梅夏英、王剑：《"数据垄断"命题真伪争议的理论回应》，《法学论坛》2021年第5期，第94—103页。

置,并时刻防范因数据垄断出现的市场失灵现象,培育良好的国内国际公平竞争市场环境。[1]

　　数据财富的创造与分配。财富概念的产生是整个人类文明发展的需要。财富思想是马克思揭示人的解放、人的发展乃至社会发展的一个重要理论维度。亚当·斯密在《国富论》中重点强调劳动分工会引起生产的大量增长,认为创造自由市场才是财富增加的有效途径,劳动分工才是社会生产力发展的重要原因,国家财富的本质是生产力,而不是货币。从数据财富的角度看,数据的流通、共享带来社会分工程度和分工机制的变革。"数据通过价值增值闭环不断提高人类智力,持续提高精神生产力的效能,由此推动物质生产力高级化发展,带来物质财富和精神财富的新增长态势"[2](见图 2-7),但数据创造价值的功能并不能直接实现,数据要素也不能直接参与价值分配,而是要经过数据创造、加工并传输给数据要素使用者后,才能创造价值、参与价值分配。[3] 因此,数据财富的配置机制将直接影响数据要素参与价值创造的效率和价值分配的公平性。马克思

---

[1] 陈兵:《"双循环"下数据要素市场公平竞争的法治进路》,《江海学刊》2021年第 1 期,第 158 页。

[2] 戚聿东、刘欢欢:《数字经济下数据的生产要素属性及其市场化配置机制研究》,《经济纵横》2020 年第 11 期,第 63—75 页。

[3] 史丹、邓洲:《促进数据要素有效参与价值创造和分配》,《人民日报》2020年 1 月 22 日,第 9 版。

曾强调要注重财富"人的属性"与"物的属性"相结合，明确指出"财富的本质就在于财富的主体存在，所以，认出财富的普遍本质，并因此把具有完全绝对性即抽象性的劳动提高为原则，是一个必要的进步"①。马克思财富思想包含着深刻的"以人为本""自由而全面发展""分配正义"等价值思想，将马克思财富思想的价值要素事先写入依托网络空间和数字科技的数据财富的创造和分配之中，让数据财富以一种具有良善的价值规制的方式进入市场空间。一方面，数据财富的创造需要符合基本伦理道德规范；另一方面，数据财富分配方式凸显以人为本。② 因此，在数据要素市场化经济机制下，试图构建新的财富文明路径，就要实现数据财富归全体人民共同所有，而不是数据垄断，这不仅能够促进作为主体的人的全面发展，而且能够实现作为虚拟空间主体的人的真正自由以及对数据财富的真正占有。因此，数字时代的新财富文明代表一种开放的文明、协作的文明、共享的文明，是全球参与、全民共享、技术向善的总和，必然要让数据要素产生的财富在国家、企业、公民之间进行公平合理的分配，避免因国家大小、贫富等原因所形成的歧视、

---

① 中共中央马克思恩格斯列宁斯大林著作编译局：《1844 年经济学哲学手稿》，人民出版社 2018 年版，第 73 页。

② 严松：《数字资本主义时代马克思财富思想的在场逻辑及价值意蕴》，《河海大学学报(哲学社会科学版)》2021 年第 4 期，第 15－22 页。

等级化、食物链化,体现出人类社会的公平正义。可以说,数据利用已成为财富增长的重要来源,数据财富已成为数字文明的重要象征。

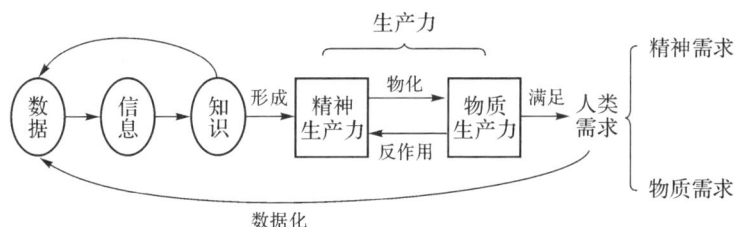

图 2-7 数据价值创造闭环

资料来源:戚聿东、刘欢欢:《数字经济下数据的生产要素属性及其市场化配置机制研究》,《经济纵横》2020 年第 11 期,第 63—75 页。

二、数据交易与新资本文明

人类社会文明的繁荣,如文字的出现、城市和国家的建立,都与大规模社会分工息息相关,而要推动人类社会不断向更精细的分工迈进,则需要依赖自由市场机制下的大规模交易。我们甚至可以说,没有大规模交易,人类文明就无法建立起来。正如亚当·斯密首次在《国富论》中阐明了交易和人类文明的关系,即在自由市场中,只有人类大规模进行互通有无、等价交换等交易行为,让"看不见的手"发挥作用,社会才会繁荣,国家才会富强。数字经济时代,数据已成为与土地、资本、劳动力并列的"生产要素",数据交易是激活数据价值、推动数字经济发展的重要方式,是实现数据要素市场化配置的最有效手段。[①] 随着数据交易市场的兴起，数字资本必将生成一套以知识、信息和数据作为核心要素的资本运作逻辑，并以前所未有的方式与规模渗透到经济、社会和文化各个领域，从而成为社会发展不可缺少的工具与动力。然而，数字企业和互联网平台在最大限度地追求剩余价值的过程中，必然会出现资本的异化风险，需要格外关注。区块链本身是互联网时代效率更高的价值交换技术，基于其信任、共识机制在数据交易过程中建立可信的数字身份和数字资产，最终将推动数字经济时代新资本文明的形成。

从传统交易所到数据交易所。交易所作为商品经济发展的产物，以其独特的资源配置功能为商品经济的进一步发展提供不竭的动力。[②] 世界上第一个可以进行股票交易的证券交易所——阿姆斯特丹证券交易所，创立于 1609年，是世界上最古老的证券交易所之一。经过 400 多年的发展，全球不同地区的证券交易所纷纷走出了自己的发展路径，为资本主义经济发展起到重大的推动作用，直到现在

---

① 王珏：《数据交易场所的机制构建与法律保障——以数据要素市场化配置为中心》，《江汉论坛》2021 年第 9 期，第 129 页。

② 廖理：《全球交易所发展变迁中的竞争与创新》，《清华金融评论》2021 年第 10 期，第 2 页。

仍是企业集资的重要形式。[1] 在资本主义社会条件下,传统的交易所是商品经济高度发展的产物,只要货币商品关系存在,就有它存在的客观基础。进入数字资本时代,数据作为一种核心要素,与土地、资本这样的要素相提并论。数字资产只有交易才能实现其价值,也只有交易才能使价格与价值更趋一致。同时,通过交易可以增加人们对数字资产的认识,进一步挖掘高价值数字资产,为数字经济的发展积累更多的社会财富。在一般商品的交易过程中,商品的卖者让渡使用价值,取得交换价值即货币;商品的买者让渡交换价值,取得使用价值即商品。[2] 但数据具有"零边际成本"特性[3],使得数据要素在一定程度上有非排他性和非竞争性,这意味着数据的交易过程不同于一般商品的交易过程。在数据交易发生时,商品的卖者不会失去数据的使用价值,发生的不是商品的让渡而是数据的复制。自 2015 年起,我国贵阳、北京、上海、广东等多地先后建立或筹建由地方政府发起、指导或批准成立的数据交易机构(见表 2-3),但成功案例甚少。究其原因在于数据的产权配置相对复

---

① 张芬梅:《资本主义社会的证券交易所》,《徐州师范学院学报(哲学社会科学版)》1992 年第 3 期,第 135 页。

② [德]马克思:《资本论》(第一卷),中央编译局编译,人民出版社 2018 年版,第 102 页。

③ [美]杰里米·里夫金:《零边际成本社会》,赛迪研究院专家组译,中信出版社 2017 年版,第 39 页。

表2-3 我国数据交易机构成立情况

成立时间	机构	成立时间	机构
2014 年	中关村数海大数据交易平台	2021 年	北京国际大数据交易所
	北京大数据交易服务平台		贵州省数据交易流通服务中心
	香港大数据交易所		北方大数据交易中心
2015 年	贵阳大数据交易所		上海数据交易所
	武汉东湖大数据交易中心		重庆西部数据交易中心
	武汉长江大数据交易中心		深圳数据交易所
	西咸新区大数据交易所		合肥数据要素流通平台
	交通大数据交易平台		德阳数据交易中心
	重庆大数据交易平台		长三角数据要素流通服务平台
	河北大数据交易中心		海南省数据产品超市
	华东江苏大数据交易中心	2022 年	湖南大数据交易所
	华中大数据交易所		福建大数据交易所
	杭州钱塘大数据交易中心		无锡大数据交易平台
2016 年	哈尔滨数据交易中心		郑州数据交易中心
	上海数据交易中心		海洋数据交易平台
	浙江大数据交易中心		辽宁工业大数据交易中心
	南方大数据交易中心		全国文化大数据交易中心
	丝路辉煌大数据交易中心		苏州大数据交易所
	亚欧大数据交易中心		广州数据交易所
2017 年	青岛大数据交易中心	拟成立	内蒙古数据交易中心
	潍坊大数据交易中心		四川大数据交易中心
	河南中原大数据交易中心		川渝大数据交易平台
	河南平原大数据交易中心		云南大数据交易流通试点
2018 年	吉林省东北亚大数据交易服务中心		粤港澳大湾区数据平台
2019 年	重庆能源大数据中心有限公司		雄安大数据交易中心
	山东数据交易平台		中国—东盟大数据交易中心
2020 年	安徽大数据交易中心		厦门数据交易服务机构
	山西数据交易平台		江西数据交易平台
	北部湾大数据交易中心		宁夏西部大数据交易中心
	中关村医药健康大数据交易平台		

注:据不完全统计,截至2022年9月,全国已经成立或拟成立的数据交易所(中心)共计59家。

杂,数据的外部性、异质性及价值稀疏性等特征使得数据交易标准合同的制定,以及明确数据交易主体、交易标的与范围、交易条件、交易价格等双方的权利和义务等问题,成了限制数据流通的重要"命门"。基于区块链、隐私计算等数据交易底层技术的创新,有望破解数据交易的痛点难点,对技术、模式、规则、生态等方面进行全新设计,从技术上保障数据交易的合法合规,进而弥合"信任鸿沟"。"利用区块链技术能整合数字身份、价值标的、溯源追踪等能力,为数据主体签发证书,在数据确权登记、访问、分析、计算、交易过程中,将完整操作过程上链存储,保障数据的来源可追溯、内容防篡改、主权可确认、利益可分配。"①数据要素是未来数字经济发展的核心,而数据交易所将成为数据要素的主要流通场所。成立数据交易所的意义重大。一方面,数据交易所有利于数据融资、数据加工、数据银行等衍生业态发展,建立交易双方数据的信用评估体系,加快数据的流转速度;另一方面,数据交易所有利于企业更合规、高效地获取外部数据,赋能企业向业务数字化、数据业务化转变,推动城市数字化转型。

---

① 孙奇茹:《依托全球首家新型数据交易所,北京创新引领驶入数字经济新蓝海》,《北京日报》2021 年 4 月 9 日,第 4 版。

数字资本化的"异化"风险。数字经济时代,一般数据具有了货币这种一般等价物的作用,它架构着我们在数字世界中的社会交往关系,让我们当下绝大多数交换和社会关系都被它所中介、所赋值和所架构。[①] 在此过程中,碎片化的个人数据被关系化,并实现了增值,转化为资本。数字资本的核心正是对用户一般数据的攫取和占有,并从中牟取大量的利益。"数字资本是在产业资本、金融资本之后的第三种起支配性作用的资本样态,也随之催生了全世界范围内的数字资本主义。"[②]数字资本将作为一种全新的价值源泉,在市场上交易将成为最具价值的资源[③],但在市场经济机制下,数字资本的逐利性不会完全改变,如果不能有效管控,资本与数据要素结合的负外部性不可低估。马克思认为,资本运作逻辑最本质的特征就在于异化逻辑,它用资本的独立性和个性取代现实的人的理性和个性。[④] 既然企业或平台能够通过控制或加工来对数据进行开发和挖

---

① 蓝江:《一般数据、虚体、数字资本——数字资本主义的三重逻辑》,《哲学研究》2018年第3期,第31—32页。

② 蓝江:《数字资本、一般数据与数字异化——数字资本的政治经济学批判导引》,《华中科技大学学报(社会科学版)》2018年第4期,第37页。

③ 王天夫:《数字社会与社会研究》,《中国社会科学报》2021年10月20日,第8版。

④ [德]马克思:《资本论》(第一卷),中央编译局编译,人民出版社2018年版,第89页。

掘,创造经济利益,从而转化为资本,它就必然会带来人的异化,这种异化将对数据权益保护产生巨大影响。数字化逻辑程式的运作是财富创造及其流转的重要环节,虽然在一定程度上推动了人性的自由解放,但同时也使得充满灵性和生命活力的人类深陷数字化的程式逻辑中不能自拔,技术理性超越价值理性,人的社会性逐渐丧失,人类已为互联网所操纵。[1] 同时,数字资本通过将物理空间扩张转向为数字空间扩张,并借助于"算法技术的力量,突破了传统实体资本的生产组织方式、劳动方式、投资方式和消费方式,从而完成对现实社会的历史性重构"[2]。不同于传统意义上物质形态的劳动,当下这种数字化的、非物质形态的劳动过程模糊了有酬与无偿、工作与娱乐(游戏)、生产(创造)与消费等传统对应关系,也因此呈现出鲜明的时代特征。[3] 因此,数字资本快速发展的背景下,在数据要素向数字资本转化的过程中,必然会出现数字身份、数

---

[1] 冯静、王军魁:《数字化生存世界与精神世界的二律背反》,《理论探讨》2021年第5期,第80页。

[2] 郑智航:《数字资本运作逻辑下的数据权利保护》,《求是学刊》2021年第4期,第113—126页。

[3] 苏涛、彭兰:《技术与人文:疫情危机下的数字化生存否思——2020年新媒体研究述评》,《国际新闻界》2021年第1期,第49—66页。

字劳动①和数字消费等方面的异化风险。数据资本运行面临诸多挑战，数字资本强化了对数字劳动的支配和控制，以一种更加隐蔽而强大的方式重塑了异化，剥削的触角延展得更深、更隐蔽，涉及从概念界定到资产实现、从市场行为到数据跨境流通等，包括法律、标准、市场、技术等一系列问题亟待解决。

数字资本文明时代正在到来。马克思在《资本论》中指出，"资本来到世间，从头到脚，每个毛孔都滴着血和肮脏的东西"②。金融逐利与人性贪婪的契合导致人的内在精神朝着货币化、资本化和世俗化方向发展。"资本自身具有双重逻辑，一方面是从社会关系中产生的追求价值增殖的逻辑；另一方面则是借助物的力量产生的创造现代文明的逻辑。"③资本主义社会下旧有的资本与劳动的矛盾没有改变，异化劳动的产生逻辑依然建立在资本与劳动的矛盾关

---

① 所谓数字劳动，是指在充足的生产目的（资本）、劳动对象（信息数据）和劳动材料（大数据、网络等技术）三个基本要素的前提下，利用身体、思想、行为或者三者的结合体而展开的生产与劳动，从而将自然、资源、文化和人类经验组织起来，产生数字商品和创造数字资源的活动（方莉：《数字劳动与数字资本主义剥削的发生、实现及其批判》，《国外社会科学》2020 年第 4 期，第 74 页）。

② 中共中央马克思恩格斯列宁斯大林著作编译局：《马克思恩格斯选集》（第二卷），人民出版社 1972 年版，第 265 页。

③ 王学荣：《从资本逻辑的二重性透视马克思对现代性的双重态度——以〈共产党宣言〉为例》，《齐齐哈尔大学学报（哲学社会科学版）》2015 年第 5 期，第 27－29 页。

系基础上。大数据、区块链、人工智能等数字技术推动人类进入数字化社会，使整个社会的生产方式发生了革命性变革，推动资本主义跨入了数字资本主义时代。数据是数字资本主义时代资本存在的普遍形式，本质上说，数据与资本同为生产要素，但产生的过程完全不同。资本可由人直接创造，而数据更多是在经济行为过程中自然产出的。"数字资本的实质是数字劳动的积累，数据作为数字劳动积累的产物成为资本增殖牟利的工具，这便是数字资本生成和增殖的逻辑。"①要让经济行为过程公平、合理、健康地运转，推动数字资本文明时代到来，数字资本市场就需要更多的信任、信用资源。经过数万年的进化，特别是智人的认知革命以后，人类是怎样利用甚至主动创造相互之间的信任，或者从具体的使用价值中抽象出价值等价物，让整个市场交易能够大规模跨时空顺畅进行的？② 人类文明史的发展说明这样的信用资源是靠全球达成财富共识实现的，财富共识是超越具体商品的使用价值而达成的信用共识，这是智

①　郑夏育：《当代西方数字资本主义时代的异化劳动》，《大连理工大学学报（社会科学版）》2022 年第 2 期，第 8 页。

②　尤瓦尔·赫拉利的《人类简史》一书讲述的就是认知革命、农业革命、科学革命如何改变人类和其他生物。在人类进化历史上，有三大革命：大约 7 万年前，"认知革命"让历史正式发端；大约 12000 年前，"农业革命"让历史加速发展；而到了大约 500 年前，"科学革命"让古代历史画下句点而另创新局。

人认知革命的一部分,也是新"财富"文明得以形成的关键。传统的互联网模式之下,数据虽然为平台自身创造了巨大的金钱财富,但是数据本身并不承载价值意义,无助于达成共识。① 数据虽然成为最重要的生产要素,但仍然局限于生产力层面,提升的仅仅是生产能力。而区块链完全不同,它属于生产关系层面,重构生产关系,赋予了数据以价值意义和价值交换功能。区块链使价值、共识和信任交换成为可能,并将信任建立在"技术"或"机器"上②,成为制造信任的机器。从更大视野看,人类能够发展出现代文明,是因为实现了大规模人群之间开展有效的信任合作。从这种意义上说,区块链通过新的信任机制大幅拓展人类协作的广度和深度,形塑了资本时代的异化劳动,推动建立形成数字资本文明社会。

三、数据产权与新金融文明

当下,金融和科技这两大人类文明超级引擎正在世纪大交汇中发生化学反应,数字货币正在重构全球的金融模式和货币体系,数字资产正成为促进经济社会发展的关键

---

① 武西锋、杜宴林:《区块链视角下平台经济反垄断监管模式创新》,《经济学家》2021年第8期,第81—88页。
② 易宪容、于伟、陈颖颖:《区块链的基础理论问题:基于现代经济学的一般性分析》,《江海学刊》2020年第1期,第79—87页。

驱动。数字社会下，"金融资本推动了数字产业革命，数字产业革命又为金融资本主义的进一步泛滥提供技术支撑"①。相较于农业时代的劳动力和土地，工业时代的技术和资本，数据是数字时代的新型资产，数据确权是释放数据要素价值和建设数据交易市场的重要前提。区块链可用于数据存证和使用授权，将在数据产权界定中发挥重大作用，以安全、高效、可信的智能自治域网络为底层逻辑，让人类能以更高的效率创造更大的集体文明增量，引领人类向数字时代的新金融文明迈进。区块链赋予数字世界新的契约机制，将成为连接传统物理世界与数字文明世界的桥梁，通过数字金融基础设施构建数字文明共同体。

从传统产权到数据产权。所谓产权，指的是"一种通过社会强制而实现的、对某种经济物品的多种用途进行选择的权利"②。与所有权不同，产权并不是绝对的、普遍的，而是一种相对的权利，它是不同的所有权主体在交易中形成的权利关系。在构成上，产权这个概念事实上包含了"一组权利"，包括使用权、排他权、处置权等，它们可能属于同一

① 赵建：《数字时代的"散户革命"与全球金融风险的新特征》，大公网，2021年，http://www.takungpao.com/finance/236134/2021/0208/550637.html。
② 薛兆丰：《薛兆丰经济学讲义》，中信出版集团 2018 年版，第 211 页。

个主体,也可能分属于不同的主体。"大陆法以有体物为观察对象,建立了一套以所有权为中心,用益物权、担保物权与债权共同作用的财产权体系。英美法并不强调所有权的概念,取而代之的是引入具体情境下的利益先后比较方法,从而对较优(通常是设立在先)的产权加以保护。"①任何一种财产,只有被合理使用,其价值才能得到充分的发挥。美国经济学家哈罗德·德姆塞茨在《论产权理论》中提道:"产权的产生,本质上还是一个成本收益权衡的过程,只有当通过界定产权,将外部性内部化的收益大于从事这一行为的成本时,产权才会产生。"②换言之,当确定数据产权的收益大于确定数据产权的成本时,数据就有了确权的经济基础。"数据作为一种生产要素,也具有生产要素产权的普遍特性,即排他性、可交易性和可分割性。"③作为一种新兴权益,数据产权也是复数,其"权利束"包含使用权、收益权、占有权与处分权,甚至还包含可携带权与被遗忘权等。而数据产权主体既可能包含个人用户、数据收集企业、平台企

---

① 包晓丽:《数据产权保护的法律路径》,《中国政法大学学报》2021年第3期,第118页。

② Demsetz H. "Toward a theory of property rights". *The American Economic Review*, 1967, 57(2): 347-359.

③ 李鹏、王丹:《数据要素产权的特性与界定》,《学习时报》2022年2月23日,第A2版。

业,也可能包含政府机构与数据中介等组织。[①] 从数据创造财富的分配来看,生产关系决定分配关系;从生产关系决定分配形式来看,数据产权的合理划分是数据参与分配的先决条件。首先,只有产权清晰的数据才能分离所有权和使用权,数据才能顺利进入要素市场,实现数据要素在各成员和各生产部门的分配。其次,只有产权清晰的数据才能进入市场实现交易权和收益权,从而实现按市场评价贡献、按贡献获取报酬的分配机制。[②] 中央层面也明确提出完善数据权属界定、建立健全数据产权制度,"数据产权制度主要体现为对数据所有权、数据占有权、数据支配权、数据使用权、数据收益权、数据处置权等权利的规则化明确"[③]。问题的关键表面上是数据产权归属问题,实质上是数字经济时代解决成本最低化和收益最大化问题。

　　基于区块链的数据确权。科斯定理指出,在交易成本为零的情况下,只要商品的产权被合理界定和受到保护,一

---

① 袁志刚:《东西方文明下数字经济的垄断共性与分殊》,《探索与争鸣》2021年第 2 期,第 7—8 页。
② 戚聿东、刘欢欢:《数字经济下数据的生产要素属性及其市场化配置机制研究》,《经济纵横》2020 年第 11 期,第 63—75 页。
③ 于冲:《健全数字经济时代的数据产权制度》,《学习时报》2020 年 2 月 14 日,第 A6 版。

个竞争性的市场就将会产生资源最优配置的结果。① 根据这一定理，对于竞争性商品来说，由于商品或要素的消费或使用具有竞争性，通过市场机制将其配置给对其评价最高的人来使用将带来社会总福利最大化，为了实现最优资源配置，竞争性商品的生产商应该被授予排他性产权，但数据要素的非竞争性使用和大数据众多主体的经济特性说明，依据科斯定理对数据授予绝对的排他性产权并不会产生数据要素最优配置的结果。② 数据要素价值实现具有明显的动态性和多元主体性，并具有更复杂的附着在数据上的利益诉求，数据权属界定面临严峻困境。技术的发展对于产权的界定和保护具有关键作用，数据产权界定也不能离开技术的帮助。"数据要素确权是法律和技术共同作用下的产物，一般先由法律确定数据产权的制度框架，再利用技术保证这些制度框架的可执行性。"③基于区块链的去中心化、非对称加密机制、智能合约、不可篡改等技术特征，"通过分布在全球的各个节点，按照统一的共识机制存储数据，保证数据的安全可信，相较于熟人信任、第三方信任和制度

---

① Coase R. "The problem of social cost". *Journal of Law and Economics*，1960，3(10)：1-44.
② 唐要家：《数据产权的经济分析》，《社会科学辑刊》2021 年第 1 期，第 99—106 页。
③ 邹传伟：《金融科技前沿趋势分析》，《人工智能》2020 年第 6 期，第 16 页。

信任节省了大量交易成本和监督成本"①,为数据产权的确定、保护和流通提供了安全有效的操作手段。区块链让参与系统上分布的节点,将一段时间内系统的全部数据信息,通过密码学技术算法计算和记录到一个数据块中,并且生成该数据块的加密性数字签名以验证信息的有效性和链接到下一个数据块,从而形成一条主链,系统中所有的节点共同认证收到的数据块中信息的真实性。② 通过区块链可以实现数据资产不再借助第三方机构完成数据资产的登记和交易,改变了传统资产流动中的"中心化"模式,形成"数据生产者—数据处理者—数据需求者"的基本架构,完成数据资产经济价值的构成与流通,进一步为数据产权界定提供了技术支撑。区块链还应用于数字资产交易,"基于区块链的数据资产交易系统为数据资产的确权和流转创造了条件,有助于数据资产价值的实现"③,整个交易完成后将数据资产的交易信息写入区块,区块链系统会永久保存并确保不被篡改,系统中任意数据资产的流通情况都可实现精准追溯。

① 戚聿东、刘欢欢:《数字经济下数据的生产要素属性及其市场化配置机制研究》,《经济纵横》2020 年第 11 期,第 63—75 页。
② 贾宜正、章荩今:《区块链技术在税收治理中的机遇与挑战》,《会计之友》2018 年第 4 期,第 142—145 页。
③ 蔡昌:《区块链赋能数据资产确权与税收治理》,《税务研究》2021 年第 7 期,第 90—97 页。

区块链铸造新金融文明。农业时代,土地的所有者在价值创造和利益分配中占据核心支配地位,一切利益的争夺,最终也会体现在对土地所有权的争夺。工业时代,物权的提出便是人们基于物的所有权进行生产活动以及利益分配的规则,物权法也创造了比农耕时代更为公正、有效、完备的制度体系。"物权法主张私主体在有体物上的绝对所有权,这是物权制度对工业文明的回应。"① 随着人类社会进入数字时代,价值创造的特点又发生了显著变化,价值创造越来越依赖人通过数据要素进行创造性的智力活动,对数据的产权保护成为数字文明时代的重要象征。区块链最大的价值就是确立数据的产权,将数据资产封装为可上链的数据对象,赋予了数字金融新的契约机制。它是一种新的基于算法和代码的规则共识,参与到区块链网络里的用户,遵循共同的算法规则来进行相互协作,整个金融系统乃至社会系统正因强技术信任模式的建构而朝更具效率、更公平的方向发展。这是一种数字时代对信任机制的重构,它不同于传统农业文明基于血缘亲情和熟人关系的信任模式,也不同于工业文明的市场契约和组织的信任模式,区块链技术最大的颠覆性,在于其重构了新的信任机制,最终推

---

① 大数据战略重点实验室:《数权法 1.0:数权的理论基础》,社会科学文献出版社 2018 年版,第 86 页。

动数字时代新金融文明的形成。新金融是将创新性技术引入金融领域而促成的金融变迁，其实质是有方向性的创新与金融文明的结合，是在金融领域推行"有为政府＋有效市场"相结合所衍生出的文明。新金融文明是指融合了金融与创新的文明，是在金融科技的驱动下，从传统金融出发，沿着与经济转型升级相一致方向变迁的能显著降低交易成本的多层次多元化需求的金融文明。[①] 2008 年全球金融危机后，人们意识到了国家信用、个人道德存在的潜在风险和危机。基于区块链构建的新金融文明，通过"网状协同、机器信任"的底层技术，支持降低人与人之间交换与合作的成本，推动人类分工的进一步细化，有助于铸造互联互通的新金融生态系统，营建全球金融稳定新秩序，为全球经济治理体系变革和文明跃迁注入强劲动力。

---

① 林婧莹：《新金融文明对金融创新的影响——基于新制度经济学视角》，《大众投资指南》2017 年第 3 期，第 70 页。

第三章　协商民主的技术力量

如果想让民主在科技时代发挥作用，区块链作为一种本身包含民主规范的技术，有可能成为解决当下困境的一剂良药。

——清华大学苏世民书院院长、教授，
国家新一代人工智能治理专业委员会主任　薛澜

第一节　治理科技与中国之治

新冠疫情是人类百年不遇的一次大流行病，也是对世界各国国家制度和治理能力的一次百年大考。面对尚未被人类所熟知、防控难度前所未有的新型冠状病毒，中国政府以坚定信心、同舟共济、科学防控、精准施策的总要求创造了抗疫实践中的中国之治。事实上，抗击新冠疫情既是一场与病魔较量的阻击战，也是一场与病毒赛跑的科技战。习近平总书记指出："最终战胜疫情，关键要靠科技。"①在疫情防控期间，以5G、大数据、物联网、区块链、人工智能和量子计算为标志的治理科技在推进疫情防控和复工复产上发挥了巨大作用，成为防疫抗疫"利器"。治理科技不仅是一场颠覆性的技术革命，更是一场思维方式、行为模式与治理理念的全方位变革。后疫情时代，治理科技将深刻地影响并改变国家的治理理念、治理范式、治理内容和治理手段，成为中国之治的一个重要切入口与推动器。

---

① 习近平：《协同推进新冠肺炎防控科研攻关 为打赢疫情防控阻击战提供科技支撑》，《人民日报》2020年3月3日，第1版。

一、从疫情大考看中国之治

"这次新冠疫情来势汹汹,对各国都是一次大考。"[①]正如习近平主席指出的那样,新冠疫情全方位地考验着世界各国的国家制度和治理能力。面对这场全球公共卫生突发事件的"大考",中国采取了世所罕见的最全面、最严格、最彻底的措施果断阻击疫情,率先走出疫情危机,率先实现经济复苏,率先基本实现社会生活正常化,"以实实在在的抗疫行动和疫情防控成效诠释了'中国之治'崇高的治理逻辑和治理智慧"[②]。

新冠疫情暴发后,中国坚持以人民为中心、生命至上的理念,争分夺秒同时间赛跑、与病毒较量,以最全面、最严格、最彻底的防控举措,在较短时间内有效遏制国内疫情的扩散,取得了重大阶段性成果,并为全球做好防范准备争取了宝贵的"时间窗口"[③]。国际社会只有凝聚合力,携手应对共同挑战,共筑更加紧密的人类命运共同体,方能答好全球抗疫的时代之问,赢取属于全人类的最终胜利。

---

① 新华社:《习近平同哈萨克斯坦总统托卡耶夫通电话》,《人民日报》2020年3月25日,第1版。
② 乌兰哈斯:《在疫情防控大考中看"中国之治"新境界》,《大理大学学报》2020年第11期,第50页。
③ 陈赟、刘丽娜、包尔文:《特稿:全球抗疫的时代之问》,新华网,2020年,http://www.xinhuanet.com/2020-04/06/c_1125818225.htm。

疫情防控的科技力量。"人类同疾病较量最有力的武器就是科学技术，人类战胜大灾大疫离不开科学发展和技术创新。"①纵观人类漫长的抗疫史，从"民疾疫者，舍空邸第，为置医药"的隔离办法，到研制灭活病毒疫苗的预防措施，科学技术在保护人类生命安全与身体健康方面发挥了不可或缺的作用。特别是近代以来，无论是有效控制流感、霍乱、鼠疫等曾经对人类造成巨大危害的传染病，还是抗击甲型 H1N1 流感、埃博拉病毒、严重急性呼吸综合征（SARS）、中东呼吸综合征（MERS）等多次重大传染病，现代医学科技的发展功不可没。② 新冠疫情暴发以后，以5G、大数据、物联网、区块链、人工智能和量子计算等治理科技为代表的一系列数字应急响应方式相继出现，积极助力各国疫情防控，成为疫情应对中的亮点。就中国而言，在疫情暴发初期，数字技术就被提到了重要位置。习近平总书记强调："要鼓励运用大数据、人工智能、云计算等数字技术，在疫情监测分析、病毒溯源、防控救治、资源调配等方面更好地发挥支撑作用。"③工信部办公厅下发《关于运用新

---

① 习近平：《为打赢疫情防控阻击战提供强大科技支撑》，求是网，2020 年，http://www.qstheory.cn/dukan/qs/2020-03/15/c_1125710612.htm。

② 王平：《科学技术，战胜疫情的关键利器》，人民网，2020 年，http://opinion.people.com.cn/GB/n1/2020/0316/c223228-31634561.html。

③ 习近平：《全面提高依法防控依法治理能力，健全国家公共卫生应急管理体系》，《求是》2020 年第 5 期，第 7 页。

一代信息技术支撑服务疫情防控和复工复产工作的通知》进一步强调,充分运用数字技术,支撑服务疫情防控和复工复产工作。数字技术空前提高了我国汇集、分析、传播信息的能力,既可为认知、决策提供高质量的信息指引,也可为施策、组织协同提供高质量的信息辅助。数字技术不仅成为中国抗疫"利器",还将持续快速发展,为中国经济转型升级与国家现代化治理能力的全面提升创造新优势和打造新动能。从全球来看,数字技术是克服全球政治分歧、经济差异、地理距离的有效手段。数字化手段在全球抗疫中发挥了独特作用。在应对疫情期间,数字技术增强了经济社会应对风险的"免疫力",为疫情防控在态势研判、信息共享、流行病学分析等方面提供了强大的动力支撑。数字技术助力全球科技抗疫,不仅让全球紧密相连,也为全球经济复苏注入强大动力,造福和创造人类社会的崭新未来。[1]

"中国之治"的制度密码。"天下之势不盛则衰,天下之治不进则退。"当今世界各国的竞争,本质是国家治理能力的竞争,而国家治理能力的竞争实质上是国家制度的竞争。[2] 从表层来说,新冠疫情全球大流行直接威胁的是各国的公共卫生安全,会对一国包括经济、政治、文化、社会和

---

[1]　连玉明:《大数据蓝皮书:中国大数据发展报告 No.5》,社会科学文献出版社 2021 年版,第 325 页。

[2]　袁元:《从国家治理能力看中国制度优势》,《瞭望》2017 年第 34 期,第 16 页。

生态在内的国力提出严峻挑战，打疫情防控的"总体战"就是在打综合国力战。从中层来看，新冠疫情是对世界各国治理体系以及治理能力的一场极限"压力测试"和"世纪大考"，它不仅考验各执政党、政府、国际组织的疏导能力和应急能力，也考验各个国家的治理效能和国家治理体系的韧性。从深层来讲，新冠疫情防控的挑战最终是对国家制度的挑战。"此次疫情考验着国家治理现代化水平，而国家治理是依据国家制度展开的，国家治理体系体现一个国家的制度体系，国家治理能力体现其制度执行能力。"①中国利用高效运转、分工协作的国家体制，民主参与、集中领导的治理秩序，合和统一的治理理念，矛盾化解的协商民主，在疫情大考中找到了国家治理效率的最大公约数，从而实现了大治，其现象背后正是有着本质区别的中西方国家制度。② 由此观之，新冠疫情对中国治理体系和能力的大考根本上也是对中国制度建设的大考。正如党的十九届四中全会指出的："中国特色社会主义制度是党和人民在长期实践探索中形成的科学制度体系，我国国家治理一切工作和活动都依照中国特色社会主义制度展开，我国国家治理体

---

① 田克勤、张林：《全球抗疫下的中国制度和治理优势思考》，《东北师大学报（哲学社会科学版）》2020 年第 4 期，第 10 页。
② 冯兵：《中西方对比视角下中国国家治理的制度优势》，《南昌大学学报（人文社会科学版）》2020 年第 6 期，第 12 页。

系和治理能力是中国特色社会主义制度及其执行能力的集中体现。"①中国抗疫斗争伟大实践再次证明,中国特色社会主义制度和国家治理体系所具有的显著优势,是抵御风险挑战、提高国家治理效能的根本保证,这些显著优势历经考验、磨砺成就了"中国之治",并将"中国之治"推向了新的境界。从这一意义上来说,"中国之治"的本质是"制度之治",中国特色社会主义制度图谱是"中国之治"的密码所在。

二、后疫情时代的治理范式

历史的进程往往不是线性的,就像静水深流的黄河,在西北高原上折返千里后,忽然在壶口呼啸而下,浩浩荡荡,直奔大海。一个标志性的重大事件可能会扮演历史扳道工的角色,使时代列车转入新的轨道。新冠疫情或许扮演的就是这样一个角色。疫情与公共卫生、人民群众的健康利益和生命安全密切相关,但它却"意外地"加速推动了人类社会的数字化步伐。疫情防控让数字技术加速融入国家治理,催生了"一码通行"等前所未有的现象级应用,拉开了"数字治理"时代的大幕,数字治理迎来了真正的范式转变。

---

① 《中国共产党第十九届中央委员会第四次全体会议公报》,《人民日报》2019 年 11 月 1 日,第 1 版。

在数字技术的加持下，数字治理给人们带来更加舒适的工作和生活享受以及崭新的习惯，带来公正、平等、民主的积极现象和效果，并在治理实践中迭代升级，逐渐向数智治理迈进。

数字治理与数字化转型。在数字时代，经济社会各领域数字化转型加速推进，传统治理越来越难以适应数字时代的要求，数字治理应运而生。几十年来，数字治理概念的内涵与外延随着时代的变迁而不断变化。关于数字治理的理解，目前大致有工具论、数据论、平台论、治理论、赛博论和系统论等 6 种代表性观点（见表 3-1）。党的十九届五中

表 3-1　数字治理的六种代表性观点

主要观点	核心主张	缺　　陷
工具论	从电子政务到数字治国；"技术＋政府综合治理"；技术乐观主义	忽视政府理念、机构、机制变革；数字化可能造成部门分割、数据孤岛和任务不协同
数据论	数据是一种治理工具；数据是生产要素；将产生数据确权、数据隐私、数据保护等新问题	过分强调数据产权和隐私保护可能阻碍数据开放和利用；采用工业文明思维，将数据作为有形的生产要素管理
平台论	平台连接用户和资源；一种技术实现；一种组织结构和治理模式	本质上是管理思维，缺乏治理中的共治理念
治理论	区分统治和治理；社会中心论；政府赋能与社会赋权	忽视政府对数字化转型的引领使用

主要观点	核心主张	缺 陷
赛博论	对数字世界的治理;从"全球公域说"到"再主权化";产生数字主权、数据跨境流动、网络安全等新议题	国家间分歧明显,有碍数据流通与国际合作;国家数据安全与数字科技普惠存在矛盾
系统论	融合工具论和治理论;利用数字技术解决治理问题;构建多元共治格局,政府发挥主导作用	对系统变革的难度、复杂度分析不足,缺少清晰的变革路线

资料来源:张建锋:《数字治理:数字时代的治理现代化》,电子工业出版社2021年版,第39-40页。

全会明确提出要"加快数字化发展",统筹数字经济、数字政府和数字社会协同发展,数字治理扮演着全方位赋能数字化转型的重要角色,成为数字化转型的最强劲引擎。一方面,数字治理正在打破政府内部数据孤岛、重塑业务流程、革新组织架构,打造边界清晰、权责明确且精简、高效、统一的数字政府;另一方面,数字治理反哺更广阔的经济和社会数字化转型,既为市场增效,又为社会赋权。首先,数字治理为政府赋能。面对部门间、层级间协同难题,数字治理成为整体政府建设的"助推器"。数字化改革"打通底层数据、再造业务流程、压缩组织冗余、厘清部门边界"[1],依托可量

---

① 熊易寒、王昊:《用数字技术破解"九龙治水"难题》,《光明日报》2021年7月13日,第2版。

化、可评比和可操作的数据指标，更深层地推动政府内部职能权责的优化，从而实现整体政府建设。新一代数字技术正在推动政府形成基于数据与算法双驱动的治理模式，以实现精准、实时和预防式的智慧治理体系，并以此塑造更具弹性、灵活性和调适性的治理运行机制。① 其次，数字治理为市场增效。数字治理是反映宏观经济运行与服务精准调控的"晴雨表"，数字技术有助于构建起资源配置的"虚拟之手"，提升市场资源配置效率、配置能力和配置精准度。数字技术还是市场监管的感应器，在将政府监管职能扩展到虚拟市场的同时，重塑传统市场监管体系，推动市场监管由控制向服务、粗放向集约、单一监管主体向多元社会共治转变。② 最后，数字治理为社会赋权。凯文·凯利在《失控：全人类的最终命运和结局》一书中曾预言，信息技术将会使人类社会向分布式、去中心和自组织发展，数字化正在使这种预言变为现实。当前，数字化正以不可逆转的趋势改变人类社会，"网络耦合、多边协同、自治协商"的多中心社会结构取代工业社会"强依附、强控制、强标准"的中心化社会结构逐步成为现实。数字治理强调扁平化、政社协同和赋

---

① 孟天广：《数字治理全方位赋能数字化转型》，《政策瞭望》2021 年第 3 期，第 35 页。

② 张建锋：《数字治理：数字时代的治理现代化》，电子工业出版社 2021 年版，第 58—59 页。

权社会的特征,为人民群众了解公共事务、参与社会治理带来了更加透明化、平等化与更具参与性的新机会和渠道,更为政府提供了感知社情民意、防范化解社会风险的作用机制,为坚持和完善共建共治共享的社会治理制度奠定了基础。①

数字政府与数字领导力。在数字化时代,政府治理也正经历着范式的转移,依托数字技术创新政府,实现政府转型,建立数字政府成为全球趋势。数字政府是政府对社会演进到数字形态的自我适应与自主改变,是政府通过数字化思维等治理信息社会空间、提供优质服务和增强公众满意度的过程。它一方面要求政府在内部建立起基于数据融通的高效政务服务事项办理网络,另一方面要求政府通过数据开放促进公共信息在社会成员之间的共享利用。② 数字政府重视和强调的是数字化时代的政府转型,其重点并不在于技术本身,而是如何善用现代数字技术去加强政府建设,更好地达成政府施政的政策目标,为公民和社会创造更大的公共价值。③ 近年来,我国高度重视数字政府建设,

---

① 孟天广:《数字治理全方位赋能数字化转型》,《政策瞭望》2021 年第 3 期,第 35 页。
② 贺晓丽:《提升数据领导力 建设数字政府》,《青岛日报》2021 年 6 月 24 日,第 9 版。
③ 张成福、谢侃侃:《数字化时代的政府转型与数字政府》,《行政论坛》2020 年第 6 期,第 36－38 页。

党的十九届四中全会明确提出，要推进数字政府建设。作为数字中国的有机组成部分，数字政府不仅是推动数字中国建设、实现经济高质量发展的重要支撑，更是推动治理体系和治理能力现代化的重要动能。在新冠疫情防控期间，数字政府在社会治理、市场监管、经济调节、公共服务、科学决策等领域精准施策，为推动有序复工复产发挥了巨大作用，但同时也暴露出一些不足和短板。其中，较为突出的就是缺乏数字领导力的问题。数字领导力是在数字化时代背景下，个人或组织带领他人、团队或整个组织充分运用数字思维，运用数字引导力、数字决策力、数字执行力和数字洞察力这"四力"确保其目标得以实现而应该具备的一种能力。[①] 它不是对数字技术的简单运用，而是在领导者包容、变革等特质上的数字技术与组织管理耦合，不是数字支配领导力，而是领导力和数字技术之间的协同。[②] 数字领导力是建设数字政府的重要力量，其对建设数字政府的影响效应至少包含两个方面，即形成以公众为中心的服务模式和促进政府数据开放共享。进入后疫情时代，各级政府应充分认识数字领导力的时代价值，具备数字思维，升级数字

---

① 彭波：《论数字领导力：数字科技时代的国家治理》，《人民论坛·学术前沿》2020 年第 15 期，第 17 页。

② 巨彦鹏：《数字时代数字领导力矩阵分析与提升路径研究》，《领导科学》2021 年第 8 期，第 48 页。

能力,建立与数字科技兼容相匹配的治理模式,让具备数字领导力的数字政府成为数字社会的标配。

从数字治理到数智治理。新冠疫情防控期间,数字治理充分发挥了平台资源开放、新技术场景应用和数据公开共享等优势,助力打响"无接触""不见面""零聚集"的数字抗疫攻坚战。可以说,新冠疫情防控给了数字治理极大的探索空间,而在此次实践中则更多反映出数字治理发展的一些趋势。进入后疫情时代,在人工智能等先进技术的加持下,数字治理将不断升级,逐渐向数智治理迈进。数智治理是较数字治理在数字社会形态下社会治理方式的高阶治理,属于治理理论范畴下的从属概念。要全面深刻地理解数智治理,首先要从数智说起。所谓数智,是指以人工智能超强的算力和先进的算法为支撑,对海量的数据进行智慧化赋能,使零散、孤立甚至是冰冷的数据形成有聚合力、生命力和价值力的智能化数据。数智不是数据与智能或智慧的简单相加或拼接,它只有置于治理的语境之下才具备概念建构的应用价值。所以,数智治理并非单纯的技术话语,同时也是治理话语体系下的价值性概念,它具有工具理性与价值理性的双重性质。因此,数智治理可以定义为以技术层面的数智逻辑与价值层面的治理逻辑深度融合为前提,以治理理论为基石,通过人工智能等数字技术手段,实现治理的自动化、智能化、高效化和精准化,从而使社会达到善治的智慧化治理方式。① 数智治理是未来社会治理发展的必然趋势，也是数字社会形态下社会治理的逻辑归宿。作为社会治理的高阶治理方式，数智治理为转变社会治理理念、变革社会治理结构、革新社会治理手段和优化社会治理效能提供了现实基础。当前，我国虽然在信息通信技术方面与数智治理的要求还存在一定差距，但是可以预见，未来我国数字治理将受人工智能技术的驱动而不断向数智治理迈进，人工智能赋能数字治理将是大势所趋。为此，一方面，我国要加强前瞻性思考、全局性谋划、战略性布局、整体性推进，为数智治理的实践提供智力支持、技术支撑和制度保障。另一方面，要积极借鉴国外的做法，在数字治理的战略规划中提前对"数智治理"进行谋划，并顺应未来社会治理智能化的趋势，做好"数智治理"带来的"同理心危机"②的预防工作。③

---

① 李智水、邓伯军：《数字社会形态视阈下社会治理的逻辑进路研究》，《云南社会科学》2020 年第 3 期，第 114 页。

② 在人工智能时代，人类每天花大量时间面对没有温度和情义的"智能屏幕"，其"同理心"正在大幅下降。"同理心"是人类的特质，任何动物都不具备这种特质，人工智能时代机器人也不可能有这种特质。

③ 黄建伟、刘军：《欧美数字治理的发展及其对中国的启示》，《中国行政管理》2019 年第 6 期，第 40 页。

三、治理科技与治理现代化

当前,以数字化、网络化、智能化为核心特征的治理科技正在兴起,并持续释放治理效能。治理科技是国家走向现代化的一种重要支撑,其致力于依靠云计算、大数据、区块链和人工智能等数字技术,构建科技驱动型治理体系,利用科技力量纾困治理体系构建和能力提升。[①] "十四五"时期,以"科技支撑"赋能社会治理创新,是国家顶层设计层面的重大战略。[②] 创新治理科技,聚焦治理科技核心优势再造,提升治理效能,推动系统减负,实现由"权力"治理向"数据"治理转型,是推进国家治理体系和治理能力现代化的重中之重。面向未来30年,治理科技在推进国家治理体系和治理能力现代化过程中的广泛应用必须引起我们的关注,它将深刻地改变国家的治理理念、治理范式、治理内容和治理手段,成为推进"中国之治"走向"中国之梦"的破题之钥。

从科技治理走向治理科技。20世纪90年代,以科技治理理念研究诸如生态保护、空气污染和流域治理等跨区域、跨领域科技问题,或者跨领域科技合作问题的趋势初见

[①] 陆岷峰、周军煜:《金融治理体系和治理能力现代化中的治理科技研究》,《广西社会科学》2021年第2期,第121页。

[②] 温丙存:《科技支撑社会治理实践的路径:技术与赋能——基于全国创新社会治理典型案例的经验研究》,《治理现代化研究》2021年第4期,第76页。

主权区块链3.0：共享秩序下的全球治理重构

端倪。① 科技治理是治理理论在科技领域的延伸，注重科技政策的参与性、合作性和政策制定过程的民主性。近年来，科学哲学家和社会学家对科技治理给予极大关注，提出治理就是秩序加意愿，任何新兴治理模式都必须拥有最低限度的而不是雄心勃勃的目标。② 与以往简单应用治理理论到科技领域不同，科技治理强调"科技工具论"，即把科技当作实现某种目的的方法或手段，人是当仁不让地创制、使用科技的主体。正因为如此，科技治理将人作为社会治理的唯一参与者，科技仅仅是接受治理的对象，表现为人在科技的研发、使用和后果评估等环节对其进行监督与治理。③随着数字科技的迅猛发展和广泛应用，人单方面地对科技进行监管与操控变得不再有效，科技治理逐渐陷入理论与实践困境而无法摆脱。与此同时，通过数字科技进行治理逐渐从理论上升到实践，治理科技随之进入人们的视野，成为当下治理领域最重要的议题之一。与科技治理相比，治理科技是新时代"治理＋科技"的重大创新，是科技赋能治理的重大实践，它不仅在技术上给治理主体提供支持，更是

---

① 曾婧婧、钟书华：《论科技治理》，《科学经济社会》2011年第1期，第114页。

② 朱本用、陈喜乐：《试论科技治理的柔性模式》，《自然辩证法研究》2019年第10期，第44页。

③ 宋辰熙、刘铮：《从"治理技术"到"技术治理"：社会治理的范式转换与路径选择》，《宁夏社会科学》2019年第6期，第125页。

176

驱动治理范式发生转换的核心变量。治理科技的"魂"是治理,科技只是其"纲",其核心是通过"治理"与"科技"的双向联动与多向赋能,在促进及时、动态和平等治理的同时,实现"四个转变":一是从"管人""管物"到"管数"的模式转变,二是从"国家管理"向"国家治理"的理念转变,三是从"一元主体"向"多元主体"的结构转变,四是从"行政管理"向"政治、法治、德治、自治、智治"的综合转变。① 治理科技作为全新的社会治理模式,与科技治理并不是相互对立的,而是相互弥补、相互耦合的关系。从科技治理到治理科技,无疑是人类社会治理范式的重大跃进和革新。治理科技将打破传统的治理与被治理的二元对立模式,使科技融入并参与到治理模式当中,以数字科技为先锋实现对社会和科技本身的治理,进而构建数字科技的"善治"逻辑。

治理科技的三个核心要素。数据、算法和场景是治理科技推进治理创新的三个核心要素。大数据的发展为治理创新提供了种类丰富的数据资源,不断提高社会治理专业化水平。算法的进步使社会治理变成可感知的标准化领域,将复杂性简化为可读性,不断提升社会治理智能化水平。场景是最大限度发挥数据效能、推动社会治理社会化、

---

① 大数据战略重点实验室:《主权区块链 1.0:秩序互联网与人类命运共同体》,浙江大学出版社 2020 年版,第 296－297 页。

提升治理的力度与温度、让科技之光照进社会治理未来的重要支撑。数据是实现治理创新的重要前提。大数据不仅是一种物态，更是一种应用；不仅是一种技术，更是一种思维。大数据能够搜集更为丰富多元的数据，较之传统的社会调查方法，能够探测更为丰富的社会议题并能实现对大众议题关注度的动态把握，使获取社会治理近乎全样本的研究对象及其所产生的行为数据成为可能。[①] 在此基础上，对数据进行分析处理，可以预测社会需求、预判社会问题、增进社会共识，实现从关注宏观数据向关注微观数据转变，促进社会治理方式由简单粗放向科学精细转变。算法是实现治理创新的重要引擎。算法是一个技术的概念，也是一种基于治理规则与运行机制构建起来的运算模型。在算法驱动下，治理科技在全社会掀起了一场以智能化为主要特征的社会化大革命。它的到来把治理领域向数字空间延伸，推动现实社会和数字社会共同治理，推动社会治理向更加扁平化、交互式的方向发展，推动社会治理的功能重构、制度重构和秩序重构。场景是实现治理创新的重要支撑。随着群体性技术革命的爆发和跨界融合创新的兴起，新技术、新模式正深刻改变着人类的生产生活方式，场景一

---

① Stoker G. "Governance as theory: Five propositionss". *International Social Science Journal*, 1998, 50: 17-28.

178

词逐步具有更广泛的新内涵。场景成为社会治理的高效应用中心和创新中心,数字技术快速发展催生了大量具有前沿性、科技感、体验感和创造性的新场景。治理创新通过场景的运行,解决问题、满足需求,同时沉淀数据,实现数据的关联融合。在社会治理发展的新阶段,以治理科技项目应用为核心的场景已经开始成为治理科技爆发的原点,也将成为治理科技发展所依赖的稀缺资源。因此,主动营造各类社会治理的场景成为催生治理创新爆发的新逻辑。

治理科技推动治理现代化。治理现代化是继工业现代化、农业现代化、国防现代化、科学技术现代化之后的"第五个现代化",其提出既是对"四个现代化"的提升,又是在全球治理竞争背景下推进人类文明发展的必然选择。治理现代化是人类政治文明发展的标志,也是人类文明发展的动力。治理现代化与信息化密不可分,在某种程度上,没有信息化就难以实现治理现代化。之所以这么说,是因为信息技术革命不仅改变了现代经济的运行方式,也改变了现代政治的运行方式。国家治理的方式必须信息化,才能更好地适应现代化社会。[①] 2013 年 11 月,党的十八届三中全会通过的《中共中央关于全面深化改革若干重大问题的决定》(以下简称《决定》)明确,全面深化改革的总目标是完善和

---

① 肖峰:《信息化与国家治理现代化》,《国家治理》2019 年第 43 期,第 12 页。

发展中国特色社会主义制度,推进国家治理体系和治理能力现代化。此后,习近平总书记多次将信息化与国家治理现代化联系起来加以强调,作出了"没有信息化就没有现代化"①"要以信息化推进国家治理体系和治理能力现代化"②"要运用大数据提升国家治理现代化水平"③等一系列重要论述,这些论述明确了信息化对国家治理现代化具有至关重要的作用。当前,信息技术创新日新月异,以数字化、网络化、智能化为特征的数字化浪潮蓬勃兴起,互联网、大数据、人工智能、区块链、量子信息等治理科技逐渐融入社会生活的方方面面,并促使国家治理现代化呈现出新的发展趋势,我国进入了治理科技推动治理现代化的新时代。治理科技将成为推进国家治理体系和治理能力现代化的核心力量,发挥越来越大的作用,并以新的技术手段和运行机制为国家治理现代化提出的新要求提供新支撑。特别是当国家处于危急关头之时,治理科技凭借其独特的制度安排和技术优势的"双重驱动",展现出治理现代化的强大生命力和巨大优越性。可以说,治理科技推动治理现代化,表面上

---

① 习近平:《在中央网络安全和信息化领导小组第一次会议上的讲话》,《人民日报》2014年2月28日,第1版。
② 习近平:《在网络安全和信息化工作座谈会上的讲话》,《人民日报》2016年4月26日,第2版。
③ 习近平:《审时度势精心谋划超前布局力争主动 实施国家大数据战略加快建设数字中国》,《人民日报》2017年12月10日,第1版。

只是支撑要素的改变,背后却蕴藏着从垂直到扁平、从单向到体系、从命令到法治、从治标到治本、从一元主体到多元合作的大文章。而这篇大文章,正是中国以和平姿态屹立于世界民族之林的关键力量。

第二节 基于主权区块链的协商民主

这是一个科技的时代,更是一个民主的时代。生活在这个时代的每一个人,都可以公平地享有参与国家治理、充分表达诉求的民主权利。然而,实现这个权利必须具有特定且畅通的渠道,技术在民主中的应用则是打开这个大门的一把金钥匙。技术对于民主的发展具有基础性的影响和作用,甚至在一定程度上推动着民主模式的变革。从这个角度来看,技术对于民主发展具有重要的价值。作为一种程序主义的民主形式,协商民主的发展同样需要充分利用技术的力量。进入数字时代,区块链的发展为民主政治带来了新的技术条件与物质基础,特别是主权区块链的发明使协商民主高效运转起来成为现实可能。主权区块链在协商民主中的运用,为坚定不移走中国特色社会主义政治发展道路提供了新的技术支撑和新的路径选择,并将引发一场深刻的社会变革。

一、选举民主与协商民主

马克思主义认为，民主是实现人类解放的手段，民主政治是一切国家形式的最终归宿，即国家的最终形式。对民主的向往，始终是人类的共同追求。然而，民主又是具体的、历史的，对于什么样的民主是最好、最有效的，不同的意识形态有不同的理解。民主在不同社会制度下、在不同国家有不同的实现形式。① 当前，广为世界各国所接受的政治民主形态大致可以划分为选举民主与协商民主。作为民主的两种重要形式，选举民主与协商民主在实践中并不是截然分开的，它们呈现出互动双赢的态势，选举中包含协商，协商中包含选举。选举民主与协商民主是推动中国民主列车前行的两条铁轨，在中国特色社会主义民主政治发展道路上，只有把两种民主形式紧密和有机结合起来，才能真正发挥中国特色社会主义民主形式的特殊功效，促进中国民主政治建设的跨越发展。

选举民主。选举民主起源于古希腊的政治制度，它是人类历史上流传范围最广、影响最为深远的民主形式，在人

---

① 陈家刚：《社会主义协商民主：制度与实践》，社会科学文献出版社 2019 年版，导言：第 1 页。

类文明对野蛮和民主对专制的斗争史中占据重要地位。[①]
选举民主又称票决式民主,即国家领导人的任免和国家大
事的决定,采取投票的方式,根据"少数服从多数"的原则来
决定。由于选举民主具有人民主权的本质含义,在一定程
度上体现了自由、平等的价值取向,因此对于饱受专制之苦
的人而言,无异于久旱之甘霖。因此,千百年来,选举民主
始终是人们孜孜以求的一种政治理想。在现代民主选举制
度高度发展的今天,选举民主是现代民主国家及其宪法具
有合法性和正当性的前提性、根本性问题。可以说,没有选
举民主,就没有世界公认的民主国家,就没有真正体现民意
的国家宪法。对于选举民主的理论认识,精英民主理论的
集大成者约瑟夫·熊彼特曾指出:"民主方法就是那种为作
出政治决定而实行的制度安排,在这种安排中,某些人通过
争取人民选票取得作决定的权力。"[②]世界著名政治思想家
乔万尼·萨托利则认为:"民主是择取领导的竞争方法的副
产品,其所以如此,是因为选举权会以反馈方式让当选者留
心其选民的权力,简言之,竞争的选举产生民主。"[③]选举民

---

① 李广民、张怀勋:《选举民主与协商民主之比较》,《中国政协理论研究》
2011 年第 1 期,第 37 页。

② [美]约瑟夫·熊彼特:《资本主义、社会主义与民主》,吴良健译,商务印书
馆 1999 年版,第 395-396 页。

③ [美]乔万尼·萨托利:《民主新论》,冯克利、阎克文译,东方出版社 1998
年版,第 171 页。

主是人类社会政治制度文明史上最伟大的创造之一。它的贡献在于，通过票面平等的形式极大地扩大了群众对政治生活的参与机会，打破了权贵包揽政治事务的局面。"戴着'重大历史进步'光环的自由代议制民主成为当今民主的主要甚至是唯一模式。"①选举民主不仅具有统治合法性的通行证作用，而且能够提高国家机关的工作效率，避免或减轻由管理失控造成的社会震荡。然而，随着人类事务的日益复杂化，选举民主在价值得到充分彰显的同时也逐渐暴露出自身的弱点，其突出问题是社会强势群体对弱势群体利益与权利赤裸裸的掠夺，使社会失去了应有的公正与公平。最初选择建立选举民主的国家以及学者纷纷用"选举的暴政""选举的独裁""投票的动物""选举主义的谬误"等话语描述选举民主的诸多弊端。由此可见，选举民主仅仅是人类民主实现形式中的一种，并非当今世界民主理论与实践的全部。

协商民主。有事好商量，众人的事情由众人商量，找到全社会意愿和要求的最大公约数，是人民民主的真谛。人民在通过选举、投票行使权利的同时，在重大决策前和决策过程中进行充分协商，尽可能就共同性问题取得一致意见。

---

① 郑慧：《参与民主与协商民主之辨》，《华中师范大学学报（人文社会科学版）》2012 年第 6 期，第 17 页。

协商民主是中国民主独特的、独有的、独到的民主形式,是全过程人民民主制度体系和生动实践的重要组成部分,具有深厚的文化基础、理论基础、实践基础、制度基础。[①] 党的十八大以来,党中央对政治制度安排的一个重大决策就是协商民主,确立了七种协商民主形式,包括政党协商、人大协商、政府协商、政协协商、人民团体协商、基层协商以及社会组织协商。当前,协商民主在我国呈现全面展开的态势,显示出广泛多层制度化的前景。与此同时,在数字技术的推动下,数字协商民主正成为协商民主快速演进的重要方向,其中则以浙江数字政协、湖南政协云、贵州政协提案工作大数据平台为主要代表。

专栏 1　浙江:以"数字政协"拓展政协协商民主的广度深度效度

基本情况:

2021 年以来,浙江省政协按照浙江省委部署,把"数字政协"建

[①] 协商民主源自中华民族长期形成的天下为公、兼容并蓄、求同存异等优秀政治文化,源自近代以后中国政治发展的现实进程,源自中国共产党领导人民进行不懈奋斗的长期实践,源自新中国成立后各党派、各团体、各民族、各阶层、各界人士在政治制度上共同实现的伟大创造,源自改革开放以来中国在政治体制上的不断创新(国务院新闻办公室:《中国的民主》白皮书,2021 年,http://www.scio.gov.cn/ztk/dtzt/44689/47513/index.htm)。

设融入全省数字化改革浪潮中去谋划和推进,主动对接党政机关整体智治综合应用,面向政协委员、面向社会公众、面向政协机关工作人员,聚焦构建完善政协协商民主体系、拓展政协协商民主的广度深度和效度,形成了"一起上跑道、共同跑起来"的生动局面。

建设思路:

坚持以数字化理念、思路、技术、方法推动政协工作系统性重塑的建设思路,赋能政协工作提质增效和政协事业创新发展。

主要做法:

数字政协以"一端、一仓、三大业务应用、四大保障体系"为建设框架,注重打造综合应用,通过建设协商在线、同心在线、社情民意在线、委员履职在线等来切实解决"要建什么"的问题。

一端:前端综合展示。

一仓:政协数据仓。

三大业务应用:"浙江政协·掌上履职"2.0、"浙江政协·掌上议政厅"和"浙江政协·掌上办公"。

四大保障体系:政策制度体系、标准规范体系、安全防护体系、组织保障体系。

取得成效:

一是使参与者平等地参与政协协商。数字政协特别是"掌上议政厅"平台,打破了传统政协协商过程中的沟通壁垒,使参与者不受地位与权力的约束和限制,能够平等参与其中,充分表达自己的意见,更好地实现了政协民主性与网络开放性的辩证统一。二是促进了政协系统高效协同。数字政协特别是"掌上履职"平台,实现了三级政协一体推进、步调一致、高效协同，充分显现了数字赋能拓展政协协商民主广度深度效度的强劲动力。三是推进了机关工作数字化转型。数字政协特别是"掌上办公"平台，突破了办公时间、办公空间、办公环境的限制，让随时随地办公成为现实。

专栏 2　湖南：以"政协云"推动协商民主广泛多层制度化发展

基本情况：

2016 年以来，湖南省政协认真贯彻落实党中央、全国政协的部署，因势而谋、应势而动、顺势而为，积极建设使用政协云。2017 年1 月，湖南政协云 1.0 版正式上线。6 年多来，政协云不断迭代升级，迄今已更新到政协云 5.0 版。政协云为湖南省政协工作赋能，在移动互联网时代开创了政协履职新生态，并推动了协商民主广泛多层制度化发展，唱响了以"政协之能"更好服务"湖南之为"的协奏曲。

建设思路：

坚持"以省级为主建设、市县政协共同参与"的建设思路，省市县政协共建共享、共管共用。

主要做法：

政协云以"一个中心、三大渠道、五大功能"为建设框架，通过打造掌上提案、微建议、远程协商、委员履职评价系统、政协云书院等一批核心栏目推动政协云建设。

一个中心：大数据中心。

三大渠道:App 客户端、门户网站、微信公众号。

五大功能:履职、服务、宣传、互动、管理。

取得成效:

建设运用政协云,推动新时代湖南政协工作发生"四大变化":学习全覆盖推进、履职全方位融合、群众全过程参与、委员全时空在线。与此同时,政协云的出现也给协商民主插上了技术的翅膀。一是有效拓展了政协协商的领域和空间,突破了传统协商活动的局限。二是有效拓展了委员履职的广度和深度,改变了委员履职的理念和方式,破解了委员履职意识不强、参与活动不便的难题。三是有效拓展了联系服务群众的方式和渠道,打通了联系服务群众的"最后一公里"。

专栏3　贵州:以"政协提案工作大数据平台"打造"指尖上的协商民主"

基本情况:

近年来,贵州省政协积极探索将贵州大数据先行先试优势转化运用到提案工作中,着力打造集工作、学习、交流、管理于一体的"政协提案工作大数据平台",突出"数智赋能",提升提案形成质量、办理质量、服务质量,有力推动提案工作提质增效。截至目前,该平台已覆盖所有省政协委员、省直部门单位、市(州)党委政府。2020 年以来,通过平台收到提案 1646 件,经审查立案 1566 件,已全部完成办理,办结率 100%。

建设思路:

依据贵州省政协提案系统智能化需求,依托"大数据＋人工智能"技术优势,采用"互联网＋政务"的建设思路,紧紧围绕提案全生命周期业务智能化的目标建设政协提案工作大数据平台。

主要做法:

政协提案工作大数据平台以"一个中心、三大平台、三类数据库"为建设框架,通过提案智库、数据采集平台、数据分析平台、智慧服务平台、提案撰写助手、数智精灵、智能承办助手、领导决策辅助 8 个方面加以构建。

一个中心:全省政协提案工作数据汇聚中心。

三大平台:数据采集平台、数据分析平台、智慧服务平台。

三类数据库:互联网数据类、政务资源交换类、业务数据类。

取得成效:

建设运用政协提案工作大数据平台,进一步完善了协商民主形式,扩大了群众参与面,深化了提案办理协商,促进了提案工作提质提效。

在协商民主的实践中,纵然地方实践的"一小步"就是我国协商民主进步的"一大步",但数字时代的影响是广泛的、深远的,给全社会、所有人带来的改变是复杂的,所以协商民主的数字化转型和发展不能停下脚步,必须在理念上、技术上和制度上,契合数字时代全面参与、深度分析、高效便捷的要求。现代社会治理的主体主要包括党组织、政府组织、经济组织、社会组织、虚拟组织等多元主体。但社会治理的客体是两个空间：一是现实空间，二是虚拟空间。主权区块链的发明给我们提供了一个从善政到善治的新路径。善政是中心化的，权威从中心开始慢慢往外扩散，效率也在慢慢递减。善治是去中心化的，基于共识机制并通过编程和代码实现多个主体之间的治理。从善政到善治，主权区块链实现了从技术自治到制度自治，是一种制度设计和制度安排。主权区块链不仅能够满足特定场所、特定参与者和特定协商流程的需要，而且为协商民主实践的开展提供了新的机遇和可能。一是协商主体的身份和表达更加平等，依托主权区块链去中心化机制，协商各方必须通过影响力的重构来树立权威，体现了地位平等和意志平等。二是协商主体的参与更加直接。主权区块链使每个协商主体都成为一个节点，能够直接参与协商过程，这种直接性符合协商民主的核心要义。三是协商过程更加开放互动、即时便捷。基于共享机制的主权区块链能够实现信息的即时交互、高度共享。每一个相关者都可就共同关心的事物相互探讨，进行"虚拟对谈"，达到厘清事实真相、公开协商过程、征集民意民情、凝聚社会共识的目的。四是协商结果更加具有现实有效性。基于主权区块链的协商民主，以数据形式呈现，但其影响并不止步于网络空间，而是能将参与者的意见直接纳入政府数字决策系统，影响公共决策的结果。

对于协商民主,《中共中央关于加强社会主义协商民主建设的意见》有三个特别重要的表述。第一,"协商民主在我国具有深厚的文化基础、理论基础、实践基础、制度基础",但是缺乏技术基础。第二,"构建程序合理、环节完整的协商民主体系",程序和环节需要"技术＋制度"的双重约束。第三,"推进协商民主广泛多层制度化发展",需要基于主权区块链才能得以实现。如果基于主权区块链的治理科技能够在协商民主中运用,那么对中国特色协商民主制度建设以及增进人类社会制度文明都将是巨大的贡献,这就是主权区块链对于现代治理的伟大之处。

选举民主与协商民主的互动效应。选举民主与协商民主是民主制度的两种不同形式,两者既有相同之处,也有区别。从形式上看,选举民主以选票为主要形式,协商民主以对话为主要形式。选举民主是把选票数量对决作为核心内容,是执政者取得合法性的关键步骤;协商民主则认为要通过公民参与讨论实现政治秩序或公共决策的正当性。从机制上看,选举民主是在分歧中达成共识,协商民主是在共识中减少分歧。选举民主在解决权力来源合法性的过程中,必然是从分歧走向共识;协商民主是在权力来源已经形成共识的基础上,减少对决策治理的分歧。从目标和作用上来看,选举民主和协商民主是一致的,都是通过达成共识,落实人民主权。这是选举民主与协商民主具有统一性的表现。① 目前,关于选举民主与协商民主的关系有两种流行的说法。一种是从西方民主理论发展史的角度入手,认为协商民主是对选举民主的替代或超越。另一种观点是共存说,认为选举民主与协商民主同时存在于现代民主制度之中,并贯穿于民主制度的各个环节。② 比较而言,这一折中的说法更为客观,但模糊了选举民主与协商民主在制度地位上的不对等关系。事实上,选举民主与协商民主既不是替代关系,也不是简单的共存关系,而是民主制度框架下的相互支持、补充和增强的关系。"如果把当今中国的民主政治建设比喻为一辆驶向民主目标的列车的话,那么,选举民主和协商民主则是列车下的两条钢轨,只有两者并行不悖,相互配合,民主政治建设才能顺利达到目标。"③在我国社会主义民主政治建设中,选举民主与协商民主的结合健全了民主制度,丰富了民主形式,拓宽了民主渠道,大大提升了中国特色社会主义民主的品质。这不仅发展了社会主义

① 连玉明:《向新时代致敬——基于主权区块链的治理科技在协商民主中的运用》,《中国政协》2018年第6期,第82页。

② 杨雪冬:《选举民主与协商民主可以相互替代吗》,《解放日报》2009年3月23日,第14版。

③ 孙照红:《选举民主和协商民主:中国特色的双轨民主模式》,《唯实》2007年第7期,第36页。

政治文明,而且也打破了对西方民主模式的迷信。[1] 当前,虽然我国选举民主与协商民主的结合还有待于进一步探索,但是两者相结合所带来的优越性已初见端倪。民主目标的实现不是一朝一夕能够完成的,但只要我们坚持立足中国国情,持续推动选举民主与协商民主双轨并行,不断吸收借鉴人类政治文明的有益成果,就一定能够不断发展具有强大生命力的中国特色社会主义民主,对人类政治文明发展做出更大贡献。

二、一元主导与多元共治

在传统一元主治模式下,政府通过垄断公共权力和社会资源分配主导着国家治理,难免会导致权力的滥用和寻租。随着社会和政治的发展,国家治理主体呈现出多元化的趋势,我国进入了"多元共治"新时代,这是推进国家治理现代化的深层动因和根本依据。多元共治不是政府退出,也并不意味着"小政府、弱政府",而是"小政府、强政府、大社会"的模式。任何国家和地区的民主政治发展都是一个在摸索中缓慢演进的过程,中国的民主化进程也不例外。我国民主实践成功走出了一条一元主导与多元共治紧密结

---

① 孙存良:《选举民主与协商民主相结合是中国特色社会主义民主的重要优势》,《思想理论教育导刊》2010 年第 5 期,第 38 页。

合的中国特色社会主义民主政治发展之路。进入数字时代，要充分发挥科技在多元共治中的重要作用，积极运用区块链等现代科技手段助力国家治理现代化。

一元主导。美国学者卡尔·科恩在《论民主》中认为，民主过程的本质就是参与决策的过程，而在传统的国家治理中却忽略了公共参与这一准则，以领导集团为代表的行政权力决定了国家和社会公共事务。在传统治理模式下，多方主体的参与十分有限，即使能够参与往往也只是象征性地被动式参与，决策完全由政府来制定，政府成为国家和社会公共事务治理以及公共服务供给的绝对主体，包揽了国家治理的一切事务。政府扮演的主要角色是对国家实施管理与控制，是唯一的权力中心，社会与公民必须服从政府管制。[①] 一元主治的国家治理模式由于缺乏互动和协商，很容易导致政府在治理过程中对相关主体利益的忽视甚至损害。更严重的是，由于行政权力在治理中缺乏有效的监督，极有可能导致权力被滥用，造成政府牺牲公共利益以权谋私。随着社会现代化进程的加快，国家事务日趋多元化与复杂化，政府包揽国家管理和直接提供公共服务的传统模式已难以适应治理的需要。在此形势下，国家治理领域

---

① 公维友、刘云：《当代中国政府主导下的社会治理共同体建构理路探析》，《山东大学学报（哲学社会科学版）》2014年第3期，第54页。

逐渐被重新调整和确认，从政府主治型的国家治理向政府主导型的国家治理转变成为一种发展趋势。所谓政府主导型的国家治理，是指在执政党领导下，由政府组织主导，吸纳社会组织等多方面治理主体参与对国家和社会公共事务进行治理的活动。① 党的十八届三中全会《决定》提出，要"加强党委领导，发挥政府主导作用，鼓励和支持社会各方面参与，实现政府治理和社会自我调节、居民自治良性互动"。作为在党的领导下、由人民赋予权力的我国政府，它是行使执行权的最重要公共权力组织，是协调国家和社会正常运转的中枢神经系统。② 因此，在中国特色社会主义建设的各个方面，政府都有着其他社会主体所无法替代的独特地位和强大号召力，是国家治理中的唯一主导力量，这决定了在创新国家治理体系中，必须坚持党委领导、政府主导的原则。

多元共治。多元共治由来已久，不论是从思想层面还是组织结构层面来看，在我国都可谓一个古老的命题。《礼记·礼运》中记载："大道之行也，天下为公。"其中"天下为公"之思想即包含着多元共治的理念。多元共治不仅存在

① 宰思烨：《政府主导型社会治理模式下社会组织发展理路》，《企业导报》2016年第14期，第85页。
② 杨圣琼：《多元主体在创新社会治理体制中的作用研究》，《四川行政学院学报》2016年第4期，第28页。

于我国，也存在于西方国家。西方学者对多元共治进行了
深入的理论研究，比较有代表性的有德国著名物理学家赫
尔曼·哈肯的协同理论和美国学者埃莉诺·奥斯特诺姆的
多中心治理理论。赫尔曼·哈肯指出，千差万别的系统，尽
管其属性不同，但在整个环境中，各个系统间存在着相互影
响而又相互合作的关系。对千差万别的自然系统或社会系
统而言，均存在着协同作用。埃莉诺·奥斯特诺姆认为，一
群相互依赖的个体有可能将自己组织起来，进行自主治理，
从而能在所有人都面对"搭便车"、规避责任或其他机会主
义行为诱惑的情况下，取得持续的共同收益。多元共治是
治理体系和治理能力现代化发展的重要方向，既不是传统
意义上政府自上而下垂直管理社会的威权制统治行为，也
不是部门条块分割、独立封闭运行的科层制管理模式，而是
政府与社会开放互动的协同式治理活动①，它具有四大特
征："多元主体，开放、复杂的共治系统，以对话、竞争、妥协、
合作和集体行动为共治机制，以共同利益为最终产出。"②
多元共治是协商民主理论在公共事务领域的实际应用，在
公共治理方面与协商民主具有高度的价值契合性，不仅彰

① 王东海：《社会主义协商民主视角下多元共治理念探析》，《内蒙古统战理
论研究》2020 年第 5 期，第 47 页。
② 王名、蔡志鸿、王春婷：《社会共治：多元主体共同治理的实践探索与制度
创新》，《中国行政管理》2014 年第 12 期，第 16 页。

显了包容、平等、理性和自由等公共价值理念,而且蕴含着法治、公正、和谐与民主等核心价值理念。在协商路径上,多元共治的协商方式除了政府协商、政协协商、人大协商和政党协商这样一些传统方式,还拓展了智库协商、社团协商、社区协商和网络协商等多种途径。① 作为中国特色治理体系和治理能力的重要组成部分,我国多元共治传承了天下为公、协和万邦的优秀传统文化,渗透了协商、协同和协调的民主政治理念,并吸收了当今世界先进的治理经验,是对于自治、法治、德治思想的创造性转换和创新性发展,体现了由一元化治理到多元化治理、由管理型模式向服务型模式的范式转变过程。

一元主导与多元共治的辩证统一。国家治理的主体是多元的,若各个主体间没有主次,一哄而上,都去行使管理权或者都要求有主导权,那就是一盘散沙,不是共治而是"共乱"。在建设中国特色社会主义民主政治的伟大实践中,在多元共治的机制下,不仅不能缺失或弱化政府的作用,而且更应充分发挥其主导作用。政府在多元共治中的主导作用,不但包含了由管控到引导的放权过程,而且包含了在协调中引导的管理过程。具体来说,一方面,以政府主

---

① 王东海:《社会主义协商民主视角下多元共治理念探析》,《内蒙古统战理论研究》2020 年第 5 期,第 47 页。

动的还权赋能为基础,在国家治理方式重构的进程中,行政力量逐渐自觉减弱原有的管控式的治理方式,回归为与其他社会主体平等的治理单元。另一方面,以政府引导式的协调为主要作用机制,在新的国家治理方式建设过程中,搭建协作平台,组织各社会主体,调节利益冲突。① 由此看来,一元主导与多元共治并不冲突。尽管多元的利益诉求可能会对一元主导提出挑战,但如果处理好一元与多元的关系,构建起"一元主导、多元共治"的治理格局,就既能保证集中又能很好地发扬民主。当前,我国社会结构已突破低度分化的状态,利益格局和社会格局出现高度多元化的趋势,政府面临着在政治改革的同时维护社会稳定的巨大挑战。在此背景下,中国的民主政治发展应坚持"党委领导、政府主导、社会参与"的原则,在中国共产党领导下,走一元主导与多元共治紧密结合的中国特色社会主义民主政治发展之路。与此同时,要充分发挥科技力量的支撑作用。只有充分利用现代科技手段,才能构建起真正意义上多元共治的有机治理体系。区块链技术作为一种战略性和前沿性技术,为多元共治自由进入、平等交流、协商对话提供了技术支撑和平台支持。由于区块链的所有节点都遵循同一

---

① 陈旻、李呈:《多元社会治理中政府主导作用探析》,《北京政法职业学院学报》2015 年第 3 期,第 102 页。

共识机制,可以自由地交换、记录与更新数据,彼此间相对独立,具有主体自治性的特征,能够促进信息互联网向信任互联网转变①,帮助各个社会主体在政府主导下构建信任机制,因此有助于实现国家治理中的多主体参与和多主体间平等协商共治。

三、加密民主与算法民主

民粹主义的兴起正给西方民主制度的未来带来越来越多的不确定性。在民粹主义的热潮中,新技术尤其是算法技术的发展再次向学界抛出了政治和技术之间的关系问题,算法技术与民粹主义结合形成了算法民粹主义。算法民粹主义既有一般民粹主义的共性,也展示了其独特的一面。算法民粹与算法民主是数字时代下民主进程的一体两面,在数字时代下,我们需要运用技术的手段达到从算法民粹到算法民主的目的。区块链构建的是一种多中心架构的政治形态,其与生俱来的特性可以很好地应对算法民粹主义给西方社会带来的新挑战,从而为破解当代西方民主的困境提供了新的可能。因而,区块链技术具备促进人们从算法民粹走向算法民主的政治潜能。然而,作为一种治理

---

① 何立军、朱志伟:《区块链嵌入基层治理的价值效能与创新路径》,《江汉论坛》2021 年第 7 期,第 84 页。

技术与治理工具，区块链也不能替代政治本身。

区块链：一种加密民主。如何让技术服务于民主政治？近年来相关学者开始涉及这一领域，并且大部分研究集中于区块链对民主政治的影响方面。在这些研究中，比较具有影响力的是美国学者威廉·马格努森于 2020 年出版的《区块链民主：技术、法律与大众之治》一书，在书中他讨论了区块链技术构建民主的可能性以及区块链民主[①]的优点与弊端。[②] 正如威廉·马格努森所言，"如果你想让民主在科技时代发挥作用，你需要的就不仅仅是以往时代的民主外衣，如宪法、选举和立法机构，你需要一种本身包含民主规范的技术。而这就是区块链的目的"。区块链技术的发明，让我们看到了技术与民主之间内在的勾连，从而为破解当代西方民主的困境提供了新的可能。首先，区块链本身的特性有利于强化民主的内在价值。区块链技术内含的去中心化与匿名性特性，分别为保障民主中的平等与自由提供了技术支撑。其次，区块链信息的非篡改性有利于化解少数与多数的矛盾。在区块链系统中为了保证每一个节点信息的可靠性，在进行信息的输入时引入了哈希算法对信

---

① 区块链民主是一种基于区块链技术而构建的民主运作模式，国外有学者提出的"加密民主"或"解密民主"是这一民主模式的代表。

② Magnuson W. *Blockchain Democracy：Technology，Law and the Rule of the Crowd*. Cambridge：Cambridge University Press，2020：vii-ix.

息进行单向加密。这种加密方式带来的信息不可篡改性既保证了少数的声音不被忽视,又避免了信息在传递过程中的失真,从而将那些被多数排除在外的部分重新纳入政治计算的范围。再次,区块链投票技术有利于协调选民与代表之间的关系。一方面,在基于区块链技术的加密民主系统中,"选民有可能将其投票权委托给代表,但保留对某些政策执行问题的直接投票权。由此产生的加密民主制度是代议民主制与直接民主制的混合体"①。另一方面,针对传统选举方式中选民对代表的信任问题,可以通过区块链技术将传统民主过程中的信任代表转变为信任代码,从而避免了精英统治导致的有限民主。最后,无国界的区块链交往平台有利于削弱霸权主义,增进主权国家之间的民主。借助区块链技术的平等理念,建立由主权国家参与的区块链社区,将有利于遏制霸权主义和强权政治,为主权国家平等地参与全球治理与人类命运共同体的构建提供新机遇。② 总而言之,区块链技术的发展不仅能从技术层面强化民主的内在价值,化解少数和多数之间的矛盾,更能从监

---

① Allen D W E, Berg C, Lane A M. *Cryptodemocracy*: *How Blockchain Can Radically Expand Democratic Choice*. Lanham: Rowman & Littlefield, 2019: 11.

② 王勇刚:《机遇抑或挑战:区块链技术与当代西方民主困境》,《哈尔滨工业大学学报(社会科学版)》2021 年第 2 期,第 17—18 页。

督与投票两方面协调选民和代表之间的关系,从而给民主
的发展带来难得的契机。

从算法民粹到算法民主。自 21 世纪初以来,新一轮民
粹主义浪潮正在全球范围内兴起。但是与以往民粹主义所
不同的是,近年来无论是英国"脱欧"还是 2016 年美国大选
事件,其背后的民粹主义都遗留着算法技术的深刻痕迹①,
这种民粹主义与算法技术的结合引发了"算法民粹主义"。
所谓算法民粹主义,指的是一些善于运用算法、大数据作为
辅助的政治家,通过技术团队将普通民众基本信息进行数
据化整合,并在已有数据分析的基础上利用算法机器人、网
络超级平台广告推送等技术去影响乃至改变民众的行为。
算法民粹主义诞生于算法技术快速发展的时代以及西式竞
争型政党政治的土壤,是一种针对西方代议制民主的异化
反应。作为民粹主义类型中的一种,算法民粹主义有着民
粹主义的一般共性。但作为第四次民粹主义浪潮②中的最

---

① 张鹏:《算法民粹主义突显西方代议制民主困境》,《中国社会科学报》2021
年 8 月 18 日,第 8 版。

② 当今民粹主义浪潮属于人类历史上第四次浪潮:第一次浪潮发生在 19 世
纪的美国、俄国,20 世纪中期的拉美地区出现第二次浪潮,第三次民粹主
义浪潮发生在 20 世纪 90 年代的亚太地区,第四次浪潮则开始于 21 世纪
初的北美、西欧、东欧等地(林红:《当代民粹主义的两极化趋势及其制度
根源》,《国际政治研究》2017 年第 1 期,第 36—51 页;俞可平:《现代化进
程中的民粹主义》,《战略与管理》1997 年第 1 期,第 88—96 页)。

新表现类型,与前三次民粹主义浪潮以左翼激进主义[①]为主所不同的是,算法民粹主义以左右并举的方式席卷全球多个国家。并且,在算法民粹主义中,技术的作用得到极大的提升。[②] 总体来说,算法民粹主义呈现出数据化、算法化和资本化的特点。算法民粹主义是代议制民主这个旧身子进入算法新时代后发生偏离的产物,它在操纵选票政治、助推政党政治营销、掏空民主实践价值的同时,也带来了许多严重的后果。例如,算法民粹主义可能导致民主的黄昏、引发资本对国家的俘获和塑造民众偏执型的人格[③]等。因此,需要对其进行修正,让民主进程向算法民主的方向发展。算法民主是以算法技术为底层技术、人民主权为基本价值、参与主体多元化为表现形式和权力制约为防范措施的一种民主新形式,它追求的并不是简单的直接民主,而是直接民主与代议制民主的混合形式,因为完全的直接民主会造成决策过程的重复以及政治资源的浪费。与算法民粹

---

① 学界一般把民粹主义划分为左翼民粹主义与右翼民粹主义两种。主要区别在于,左翼民粹主义属于社会平等主义阵营,而右翼民粹主义则属于极端民族主义阵营。此外,左翼民粹主义者反对社会特权阶层,右翼民粹主义者反对外国移民,两者都具有排他性。

② 高奇琦、张鹏:《从算法民粹到算法民主:数字时代下民主政治的平衡》,《华中科技大学学报(社会科学版)》2021年第4期,第17页。

③ 高奇琦、张鹏:《从算法民粹到算法民主:数字时代下民主政治的平衡》,《华中科技大学学报(社会科学版)》2021年第4期,第19页。

主义一样,算法民主也是数字时代下民主进程的重要组成部分,两者共同构成一体两面的关系。当技术使用失衡的时候,就会出现算法民粹事件,而对技术的正确应用则有助于推动算法民主。

区块链技术驱动人类迈入算法民主时代。作为一种基于算法的新技术,区块链不仅仅是一个计算机代码或者是数学问题,其给人类带来的最大贡献在于,它的灵感来源于激发民主本身的原则。已经有学者注意到区块链可以与民主相结合,进而更好地服务于政治的潜能。① 同时,从技术特征来看,区块链具有安全可靠、去中心化、不可伪造、可以追溯和公开透明等特征,而这些将有利于帮助人们进入算法民主时代。首先,区块链技术能够实现民主政治中公民主体性的回归。区块链分布式账本技术会让民主过程中的"账本"不再掌握在某个个体的手中,而是需要所有人共同的参与,并在其中发挥关键作用。与此同时,区块链的对等网络技术可以给予民主参与主体平等与自由的地位,节点之间的平等性决定了其他组织或个人无法夺取数据的所有权。其次,区块链技术能够提供民主政治多元参与的平台。作为民主的两种重要表现形式,票决与协商都可以通过区

---

① Racsko P. "Blockchain and democracy". *Society and Economy*, 2019, 41 (3):353-369.

块链技术加以实现。关于票决,区块链技术可以有效防止选票造假、选举欺诈等不当情形。而针对协商,区块链可以提供一个多中心的意见交流平台,让民众可以在平台中平等地交换意见。最后,区块链技术能够有效防止民主政治中的权力失衡问题。区块链可以同时制约政治精英权力和算法权力。一方面,区块链中的智能合约等技术可以被用到候选人的竞选承诺之中,这样竞选承诺可以在选举前以智能合约的形式生成;另一方面,区块链分布式账本、对等网络等技术以及相关特性也保证了技术寡头不敢越出边界。① 算法民主的发展离不开科技,离不开区块链,区块链的发展推动着算法民主大发展。然而,任何事物都具有两面性,区块链技术同样如此。区块链的迅猛发展在给算法民主带来难得的发展机遇的同时,也面临着精英控制的代码、"51％攻击"的风险和监管困境等诸多挑战。对此,我们不仅需要平衡国家与社会之间的关系,同时还需要平衡技术进步可能对政治造成的异化,时刻以审慎的态度对待技术的发展,进而让技术的使用达到"善智"的目的。

---

① 高奇琦、张鹏:《从算法民粹到算法民主:数字时代下民主政治的平衡》,《华中科技大学学报(社会科学版)》2021年第4期,第21—22页。

第三节　数字时代下的全球协商民主

民主是人类社会历经千百年探索形成的政治形态，在人类发展进程中发挥了重要作用。但是，20世纪以来，在波涛汹涌的民主化大潮中，有的国家停滞不前，有的国家陷入动荡，有的国家分崩离析。当今世界，既面临"民主过剩""民主超速"，也面临"民主赤字""民主失色"。[①] 就全球治理而言，目前的全球治理体系并不符合民主的精神和原则。全球协商民主的提出和发展，将为全球治理目标和框架建构提供新范式。作为一种去霸权、去大国沙文主义的新型国际政治秩序建设，全球协商民主是调节全球治理民主赤字的可行选择，其强调的平等、对话和共识在全球治理情境中更具操作性，能够在一定程度上解决全球治理的民主赤字问题。当前，构建协商式的全球治理模式任重而道远，需要全球各主权国家坚持以全球公共利益为价值导向，秉持构建人类命运共同体的全球治理理念，通过充分的民主协商缩小分歧，最大限度达成共识，制定全球协商民主治理规则，并共同维护其权威性，使全球协商民主

---

① 国务院新闻办公室：《中国的民主》白皮书，2021年，http://www. scio. gov. cn/ztk/dtzt/44689/47513/index. htm。

治理规则转化为解决全球公共问题和化解全球风险的有力行动方案,实现全球善治的目标。

一、全球治理中的协商民主

当今世界,全球化程度正在不断加深,全球权力结构正在发生深刻变化,全球治理参与主体也在不断扩大,现行全球治理体系的合法性和有效性正受到挑战。协商民主作为参与式民主的一种,其参与主体的广泛性和包容性、理性参与和价值偏好的转变等特征,为全球治理解决民主赤字、提高合法性和有效性提供了一种可靠的理论与实践途径。作为世界第二大经济体,中国致力于推动全球治理理念的传播和全球治理体系的变革,推动全球协商民主治理规则的制定。在推动全球治理变革中,中国秉持共商共建共享的全球治理观,积极倡导合作共赢理念、正确义利观,努力推动全球治理体系朝着更加公正合理的方向发展,并运用国内协商民主成功的实践经验积极探索全球治理的协商民主新实践,为完善全球治理贡献了"中国智慧"和"中国方案"。

全球治理的民主赤字。当前,无论是作为理论研究的学术话语,还是作为政治家们的政策选择,全球治理的理念和行动方案已经在解决全球性问题时成为重要选项。全球治理是各国政府、国际组织、各国公民为最大限度地增加共同利益而进行的民主协商与合作。[①] 然而，如英国学者戴维·赫尔德与美国学者克里斯托弗·蔡斯·邓恩等所言，要实现全球治理的民主化，就必须考虑到国家内部、国家之间、国家与非国家行为体之间巨大的和不断扩大的不平等问题。因此，在国际体系无政府状态下，协调大国与小国、发达国家与发展中国家的关系，就成为全球治理民主化的具体内容。[②] 从全球治理发展的历史进程看，目前全球治理仍然是不民主的，存在着严重的民主赤字问题。[③] 首先，从代表的产生程序来说，在很多情况下，参与全球治理的个体由民族国家政权委派产生，这些个体不能代表任何选区外选民的利益，在合法性方面存在一定缺陷。即使是民主建设比较成熟和完善的国家，也不能确保本国委派的个体在决策中符合选区选民的利益，更不能假设民主国家参与全球治理会增加治理的民主性。其次，从全球治理的过程

---

① 俞可平：《全球治理引论》，《马克思主义与现实》2002 年第 1 期，第 30 页。

② 田旭：《人类命运共同体与全球治理民主化的中国方案》，《党政研究》2019 年第 6 期，第 86－87 页。

③ 民主赤字最初用来描述欧盟在一体化过程中所面临的低度民主治理状态。后扩展到国家治理和全球治理层面。在国家治理层面，虽然很多文献用民主赤字来分析发展中国家的民主治理问题，但就其本意而言，民主赤字主要是指发达民主国家中出现的对民主不满的趋势与认知。在全球治理层面，民主赤字则主要是指全球治理中的低度民主治理问题，即全球治理缺乏必要的代表性（Keohane R. "International institutions: Can interdependence work?" *Foreign Policy*, 1998(110): 91-93）。

来讲,民族国家政权在全球治理过程中拥有庞大的权限,导致的结果是全球治理面临着程序合法与分配结果不公平的悖论,致使国际制度成为某些大国牟取私利的工具。[1] 再次,全球化本身的发展并不均衡,发达国家与发展中国家两类不同的经济体在地位、作用和经济收益上表现悬殊,存在着较严重的不平等问题,导致发达国家与发展中国家在参与全球治理的过程中拥有的议程建构能力及由此产生的权利不平衡,使得全球治理进程中的制度设计出现富国治理的倾向。[2] 有学者把这种治理格局称为"内嵌式自由主义"。[3] 全球治理的制度设计在"内嵌式自由主义"格局的影响下会逐步丧失合法性,因此难以维持。最后,作为最具普遍性的全球治理机构,联合国在治理过程中也缺乏持续性的民主细胞。联合国虽然在一定程度上解决了国家间的利益协调问题,但是它目前仍然无法做到协调功能在各个民族和运动中的普遍代表性。总体而言,由于国家间权力分配的不均衡,民族国家之间形成了一种不平等的全球民

---

[1] 赵可金:《协商性外交:全球治理的新外交功能研究》,《国外理论动态》2013 年第 8 期,第 32 页。

[2] 王战、张秦:《全球治理中的协商民主:逻辑、目标与框架》,《社会主义研究》2017 年第 3 期,第 143—144 页。

[3] [美]罗伯特·O. 基欧汉、[美]约瑟夫·S. 奈:《多边合作的俱乐部模式与世界贸易组织:关于民主合法性问题的探讨》,《世界经济与政治》2001 年第 12 期,第 58—63 页。

主治理体系,造成了治理民主赤字。

协商民主嵌入全球治理的价值。民主赤字导致了全球治理合法性和有效性不足,使其面临着现实困境。面对全球治理的困境,"单边主义"和"霸权主义"显然是"不和谐"的声音,暴力和冲突更不是全球性挑战的解决之道。"全球治理是一种协商与合作的治理,维护全球秩序和利益必然要超越暴力和冲突,依赖于协商、对话和合作的治理。"①因而,将协商民主嵌入全球治理,并积极进行实践探索,是推动全球治理变革、促进全球合作、共同应对挑战的可行选择。协商民主嵌入全球治理,主要是指全球治理中的多元行动主体通过协商民主这一机制来协调集体行动,达成规则共识。在全球治理当中,通过由公正性要求所引导的协商,各种各样的观点都能得到考虑,所有观点的表达并不遵循基于阶级、性别、民族或国家的自利规则。因此,协商民主嵌入全球治理意味着各行为体要遵循并接受协商程序与协商结果,由此塑造全球治理集体行动的动力与合法性基础。② 协商民主嵌入全球治理是新的历史时期实现世界各国达成共识的重要途径,其价值主要体现在两个方面。一

---

① 陈家刚:《全球治理:发展脉络与基本逻辑》,《国外理论动态》2017 年第 1 期,第 88 页。

② 王战、张秦:《全球治理中的协商民主:逻辑、目标与框架》,《社会主义研究》2017 年第 3 期,第 146 页。

方面,协商民主可以增强全球治理的合法性。在人类共同应对全球性挑战问题上,制定治理政策和选择治理方式时充分征求民意是确保全球治理合法性的关键。协商民主参与主体的广泛性和包容性相统一的特征要求所有受此决策影响的人或其代表都应该参与这一过程,而且他们之间是自由而平等的。这种特征使得协商民主能接纳广泛参与并整合利益诉求,尤其是对少数人利益诉求的收集,较之以利益为基础的民主,潜在地更具包容性和平等性。同时,协商民主致力于让更广泛的利益相关方参与协商对话,对提升全球治理合法性有着巨大的作用。另一方面,协商民主可以提升全球治理的有效性。协商民主要求参与主体通过理性的参与实现价值偏好的转变,这使决策的有效性有了保障。"协商民主的一个主要优点在于,它致力于使理性在政治中凌驾于权力之上。政策之所以应该被采纳,不应该是因为最有影响力的利益取得了胜利,而应该是因为公民或其代表在倾听和审视相关的理由之后,共同认可该政策的正当性。"①公共理性不仅能尽可能地避免出现多元利益和文化之间的冲突,还可以通过这种方法来改变不同的价值

---

① Young I M. *Communication and the Other*: *Beyond Deliberative Democracy*, *Democracy and Difference*: *Contesting the Boundaries of the Political*. Edited by Benhabib S. Princeton: Princeton University Press, 1996: 120-135.

偏好,从而形成共同的价值偏好和共同认可的公共决策。[1]
同时,"协商民主作为一种信息传播机制,可以让各方偏好
和拥有的信息通过开放和信任的协商网络得到传播和学
习,进而扩大全球治理制度变迁的认知基础"[2]。

协商民主:全球治理的中国智慧。全球治理需要汇全
球之力、集全球之智。作为世界第二大经济体和正在持续
发展的发展中大国,中国积极参与全球治理体系的改革和
建设,致力于将协商民主推向全球治理过程中,使其作为处
理国家间或区域间关系的重要方式,倡导以对话为主解决
国家间或地区间的有关分歧。党的十八大以来,面对全球
治理的困境,我国秉持共商共建共享的全球治理观,为完善
全球治理贡献了独特智慧和力量。共商共建共享的全球治
理观以人类命运共同体理念为指导,以国际关系民主化为
方向,以"一带一路"为全球公共品载体。[3] 这一治理观意
味着,全球治理的事情大家一起商量着办,更加完善的全球
治理体系大家一起建设,由此产生的成果也将由大家一起
分享。有了共商,才能有共建和共享。习近平总书记强调:

---

[1] 马腾骧:《全球治理中的协商民主:背景、价值和思考》,《信阳农林学院学报》2018 年第 4 期,第 13 页。

[2] 王战、张秦:《全球治理中的协商民主:逻辑、目标与框架》,《社会主义研究》2017 年第 3 期,第 146 页。

[3] 高飞:《中国推动共商共建共享的全球治理》,《人民论坛》2019 年第 30 期,第 38 页。

"什么样的国际秩序和全球治理体系对世界好、对世界各国人民好,要由各国人民商量,不能由一家说了算,不能由少数人说了算。"[1]共商作为中国全球治理观的首要原则,为众多国家打开了平等追求国家利益的大门。共商即各国共同协商、深化交流,加强各国之间的互信,共同协商解决国际政治纷争与经济矛盾。与一些西方国家推行的单边主义、霸权主义和强权政治不同,共商理念倡导的是国际社会经济民主和政治民主,促进各国在国际合作中的规则平等、权利平等和机会平等。[2] 全球治理体系变革需要各国平心静气共同协商,需要各方贡献智慧建言献策,让全球治理体系更加平衡地反映大多数国家,特别是新兴市场国家和发展中国家的意愿和利益。共商为推动全球治理体系变革、破解当今人类社会面临的共同难题提供了新原则和新思路。当前,共商理念正日益得到世界上更多国家的认可,并越来越多地出现在国际组织和多边合作的成果文件中。共商既是一种价值理念,更是一种行动路径。未来中国将继续秉持共商共建共享的全球治理观,通过广泛对话、深入交流、务实合作,携手各国推动共商理念进一步转化为国际社

---

[1] 习近平:《在庆祝中国共产党成立 95 周年大会上的讲话》,《人民日报》2016 年 7 月 2 日,第 2 版。

[2] 陈建中:《为构建人类命运共同体注入新动力新活力 共商共建共享的全球治理理念具有深远意义》,《人民日报》2017 年 9 月 12 日,第 7 版。

会的共同行动①，为推动国际秩序和全球治理体系朝着更加公正合理的方向发展提供坚实的思想基础和实践支撑，共同开创人类更加美好的未来。

二、数字协商民主与公信力

在数字时代，协商民主不再是传统协商民主的独奏，而是传统协商与数字协商的协奏。数字协商民主是协商民主与数字科技深度契合而发展形成的新型民主，在理论上是一种更为系统、更为全面的协商民主形态，在实践上通过利用数字技术与网络工具，在更大规模的网络空间中，以更低的成本、更快的速度推进政治民主化与决策科学化。数字协商民主具备协商民主的一般价值，注重公民参与和政治沟通，其直接推动了政府治理的创新发展，形塑了政府治理的多维价值。从数字协商民主视角提升政府公信力，是新时代政府公信力建设的创新性实践，有利于提升政府的感召力和影响力，增强公民和政府的双向互动，是深化行政体制改革，建立公共服务型政府的必然要求。

民意画像与民意形态范式变迁。随着21世纪第三个10年正式开启，媒介化的社会景观将社会各产业牵扯进一幅数字编码的巨大图景。借助大数据平台，追踪用户的使

---

① 季思：《共商：向世界贡献中国智慧》，《当代世界》2019年第3期，第1页。

用痕迹,构建标签化、信息化、可视化的用户画像[1],从而实现精准营销的技术性策略应运而生。这样的技术让苦恼于复杂多变的舆论生态中的媒体、政府找到了破局希望,于是数据帮助政治传播主体及时感知与呈现民众意见,民意画像逐渐代替传统的舆论感知方式在社会安全和国家治理中发挥作用。[2] 民意画像的意义在于帮助政府在数字时代及时捕获社会舆论动态,从而有效精准地开展舆论引导工作。数字化背景下,民意画像的价值逐渐提升,其接口即个体、社交即舆论、场景即仪式的特征在给媒体和政府舆论引导提供极大便利的同时,也推动民意形态发生了三重变迁。第一,民意结构由原子化转向合成化。对每个个体独特历史价值的认识,构成协商民主最基本的理论渊源。正是基

---

[1]　交互设计之父阿兰·库珀(Alan Cooper)最早提出了用户画像(persona)的概念,认为"用户画像是真实用户的虚拟代表,是建立在一系列真实数据之上的目标用户模型"。国内最早将这一技术手段应用于市场的是京东、阿里巴巴等电商平台,它们通过精细化地定位人群特征,挖掘潜在的用户群体,收到了良好的反馈效果。于是,一大批互联网公司纷纷打造自己的社会化大数据服务平台,一方面维系并开拓自身市场,另一方面将舆情化身为产品出售给企业及政府。由于数据计算成本高昂,市场又被几家大数据平台占有,除实力雄厚的大型企业外,只有政府能够较高频地购买此项产品。业内逐渐有人将这种服务于政府的可视化舆情数据呈现方式称为"民意画像"(郭建鹏、王立君:《数字时代"民意画像"的特征、策略及风险》,《青年记者》2019 年第 9 期,第 45 页)。

[2]　郭建鹏、王立君:《数字时代"民意画像"的特征、策略及风险》,《青年记者》2019 年第 9 期,第 45 页。

于协商民主的纽带,微观个体才得以平等地融入政治生活与政府治理流程。细微的利益诉求和意志表达,通过协商民主场域时时刻刻的讨论、互动等输出为民主的政治选择和科学的公共政策。在工业时代的民主协商中,原子化的分散公民个体直接面对权力机器,并等待着权力有选择地抽取而进入协商场域。而在大数据时代下,网络悄然赋予普罗大众一种特殊的"解构"工具,原子化个体可以低成本甚至零成本联合起来,发出日益响亮的声音。[1] 第二,民意测量由样本民意转向总体民意。对于如何获取民意,小数据时代采取抽样方式,以最少样本数据获得最多民意信息。然而,在大数据时代,样本等于总体。由于调查数据的优势逐渐丧失,大数据时代的民意不再满足于基于抽样的民意调查。相比于小样本数据,大数据具有巨大的数据选择空间,可以进行多维度多视角数据分析。大数据由于覆盖小样本数据难以捕捉的诸多民意信息,从而可以体现小样本所不足以呈现的特定民意。[2] 第三,民意分析由小数据分析转向大数据分析与可视化。大数据时代,民意不再是空洞的哲学概念,而是通过一系列测量技术来获取民意大数

---

[1] 汪波:《大数据下民意形态与协商民主》,《中国社会科学报》2015 年 9 月 9 日,第 7 版。

[2] 汪波:《大数据、民意形态变迁与数字协商民主》,《浙江社会科学》2015 年第 11 期,第 43 页。

据,并通过云计算,使其趋于指数化和可视化。大数据分析基于总体样本,将碎片化民意信息整合起来,形成系统而动态的整体民意信息,并且进一步利用网络图形学技术,通过多元化、多维图形显示方法,来描述大数据及其代表的民意变迁。

传统协商民主与数字协商民主。大数据技术和新媒体技术的飞速发展,使人们的生活空间从现实的物理空间延伸到虚拟的数字空间。人们越来越习惯于通过大数据来获取信息并发表自己的意见和建议,也越来越习惯于通过大数据来参与公共事务。大数据时代,以大数据技术为依托的数字协商民主逐渐成为民主政治的重要形式。数字协商民主是将协商民主与大数据技术进行耦合而形成的新型协商民主形态,其诞生及发展得益于大数据技术的广泛普及,国家机关和社会大众可在虚拟数字空间里开展对话、协商、讨论。社会大众也可运用多样化线上协商平台,就个体利益诉求与相关部门进行协商,从而大幅缩减繁杂的行政程序,将潜在矛盾及时控制、化解在萌芽状态。作为大数据与社会民主政治相结合的产物,数字协商民主与传统协商民主相比,在理论上是一种更为系统、更为全面的新型协商民主形态,在实践上以更低的成本、更快的速度推进政治民主化和决策科学化。整体而言,数字协商民主在主体、成本、技术、空间、实践形式和社会关注度等方面均具有显著的优势（见表 3-2），是民主政治发展的重要驱动力。当前，数字协商民主正从协商资源分配的均衡化、协商主体关系的均衡化、协商信息的数据化与综合化、数字协商形式的多元化四个方面重塑协商民主。基于数字语言所建构的数字协商突破了传统协商场域的时空限制，促进实现了协商资源分配的均衡化，将哲学意义上的"主体间性"转化为广泛平等的协商实践，充分彰显了大数据时代社会主义民主的生命力。[1] 数字协商民主为民主政治的发展提供了新的思路。然而，任何事物都具有两面性，在协商民主与大数据的结合带来诸多好处的同时，大数据自身发展的缺陷也让数字协商民主面临"数字鸿沟与少数人的民主、群体极化与非理性协商、信息控制与有限效果"[2]等现实困境。实现数字协商民主的良性发展，需要政府、民众和数字媒体共同努力。对于政府而言，要缩小数字鸿沟，推广数字政务，坚持依法治数。对于民众来说，要提高数字素养，重视协商伦理，培育政治理性。对于数字媒体来讲，要加强数字舆情引导，开展技术管理创新，强化数据行业自律。只有这样，才能确保数字协商民主的正常、有效运转。

---

① 汪波：《信息时代数字协商民主的重塑》，《社会科学战线》2020 年第 2 期，第 198 页。

② 伍俊斌：《网络协商民主的困境与战略分析》，《黑龙江社会科学》2018 年第 4 期，第 117 页。

表 3-2 传统协商民主与数字协商民主比较

比较项目	传统协商民主	数字协商民主
主体	政府、企业、社会组织、民众	政府、普通网民、网络意见领袖
成本	高成本:组织成本、时间成本、交通成本、财政成本	低成本:网络成本、自由时间成本
技术	传统信息传播渠道:官方传播渠道、非官方传播渠道	智能化信息传播渠道:互联网、移动网、物联网、大数据、云计算、人工智能
空间	相对封闭空间:会议室、办公室等	开放空间:虚拟空间与现实空间的结合、移动网络空间
实践形式	立法协商、政协协商、决策协商、民主生活会、居民论坛、民主恳谈会	数字立法协商、数字政协、地方领导网络留言板、数字政策议程
社会关注度	总体关注度相对较低:协商信息主要为协商参与群体所了解	总体关注度高:即时反馈,即时查询,社会关注途径便捷

资料来源:汪波:《信息时代数字协商民主的重塑》,《社会科学战线》2020年第 2 期,第 201 页。

数字协商民主下的公信力重构。任何政府都要在社会管理和社会服务中履行相应的职能,并在职能履行过程中与社会公众结成密切而广泛的联系。政府要在这种关系的互动中获得社会的认可和支持,就需要其寻求并践行适合社会公众需求与利益的行政价值和施政理念。公信力就是当代政府行政价值和理念体系中的重要组成部分。[1] 所谓

---

① 庞静泊:《政府公信力的构成因素及提升途径研究》,《内蒙古大学学报(哲学社会科学版)》2018 年第 5 期,第 59 页。

政府公信力，是指政府通过合理有效地履行其功能及职责，获得社会公众信任与认可的能力。政府公信力反映人民群众对政府的信任度和满意度，体现着政府的影响力和号召力，影响着执政的合法性。有公信力的政府，在政治上就相当于拥有了合法性的资源，在经济上就等同于拥有了更多的社会资本，从而可以节约政府制定与执行政策的成本。由此可见，公信力对于政府来说至关重要。[①] 党的十八大以来，我国高度重视政府公信力建设。2014 年 3 月，习近平总书记在河南兰考考察时引用古罗马历史学家塔西佗的理论，提出了远离"塔西佗陷阱"[②]。党的十九届四中全会指出，要提高政府公信力，建设人民满意的服务型政府。在党和政府多次强调政府公信力的同时，随着数字科技的快速发展与普及，公众通过大数据平台参与问政和政府事务讨论，在取得较大成就的同时，政府公信力也面临着"权力弥散导致的公众信任竞争、权力向权威转化的社会基础和方式变化、政府结构和回应能力"[③]等方面的挑战。在此背

---

① 刘鹏：《政府公信力现状分析与对策》，载廊坊市应用经济学会：《对接京津——战略实施 协同发展论文集》，2019 年，第 39 页。

② "塔西佗陷阱"是古罗马历史学家塔西佗提出的一个政治观点，即当权力失去公信力时，无论是说真话还是说假话，做好事还是做坏事，社会都会给出负面评价。

③ 褚松燕：《互联网时代的政府公信力建设》，《国家行政学院学报》2011 年第 5 期，第 32 页。

景下,如何重塑政府公信力成为摆在我们面前亟须解决的问题。重塑政府公信力关注的不仅是政府自身行为的约束,更注重的是广大人民的利益需求,为此,需要以协商民主理念引导我国政府公信力的重塑,建设公共服务型政府。① 数字协商民主的兴起为重塑政府公信力提供了新思路,成为重塑政府公信力的有效民主形式。数字协商民主作为一种新兴的民主理论,一种理念超前的决策方式和治理模式,注重公民参与和政治沟通,以主体间公平性与程序公正性的实现为前提,通过理性审议协商,追求集体共识的形成,其核心价值理念与政府公信力的重塑具有内在的价值契合,故而数字协商民主为政府公信力的重塑提供了理论指导。

三、从全球民主到全球善治

全球民主与全球善治是世界政治体制改革所追求的目标,二者之间有着密切的关联。全球民主是全球善治的必要非充分条件,全球善治必须包含全球民主的特征,还应包括别的特征。目前,全球民主正在加速推进,全球善治已经成为全球民主的重要价值追求。全球善治是全球所有行为

① 刘欢:《协商民主视角下提升我国政府公信力问题研究》,《吉林省社会主义学院学报》2016 年第 1 期,第 25 页。

主体的公共利益的最大化,是国际社会共同利益的最大化。全球善治是国际秩序的最佳状态,它既是各国政府间的最佳合作,也是全球社会之间的最佳合作。正如善治是国家治理的理想状态一样,全球善治是世界治理的一种理想状态,是国际社会的道义力量所在。

全球化时代与全球民主。随着全球经济一体化进程的加快,世界日益互联互通,人类进入了一个新的发展阶段——全球化时代。全球化不仅改变了人类的生产方式和生活方式,而且影响着人们的思维方式和行为方式。可以说,全球化的影响已经涉及人类生活的各个方面。而就政治向度来说,全球化既影响了人们对民主政治价值的理解和认同,也影响了世界范围内民主的实践模式。在全球化时代,国家不但受到其国内各种机构和团体的影响,也受到全球机构、其他国家及非国家行为体的影响。地域构成了人们能否参与影响其生活的决策基础,但这些决策后果及其他共同体的决策后果往往超出了一国的疆界。① 在此背景下,全球民主化成为历史发展的趋势,全球民主在世界范围内逐渐成为一种价值取向。全球民主并不是民主国家之间的简单组合,而是全面地实践全球主义的原则,它延续了

① [英]戴维·赫尔德:《民主的模式》,燕继荣等译,中央编译出版社2008年版,第328—329页。

康德的自由主义理念,认为民主不仅仅是一国之内的制度安排,更应该在国家之间及全球层面推行;同时,主权国家与其他行为体之间也应该遵循民主的原则。[①] 然而,从全球维度来看,既不存在世界公民,也不存在世界国家或世界政府。因此,现实的全球民主不能从世界国家、世界政府及与之相对应的世界公民的含义来理解,它只表现为一种民主形式而非民主制度,即通过全球社会中全体民众对所有国家的政治权力的监督和参与来达到维护自身应得权利的过程。[②] 当前,由于全球民主的理论倡议指向历史从未出现过的超国家机制,因此引来了诸多批评和质疑。这些批评意见主要集中在两个方面:一方面,全球民主夸大了全球化对主权国家的影响,不能反映当代全球政治的结构性变化;另一方面,全球民主只是一个理想状态的政治设想,并不具有实践上的可能性。尽管如此,全球民主关于超国家治理的理论、论点和主张,为探索当前全球治理体系的变革、构建公平正义的全球新秩序提供了借鉴意义。

全球民主的式微与衰退。当前,20 世纪七八十年代全球民主化运动中普遍的乐观主义不复存在,取而代之的是

---

① 王金良:《世界主义民主理论及其批判》,《国际政治研究》2018 年第 6 期,第 95 页。
② 简军波:《如何确保我们的权利?——论全球民主的正当性及初步建构》,《欧洲研究》2004 年第 3 期,第 7—8 页。

悲观情绪的蔓延。[①] 对此,美国学者拉里·戴蒙德感慨道,
"我们已经进入了一个全球民主的衰落期,而摇摆国家则成
为一个可能范围更广的民主衰落的先声"[②]。《经济学人》
于 2014 年 3 月罕见刊发了封面长文《民主出了什么问
题?》,坦承"(西方)民主在全球的发展停滞了,甚至可能开
始了逆转"。根据《经济学人》早些年的调查,2010 年全球
所有地区的民主程度平均得分都低于 2008 年,而 2012 年
民主发展处于停滞。在调查的 167 个国家和地区中,有 91
个出现不同程度的民主状况的恶化。[③] 就单个政体来说,
全球民主衰退并不必然伴随着民主解体,而是可以在一个
更低的民主水平点上停止。全球民主衰退可以包括两个过
程:一个是民主政权的解体或崩溃,另一个是民主质量的下
降。但从整体看,民主发展呈现出较稳定的态势,暂时性的
民主回落没有改变全球民主深化发展的长期趋势,作为一
种潮流的民主逆转并未出现。[④] 在全球民主衰退的背后,

[①] 陈尧:《理解全球民主衰落》,《复旦学报(社会科学版)》2015 年第 2 期,第
148 页。

[②] [美]拉里·戴蒙德:《民主的精神》,张大军译,群言出版社 2013 年版,第
65 页。

[③] 陈尧:《西方民主制度的结构性张力将动摇西方社会的根基》,《红旗文稿》
2015 年第 22 期,第 14 页。

[④] Merkel W. "Revisiting the democratic rollback hypothesis".
Contemporary Politics,2010,16:17-31.

是新老民主国家共同遭遇国家治理的困境、西方民主的结构性问题以及来自其他政治模式的竞争。为此,不管是老牌民主国家还是新兴民主国家,必须建立一套有效的政府制度,改进国家治理的质量,提高政府的责任性、回应性、效率性和法治性,以更好地应对当前和未来各种复杂局面与困难挑战。

全球善治的取向与导向。人类进入全球化时代后,国际政治最引人注目的发展议程之一,便是全球治理作为一种理论思潮与实践活动的兴起。当今国际社会,可以说,全球治理已经成为一种实际需要,也是目前可以抗衡单边主义、霸权主义和新帝国主义的现实选择。然而,治理本身并不是目的,全球治理的终极目的是确立一种公正合理的全球秩序,进而使各方的利益都能得到最大限度的实现,亦即全球善治。全球善治是全球所有行为主体的公共利益的最大化。这是一种人类治理的理想状态,它为全球治理设定了一个长远目标,可以使全球治理有一个明确的方向。① 全球善治的本质特征,在于它是不同行为主体对全球公共事务的合作管理,其实现依赖于各主权国家交织而成的关系之网,在这个网络中,每个成员形成了彼此不可或缺的相互依赖关系。全球善治与国家善治在善治的要素上保持着

---

① 俞可平:《全球善治与中国的作用》,《学习时报》2012 年 12 月 10 日,第 2 版。

相当程度的一致性，法治、廉洁、回应、合法性、透明性、责任性、有效性、稳定性、公正性和公民的参与这些要素，对全球治理机构和全球治理的其他行动体来说，在不同的意义上成为它们的行动原则。而另一方面，全球善治与国家善治的讨论极为不同。全球善治不仅反对一个霸权主义的全球秩序，也反对全球无序状态。实现全球善治是应对人类社会发展面临挑战的必然选择和价值指向，也是人类社会寻求共存共荣的根本举措。当前，实现全球善治需要全人类的共同努力。大国在全球治理中更应当带头发挥自己的重要作用，承担更重要的责任。作为一个负责任的发展中大国，中国理应为改善全球治理做出自己持续的努力。[1] 事实上，中国也是这样做的，中国积极倡导构建的人类命运共同体，擘画了全球治理的未来善治图景[2]，无疑可以在全球善治过程中扮演重要角色，发挥积极作用。人类命运共同体思想的特殊意义在于，既自觉回应当代人类所面临的最重大最根本的生存与发展问题，也指出了人类文明未来的发展方向，从而有可能为全球善治提供价值引领。[3]

---

[1]　俞可平：《全球善治与中国的作用》，《学习时报》2012 年 12 月 10 日，第 2 版。

[2]　姚选民：《人类命运共同体：全球治理的未来善治图景》，《理论与评论》2020 年第 5 期，第 71 页。

[3]　欧阳康：《人类命运共同体思想为全球善治提供价值引领》，光明网，2018 年，https://iwaes.gmw.cn/iwas/mobile/Article_Home_Mobile.jsp?newsID=6BDkB4oYTbQ%3D。

第四章　区块链技术引发的法律与伦理挑战

　　分布式信任远非万无一失，那些重要的问题都是法律和伦理问题，而非技术问题。

　　　　　　　——牛津大学赛德商学院教授　瑞秋·波特斯曼

第一节　区块链与未来法治

区块链是一种集成技术、一场数据革命、一次秩序重建，更是一个时代的拐点。区块链正在深刻改变我们生活的方方面面，也必将对经济逻辑、法律秩序、伦理关系乃至全球治理产生深远影响。区块链是一门造福人类的伟大技术，但需要基于信任、利他、向善的价值取向。区块链技术是把双刃剑，如何"趋利避害"成为焦点问题。在此背景下，从法律上予以必要合理的回应，或许就能找到我们想要的答案。中世纪经院学派哲学家托马斯·阿奎那认为："任何法律都指向人类的共同善，从而获得相应的本质和效力；但在其未能指向共同善的范围内，它就不具有约束力。"①区块链既可能使法律跳出共同善的范围，也可能使法律朝着更加向善的方向发展。也就是说，区块链在共同善范围内可以创造机遇，一旦超出共同善的范围将可能引发危机。现阶段，区块链不仅在权责认定、证据认定等现行法律中存在诸多争议，还引发了包括法律代码化与代码法律化、区块链上的存证取证等在内的法律基本问题。与此同时，区块链在法治领域又有着广阔的发展前景，并且已经开启了重

---

① ［意］托马斯·阿奎那：《论法律》，杨天江译，商务印书馆 2017 年版，第 88 页。

塑未来法律秩序的大门。因此,打造法律与代码并行的全新规制路径、构建基于证据上链的法律科技,是应对区块链可能带来的法律挑战,保障区块链与法律秩序友好共生、持续发展的重要途径。

一、代码即法律与法律即代码

在区块链世界里,分布式账本系统是躯干,共识机制是灵魂,而无论是躯干还是灵魂都是由代码构成的。在现实世界中,法律作为一种配置社会资源的保障机制,体现经济社会发展的客观要求并直接影响经济运行的全过程。代码虽然能够有效地执行命令、遵守规则,但很难将所有的法律代码化;法律虽然能够灵活地应对和处理问题,但无法完全复刻到数字世界。两者之间都有其治理的局限性,只有取长补短、优势互补,方为治理之道,而这可以通过数字信任与法律信任耦合的方式实现。

代码法律化。代码是互联网体系的基石,正如斯坦福大学教授劳伦斯·莱斯格所指出的那样,互联网和网络空间存在对行为的规制,但规制主要是通过代码施加的。①代码是基于一定规则实现的,这些规则在一定程度上不可

① [美]劳伦斯·莱斯格:《代码2.0:网络空间中的法律》,李旭、沈伟伟译,清华大学出版社2009年版,第28页。

被人为修改。反映到数字世界就是人类的行为事先被算法规定好，其行为规范受到代码规则的限制，人类只能遵从代码的设定，亦步亦趋地完成代码的安排。换言之，代码不允许违反技术规则、算法规则和代码规则的行为发生，一旦监测到违规行为就会立刻采取制止行动。虽然，偶有技术专家和民间高手能突破代码的规制，但是大多数普通人没有专业的知识和高超的技能，只能老老实实地选择遵从代码。劳伦斯·莱斯格曾说："数字世界不同于物理世界的架构，代码设计成为实际的约束力量，即代码就是法律，比法律更有效。"[①]与 TCP/IP 协议、大型平台或者其他系统的代码一样，区块链的去中心化、去信任、时间戳、非对称加密等技术所涉及的代码同样会对人的各种行为产生深远的影响，并且直接影响到《中华人民共和国网络安全法》《中华人民共和国民法典》等在内的相关法律，包括法律关系、法律主体，以及新的法律客体。[②] 传统法理对数字世界的理解在当前数字化、网络化、智能化背景下出现了难以应对的理论困境。因此，理清现实世界和数字世界的规制机理十分必要，现实世界里的规制机理是通过宪法、法律及其他规范性文件来共同实现的，而数字世界里的规制机制则是那些造

---

① 　高鸿钧、申卫星：《信息社会法治读本》，清华大学出版社 2019 年版，第 520 页。
② 　长铗、韩锋：《区块链：从数字货币到信用社会》，中信出版社 2016 年版，第 224 页。

就数字空间的代码来进行定义和运行的。[①] 数字世界是一个以硬件系统和软件系统为基础、以算法逻辑和底层协议为支撑、以数据和代码为秩序的有序生态圈。数字世界呈现出何种形态,取决于采用哪一种编码方式,进而实现预想的规制效果。具体可以通过条款比对,找出法律与代码相似或相同的部分,用代码替代传统法律的执行机制,并把相关法律条款和治理过程进行上链,使得代码的强制执行更加符合法律的规定。这样,"代码将成为如同现实世界中法律一样的规制工具,甚至更有效率、成本更低"[②]。可见,代码已经成为规制物理世界中人类行为规范的一种制度手段,并正在成为规制数字世界的一股重要力量。犹如尤瓦尔·赫拉利在《未来简史》中所预言的:"我们的法律将变成一种数字规则,它除了无法管理物理定律之外,将规范人类的一切行为。"[③]

　　法律代码化。法律与代码一样,有着相似的技术性表征,其作为规范指引着人类行动,构成了输入/输出关系,与代码的运行机制基本一致,这为法律的代码化提供了可能

---

① [美]劳伦斯·莱斯格:《代码 2.0:网络空间中的法律》,李旭、沈伟伟译,清华大学出版社 2009 年版,第 6 页。

② 张培培:《反思"代码即法律"》,《中国社会科学报》2020 年 11 月 11 日,第 8 版。

③ 曹奕阳:《域外人工智能在司法领域的应用》,《人民法院报》2021 年 9 月 10 日,第 8 版。

性。"法律规范是一种本质上模棱两可、用语言书写的一般规则；技术规范与法律规范相反，只能表现为代码形式，同时必然依靠算法形式和数学模型表达。所以，代码规范比重在履行的法律条款更为明确，也更加'刻板'。"①因此，可以从技术层面进行法律的代码化，即要求技术人员将部分法律以条件语句的形式嵌入代码之中，进而引导法律朝着更易执行的方向发展。修改代码并不意味着改变基本通用的协议，而是在法律范畴内不断优化和完善代码。例如，如果缺乏数字身份验证、人脸精准识别、芯片制造等技术，那么可以在法律上给予这些技术发展空间，引导科学技术的创新和研发。长此以往，法律的规制能力将会大大提高，凭借技术支撑，数字世界将有可能成为迄今为止实现具有完美规制体系和最全法律法规的和谐空间。有些领域的法律法规和政策规范就特别适合转化为代码语言和技术规则，例如医保和社保的缴存和报销、税务和交易的计算和支付、教育和教学的内容和年限等。无论这些法律法规和政策规范涉及的人员有多少、范围有多广、条款有多杂，只要能翻译成具有逻辑关系的条件语句，或者能从客观上被验证，那么就可以将法律代码化。此外，法律对数字世界可能的调

① 赵蕾、曹建峰：《从"代码即法律"到"法律即代码"——以区块链作为一种互联网监管技术为切入点》，《科技与法律》2018年第5期，第12页。

整方式必须着眼于可控的人类行为，以达到建立良性数字秩序的目的。基于代码的法律，可以通过个人的行为和习惯，分析其未来的价值，并通过触发特定的条件激发其潜能。如果这些代码化的法律被用于塑造未来价值和创造未来红利，那么就有可能催生新的规则或法律，这种法律可以根据代码的变化和技术的进步实现自动进化、自动调整。法律代码化之后，不仅将被用来执行法律程序，而且可以被当作制定和阐明规则的依据。比如，基于区块链技术的智能合约是基于现实中的法律合同而编写的代码，从而将法律转变为数字世界中的代码，并在一定程度上规避了传统法律的滞后性缺陷。"代码系统通过事先阻止违法行为的发生，而不是在违法后将其抓捕，来确保法律得到更大程度的遵守。将这些规则应用于技术系统，就可以减少人们无论是有意还是无意不遵守这些规则的风险，这最终会减少监督和持续执行的需要。"[①]法律在一定程度上确实可以代码化，但数字世界的性质变化和技术的空前发展，使得代码获得了前所未有的权力，为应对代码权力的扩张和膨胀，就必须厘清现实世界法律与数字世界代码之间的联系与界限。

---

① ［法］普里马韦拉·德·菲利皮、［美］亚伦·赖特：《监管区块链：代码之治》，卫东亮译，中信出版社2018年版，第214页。

区块链信任与法律信任的耦合。严格意义上来讲，区块链与法律的内核都是信任，区块链是机器信任，法律是制度信任，但是这两种信任机制都不是无懈可击的，都存在着各自难以克服的风险和挑战。法律的信任是通过签订契约实现的，在这种信任机制下，无论人的秉性如何、地位高低、权力多寡，都会受到契约的保护。相应地，违反规定也会受到惩罚。从法律实施的现实角度出发，固有的模糊性会影响人们对法律的信任度，无论是法律语言本身的模糊性，还是司法裁判依据的模糊性，司法"和稀泥"会损害社会公平正义，进而使人们对法律失去信任，造成社会信任危机。近年来，区块链之所以能成为炙手可热的技术，其核心就在于信任，规则的运行在于提高实施的效率，而效率的提高则在于信任机制的确立。"区块链的信任实际上是将人与人、人与组织、组织与组织之间的'自愿主动型的双向信任'或'权威—服从被动型的单项信任'转变为一种不添加任何人为色彩的'机器信任'，这种'机器信任'将传统信任机制转为非第三方担保的代码程序规则。"①区块链中的智能合约是以机器信任为基础而构建的，在许多情况下，智能合约移除了对第三方的信任；在一些特殊情况下，将信任转移至可信

---

① ［美］凯文·沃巴赫：《链之以法：区块链值得信任吗？》，林少伟译，上海人民出版社 2019 年版，第 11 页。

任的人或机构手中。智能合约意味着无须在现实中建立信任关系，因为智能合约不仅是由代码定义的，也是由代码强制执行的，完全自动且无干预。区块链信任固然可以解决法律信任因中心化而内生的固有挑战和潜在风险，但由于数据泄漏或算法黑箱风险，区块链信任也面临着巨大的挑战。任何技术都是一种工具，区块链亦然，如若脱离法律而肆意发展，不仅无法增进信任，甚至还会适得其反。区块链与法律都可以促进信任，亦都可摧毁信任。要跳出单一的信任困境，以法律制度提高区块链的可信度，以区块链补充法律的信任缺陷，通过使区块链信任与法律信任耦合的方式，为未来法治保驾护航。

二、基于证据上链的法律科技

新一轮科技革命和产业变革浪潮扩大了人类对证据的认知范畴，提高了人们对证据的重视程度，证据的真实性、合法性和合理性判断及鉴定更加依赖于科技。证据上链不单是科学技术的创新，也是法律思维和科技思维的碰撞与对接，只有推进证据规则与区块链技术深度融合，区块链技术的法律工具价值才能有效发挥，区块链证据的法律效力才能有效显现。因此，区块链与证据的结合也契合当下的司法环境，这为法律科技的诞生与发展奠定了重要基础。

以审判为中心与以证据为核心。推进以审判为中心的诉讼制度改革，是党的十八届四中全会为完善司法权力运行机制作出的重要部署。从实践层面来说，"以审判为中心"就是要实现庭审的实质化，也就是强调证据裁判原则的全面落实，通过落实证据裁判原则将主要制度都串联起来，整体带动司法活动的合理化和智能化。简言之，以审判为中心的诉讼制度就是以证据为核心。在现代法治社会中，以证据为核心进行审判已经形成一些共识，日本《刑事诉讼法》第 317 条规定，"认定案件事实，以证据为依据"；我国《关于全面推进以审判为中心的刑事诉讼制度改革的实施意见》第 2 条指出，"严格按照法律规定的证据裁判要求，没有证据不得认定犯罪事实"。首先，以证据为核心的主客观统一性确保审判事实的真实性。裁判是通过证据证明事实的过程，并根据事实找出相应的法律规范，据此定分止争。英国证据学家摩菲曾说："如果某一个材料被认为是真实的、可信的和具有充分的相关性，能够说服法院，认定其为证据就是适当的。"①因此，事实认定是裁判的前提条件，在这一过程中，主体与客体要经过多次反复确认，只有在主客体一致的情况下，才可以进行裁判。其次，以证据为核心的程序理性确保审判程序的正义性。裁判是一个活动过程，必定会受到诉讼程序的约束，这些约束表现为裁判主体对

---

① 何家弘、刘品新：《证据法学》，法律出版社 2019 年版，第 110 页。

于程序的遵守和资料素材的证据能力及证明效力。只有在诉讼程序范围内进行裁判,才能确保每一个人在诉讼过程中的权利相同、地位相等,每一个案件的裁判过程都是合理合法的。最后,以证据为核心的价值理性确保审判结果的公平性。裁判不仅取决于客观层面的证据,还依赖于法官的价值判断,包括对事实的价值判断和法律本身的价值判断。法官不仅要具备丰富的法律知识和审判经验,还要有大公无私的气度,才能站在客观理性的角度进行裁判,才能使作恶者受到惩罚、无辜者不被冤枉。因此,要坚持以审判为中心和以证据为核心,发挥好诉讼主导、庭前辩论和权利保障等作用,裁判要以事实为基础,事实要以证据为根据,正确处理法律与科技之间的关系,让每一个人在每一个案件中都能感受到公平正义。

区块链上的存证取证。区块链技术从诞生至今已有10余年,从刚开始数字货币领域的应用到如今各行各业参与链改,区块链技术已经逐渐渗入我们的生活当中。事实上,区块链技术也正不断融入、赋能司法领域。一是区块链电子取证。区块链技术与电子取证的结合是现实之需,可信时间戳技术确保了电子证据的完整性,共识机制提高了电子证据的可信度。一方面是可信时间戳技术,这是一种特殊的时间证明技术,生成可信的数字证书,可以证明电子证据产生的具体时间,其内容完整、未有缺失、未被修改,确保了电子证据的完整性和真实性。时间戳技术构筑了区块链证据"不可篡改"的底层技术，"可信时间戳是由联合信任时间戳服务中心根据国际时间戳标准 RFC3161 签发的，能证明数据电文（各种电子文件和电子数据）在一个时间点是已经存在的、完整的、可验证的并具备法律效力的电子凭证"①。另一方面是共识机制，即众多利益不相关的节点在同一时间内进行投票，并快速得出结论、达成共识，在电子取证方面则表现为节点与节点之间相互独立、地位平等，均可对数据的传输进行单独实时记录并同步更新，这样既保障了电子证据不被连锁破坏，又提高了电子证据的可信度。二是区块链电子存证。所谓电子存证，简而言之就是"把源证据加密保护，储存到一个安全可靠的数据库中，待需要时调取出来以证明在一个具体的时间该数据出现并存在，包括对该数据的录入、存储、识别、认证等一系列验证程序或诉讼过程中可能发生的过程"②。以往的电子存证可信度不高、保护度不强，易被泄露、盗窃和修改。基于此，2020年 5 月司法部发布的《电子数据存证技术规范》强调，"存证的电子数据记录应有唯一的存证标识码"。区块链电子存

① 孙梦龙：《区块链取证与可信时间戳技术梳理适用》，《检察日报》2021 年 9 月 1 日，第 3 版。

② 郭铠源：《法律视角下基于区块链技术的电子存证探究》，《法制博览》2019 年第 25 期，第 60 页。

证是利用每一个区块只有唯一的哈希值来实现的,即通过哈希算法将电子证据存储在可信的联盟链上,并生成唯一的标识码,保证上链数据的真实性和有效性,法院则可以通过标识码读取证据进行审判。三是区块链证据的认定。回归到证据本体上,无论与其关联的技术如何先进,司法审查的关键程序依旧在于证据的认定。只有证据得到认定,才能为法官进行事实认定提供参考,才能真正将区块链技术应用于司法程序以维护合法利益。区块链证据的认定主要分为四个步骤:第一步,互联网法院将所有的证据打包封存,以实现证据保全。第二步,将打包封存的证据存入区块链,以保障证据存储的安全性。第三步,通过标识码等手段对证据进行鉴定和公开,确保证据的有效性和可靠性。第四步,各个案件及当事人按需提取和保管相关证据。2021年1月,最高人民法院发布《关于人民法院在线办理案件若干问题的规定(征求意见稿)》,其中针对区块链证据,从四个方面作出规范,对区块链证据的效力、区块链证据的审核规则、上链前数据的真实性审查以及区块链证据补强认定等方面进行了详细说明。可见,区块链证据的认定已经成为在线诉讼中不可或缺的一环。

区块链赋能法律科技。为顺应全球数字化趋势、强化数字空间治理、积极应对新型司法纠纷,2017年浙江省杭州市设立全国首家互联网法院,一年后,北京互联网法院、广州互联网法院相继成立。① 互联网法院是中国司法改革和网络治理创新的伟大创举，遵循"依证据认定事实、在线纠纷在线办"的宗旨，不断创建和完善在线纠纷审判机制，并利用区块链技术赋能在线诉讼。比如，杭州互联网法院率先推出司法区块链平台，探索智能裁判的新机理、异步审理的新模式，实现了在线审判的专业化、合理化和高效化；北京互联网法院以"天平链"为基础，解决了电子证据的取信难、获取难、存储难等问题，实现了著作权、互联网金融等在内的数据对接，大大提升了在线审判的准确性；广州互联网法院最开始的智能审理平台是以"一键"全流程的方式实现了案件的高效审理，然后再通过"网通法链"推出新的智能审理平台"E 链智执"，实现了在线传唤、在线申报和在线审核等（见表 4-1）。"互联网法院的运行推进了法律与科技的深度融合，法治与科技相互作用、相互融合、共同发展，创造了中国司法的一个奇迹。"②当前，区块链技术与司法应

① 上海市长宁区人民法院、天津市滨海新区人民法院、广东省深圳市福田区人民法院、湖北省武汉市江夏区人民法院、四川省成都市郫都区人民法院等设立了互联网审判庭，江苏省镇江经济开发区人民法院、浙江省余姚市人民法院、福建省厦门市思明区人民法院、广东省广州市中级人民法院、贵州省黔南州惠水县人民法院等组建了互联网合议庭或审判团队，有力提升了互联网审判专业化水平。

② 张文显：《塑造新型互联网司法生态体系》，最高人民法院，2020 年，https://baijiahao. baidu. com/s? id ＝ 16791324579854565678wfr ＝ spider&.for＝pc。

用正呈现深度融合的趋势,从行业和司法达成的共识来看,主要有以下原因:其一,取证成本相比公证处取证等传统方式明显要低;其二,区块链溯源性及不可篡改性,不仅能溯源查找修改痕迹,还能实现是否篡改的验证;其三,区块链的链式结构特点天然与证据链的链式闭环高度契合。[①] 区块链赋能法律领域,不仅能提升司法效率、维护法律正义,还有利于提升社会治理的质量和水平。近年来,全球法律科技已经承担起法律系统维护证据和司法公正的使命,对法治效能的提升有着极大的促进作用。未来,法律科技将朝着更加全球化、多元化和法治化的方向发展,主要呈现出以下四个特点:"第一,法律技术市场持续成为投资新领域和经济的增长点;第二,法律服务工具向融合统一平台发展;第三,越来越多的国家和地区开始关注隐私保护、数据安全和技术监管;第四,法律科技开始进入全球竞争阶段。"[②]特别是,随着法律科技的不断深化,数字治理、数字正义和数字法治都不再是遥不可及的愿景,而是触手可及的现实。

[①] 伊然:《区块链技术在司法领域的应用探索与实践——基于北京互联网法院天平链的实证分析》,《中国应用法学》2021年第3期,第24页。

[②] 赵蕾、曹建峰:《法律科技:法律与科技的深度融合与相互成就》,《大数据时代》2020年第5期,第13页。

表 4-1 区块链的司法探索

年份	法院	名称	特点
2017	杭州互联网法院	司法区块链	杭州互联网法院是中国首家互联网法院,首创异步审理模式,率先上线司法区块链平台,探索人工智能在审判全流程的应用,实现金融借款案件智能裁判,法官每案投入工作量仅 80 分钟
2018	北京互联网法院	天平链	可信电子证据区块链平台——"天平链",完成版权、著作权、互联网金融等 9 类 25 个应用节点数据对接,以天平链存证提交审理案件,促进了电子证据存证难、取证难、采信难问题的解决。2019 年,通过强化顶层设计、完善上链内容标准、扩大联盟链生态等,探索"业务链、管理链、生态链"三链合一的"天平链 2.0"新模式,打造司法体系与国家治理一体化创新实践示范平台
	广州互联网法院	互联网智能审理平台、网通法链	2018 年,广州互联网法院智慧审理平台引入 5G、区块链等技术成果,提供"一键立案、一键调解、一键调证、一键审理、一键送达"全流程在线诉讼服务,完善证据存取、文书送达智能化辅助功能,大幅缩短了案件审理周期。2021 年,通过"网通法链"审判实现"E 链智执",首创在线传唤被执行人和在线申报、核对财产等举措

续表

年份	法院	名称	特点
2019	吉林省高级人民法院	司法链平台	吉林省高级人民法院作为最高人民法院首批区块链试点单位,率先接入最高人民法院司法链平台,积极开展区块链创新业务应用场景建设工作。对电子诉讼和全流程网上办案过程中生成的文书、电子卷宗、电子档案、业务数据、用户身份等信息,通过司法链平台加以固定,实现了互联网电子诉讼证据、微法院诉讼证据、诉服中心电子诉讼材料和法院文书的存证验证功能
2020	西安市灞桥区人民法院	区块链机	西安市灞桥区人民法院率先引入区块链机,将电子送达的时间、内容、送达方身份信息、接收方信息等都进行了存证上链,推动了互联网时代诉讼流程和司法模式实现革命性重塑,促进了互联网时代下诚信社会的有效构建
2021	杭州市西湖区人民法院	司法链智能合约	杭州市西湖区人民法院在全国首创推出金融纠纷领域的司法链智能合约,能让法院实现主动提前介入纠纷,使得纠纷不进入法院审判和执行环节就得以化解,真正实现诉源治理,找寻起诉前调解的"准执行机制"
	成都互联网法院	区块链存证	当事人的证据直接上传至系统中,通过实名认证、电子签名、时间戳技术形成证据,从而实现固定的效果,最终实现在调解、仲裁、诉讼、司法确认等场景调取使用

三、区块链重塑未来法律秩序

区块链系统正在重塑几乎每个行业的运作方式。有人说互联网是所有权的终结者，而当前，区块链已经开始重塑数字世界的所有权和资产交易方式。新的商业模式和秩序范式正在慢慢展开，经济和法律的未来已经到来。换言之，区块链正在重塑秩序，它开启的是一个由物理世界与虚拟世界重混为主基调的新未来，新的法律秩序正被赋予独特的数字气息。

在法律与秩序之间。一般而言，法律和秩序之间具有良性互动的属性，新法律是对秩序的反应，新秩序是对旧制度的承接。"秩序是与无序、脱序、失序等相对的概念，为避免或制止此类问题带来社会危机或风险，人类必须采取措施，而法律就是防范无序、制止脱序、补救失序的首要的、常规的手段。法律是秩序的象征，又是建立和维护秩序的手段，用法律建构和维护的社会秩序就是法律秩序。"①马克思、恩格斯在《共产党宣言》中指出："你们的观念本身是资产阶级的生产关系和所有制关系的产物，正像你们的法不过是被奉为法律的你们这个阶级的意志一样，而这种意志的内容是由你们这个阶级的物质生活条件来决定的。"②秩序能否成为法律，归根到底取决于一定社会发展阶段的物质生活条件，取决于特定历史阶段的阶级关系状况。法律

---

① 张文显：《构建智能社会的法律秩序》，《东方法学》2020 年第 5 期，第 5 页。
② 中共中央马克思恩格斯列宁斯大林著作编译局：《马克思恩格斯选集》（第一卷），人民出版社 1995 年版，第 289 页。

以人们所能接受的道德规范为基础，集中体现人们的利益和愿望。也就是说，数据的法律秩序应该建立在数据道德的基础之上。法律要真正实现其秩序功能，就必须实现规范与事实、理想与现实的具体的、历史的统一。[①] 2008 年，区块链出现在人类的视野中，就此开启了它的发展历程。其不仅改变了传统的金融系统，还给传统的法律秩序带来了极大的挑战。数字文明时代是一个崭新的时代，传统的法律秩序已经不能完全适用。尼葛洛庞帝认为："我们的法律就仿佛在甲板上吧嗒吧嗒挣扎的鱼一样。这些垂死挣扎的鱼拼命喘着气，因为数字世界是个截然不同的地方。大多数的法律都是为了原子的世界，而不是比特的世界而制定的……电脑空间的法律中，没有国家法律的容身之处。"[②]新秩序的诞生势必会促使旧法律不断升级调适，不断进化成为符合时代需求的法律制度，这个过程并不是要完全否认旧法律，而是要保留旧法律的优点。虽然区块链给现有法律秩序带来了断裂、冗余、空白等挑战，但同时也带来了解决方案。区块链自身独有的特性不仅能为传统法律秩序注入强大动力，还给法律思维、法律关系、法律服务

---

① 大数据战略重点实验室:《块数据 5.0:数据社会学的理论与方法》,中信出版社 2019 年版,第 317 页。

② [美]尼古拉·尼葛洛庞帝:《数字化生存》,胡泳、范海燕译,海南出版社1997 年版,第 278 页。

的转变带来新的契机。

区块链与法理重构。进入数字时代,"法理研究将从基于单元物理空间和科学逻辑的思维方式,转到基于双重空间、人机混合算法主导的信息逻辑的思维向度"①。新的法理时代将以数字法学为核心,其科学依据和法理逻辑在于区块链等新一代数字技术是数字社会中最具影响力、信用力、生产力和法治力的技术,是对数字社会具有决定性作用的驱动力量。一方面,区块链带来了信用体系的变革。信用是法治精神的重要伦理基础,没有任何一部法律不是建立在"信用"之上的,私法领域的基本法则是"诚实信用",公法领域的权威法则是"国家信用"。区块链技术可以构建一个全新的信用体系,不仅冲击传统的法学理论,还将撼动传统社会信用体系。以在线付款为例,通过区块链付款需要制作和同步账本,且需多个节点都收到账本信息之后才会显示付款成功。② 不同于传统的中心信用,区块链是"去中心化"和"去信任化"的信用模式,在线付款过程中的每一个人都是一个独立的信用节点,他们共同构成了分布式、可追溯和公开透明的新型信用体系。另一方面,主权区块链带来了主权范式的变革。数据无国界,但数据有主权,区块链

---

① 马长山:《智能互联网时代的法律变革》,《法学研究》2018年第4期,第20页。
② 杨延超:《机器人法:构建人类未来新秩序》,法律出版社2019年版,第200页。

与主权的结合,使得数字空间从无界、无序、无权走向有界、有序和有权。主权区块链继承了区块链的相关特征和优点,并在此基础上进行有效拓展和延伸,是一个集共识、共享和共治于一身的综合体。主权区块链不是要彻底推翻原有的法理基础,而是在区块链技术的加持下实现法理的迭代升级,以其"数据主权"特色,提升线上价值传递的效率,弥补以往主权维护的缺失,是对法学理论的有益补充。"作为一种法律规制下的技术之治,主权区块链将不同层面和类型的制度相互衔接和联系,有效推动数据主权治理,促进数据主权与数字人权协调发展,增进人类数据福祉。"①从区块链到主权区块链,其意义并不仅仅在于区块链技术的发展,更大的意义在于将数据主权纳入主权体系中,为数字秩序的构建带来新思想、新理念和新规则。新时代需要新法理,能够支撑一个时代法律生活的法理一定是与该时代的精神相契合的。正是以区块链为代表的新一代数字技术的迭代发展,促使新兴领域的权利保护进入法律视野,与时俱进的新法理才可能产生。相应地,新法理也同样依赖于或有待于区块链技术的进一步发展。

---

① 连玉明:《主权区块链对互联网全球治理的特殊意义》,《贵阳学院学报(社会科学版)》2020年第3期,第40页。

区块链的法律场景。伴随新一轮科技革命和产业变革的加速演进，区块链等新技术、新应用、新业态不断拓展法律科技的应用边界，不断夯实法律科技产品的细节。法律与科技的融合不仅创造了法律科技这一全新的领域，而且给法律带来一场数字化、网络化、智能化变革。区块链技术开启法律科技新时代，与此同时也给各部门法带来了新的思考。

第一，区块链与宪法。无论是世界宪法发展史上最有代表性的英国宪法、美国宪法、法国宪法、德国宪法、意大利宪法、日本宪法、韩国宪法和印度宪法，还是中国特色社会主义宪法，都是随着实践发展而不断发展的。但宪法永恒不变的精神，就是要规范国家权力的行使，保障公民权利的实现，保持权力与权利的协调与平衡。而区块链实际上就是在这个时代去实践宪法精神的一种技术，它通过代码告诉人们，何种事情是区块链做不到的，这种自我限制也是最有价值的。在不断变化的数字世界里，需要赋予宪法新的内涵和生命力，"让治理规则与新型的信息技术所释放出来的去中心化力量达到更高的契合状态"①。事实上，区块链与宪法有着相同的特性，其在宪法层面的应用具有技术上

---

① ［美］保罗·维格纳、［美］迈克尔·凯西：《区块链：赋能万物的事实机器》，凯尔译，中信出版社 2018 年版，第 307 页。

和理念上的支撑。比如，比特国（BitNation）利用以太坊（Ethereum）的智能合约编写了一套程序，并宣称这是世界上第一个虚拟化、自治化、无国界的国家宪法，这就是利用了理念上的相同性。再比如，委内瑞拉在 2019 年颁布了《关于加密资产整体系统的宪法法令》，希望从宪法层面对加密货币及区块链技术进行全面的规约，这就是利用了技术上的互补性。

第二，区块链与民法。区块链底层技术框架具有普适性，它与民法息息相关。一是区块链为主体在数字空间中塑造一个自主身份，当主体需要使用身份时，就可以直接控制自身的身份数据和信息，而不需要第三方介入。二是区块链可以提供民事权利能力，区块链代码构成的交易算法和智能合约在现实民法中具有法律效用，映射到数字世界中一样适用。三是区块链能确保证据的固定性，其在民事案件中具有巨大的应用空间。

第三，区块链与刑法。在区块链技术背景下，全球范围内已呈现出新的犯罪形态，例如虚拟货币沦为洗钱工具等。区块链技术的迭代演进，一方面规范了流程、降低了成本，另一方面也在无形之中给犯罪行为提供了技术支持和平台支持：一是提供技术支持，传统的犯罪意图可以在语言、行为等方式中找到蛛丝马迹，而智能合约中的内容完全无法人为理解，所承载的犯罪意图也难以辨认。二是提供平台

支持,智能合约的发布、履行和达成均不需要协议双方直接
接触,犯罪者以智能合约的方式发布悬赏公告,匿名雇佣相
关人员去实施犯罪,最后通过加密货币完成支付,这种"无
接触"的平台为犯罪提供了空间。

第二节　区块链与数字伦理

　　传统的社会伦理以调节人与人的关系为中心,现代伦
理学开始反省人与物之间的关系,而未来的伦理学可能需
要将人与数的关系纳入其考虑范围。面对新空间、新结构、
新模式下的数字伦理风险与算法伦理挑战,亟须加大数字
世界的秩序和伦理建设,动态形成新的社会契约。尽管不
同时期、不同文化背景所建立的数字伦理体系具有相应的
特殊性,但依托区块链共享机制下的共享伦理整合,倾向于
形成一种作为全球数字秩序的"底线伦理",为全球数字活
动提供有价值的伦理指南。

一、数字伦理的风险

　　数据的运用对经济发展、社会治理、人民生活都产生了
重大而深刻的影响,这意味着任何主体对数据的非法干预
都可能构成对国家核心利益的侵害,随之引发的隐私与安
全、数据时效性、数本主义等方面的问题已成为事关国家安

全与经济社会发展的重大风险。

隐私与安全。数字伦理研究侧重于从隐私保护和安全问题两方面进行探讨。随着生活模式逐渐从线下转换到线上，大量线上数据的积累和人工智能算法的运用，数据隐私安全变得愈发重要。一方面，在技术、商业、权力的通力合作下，个人数据的重要性和数据流动的广泛性使得个人隐私在数字社会中面临系统性的安全威胁，而针对个人数据保护的相关法律法规并不健全，现有法规的落地实施存在监管滞后等问题。2018 年 3 月，英国咨询机构剑桥分析公司（Cambridge Analytical）滥用 Facebook 5000 万用户数据的丑闻持续发酵，促使世界各国加强对数据资产所有相关方利益的协调和规范。另一方面，数据主体对数据的控制权被严重削弱，主要表现为数据主体在接收信息上的不对称。数据主体对于数据何时、何地、被何人、以何种方式获取并利用可能毫不知情。大数据技术越强大，隐私权越容易受到侵犯。从计算机病毒到网络黑客，从技术性故障到有组织攻击，从窃取个人数据到大规模数据泄露，大数据时代的信息安全问题依然存在，并更加聚焦于数据安全领域。第一，数据泄露引发多重风险。目前，针对大规模个人信息的窃取和倒卖已经形成了较为成熟的"黑灰产"交易链，尤其是银行卡账号、社保卡号、支付类应用登录信息等涉及个人经济信息的数据泄露将带来次级风险，引发电信诈骗和金融欺诈。第二,边缘防护薄弱暴露用户隐私。智慧城市、位置服务和远程办公等新型服务模式的大量涌现将面临联网设备数据被非法访问、用户位置隐私泄露、通信传输脆弱性导致的信号劫持与通信窃听等安全挑战,对企业数据及用户隐私构成严重威胁。第三,数据跨境流动引发合规担忧。鉴于全球尚未形成统一的数据跨境治理框架,跨境数据往往受限于数据存储当地的防护水平,可能出现数据泄露风险以及跨境数据使用权限模糊现象。

数据时效性。大数据价值开发的一个核心任务是预测人未来的可能行为,大量时间序列数据的积累为此提供了丰富资源,但并不是在所有情况下时间越长越有利。数据的时效性问题普遍存在于各类实际应用中,是影响数据质量的重要因素之一①,时效性强的数据不仅能满足企业决策需求和人们日常需求,还能分析出最新的优质信息。一方面,随着时间的推移,距当前时间较远的数据将无法反映当前时间的分布,数据质量快速下降。据统计,在商业数据库中,约有2%的客户信息会在一个月内变得陈旧。换言之,在两年内会有近50%的记录因为过时而使其可用性受到影响。例如,在对房价数据的分析研究中,需要考虑数据

---

① 李默涵、李建中、高宏:《数据时效性判定问题的求解算法》,《计算机学报》2012年第11期,第2349页。

的时效性,用较早时间的房价数据对当前时间的房价进行分析将产生极大的误差。在企业决策时,企业往往会因为使用了陈旧的数据而作出错误的决策;在日常生活中,银行可能会将信用卡账单寄送到持有人搬家前的旧地址。另一方面,具有几乎无限记忆力和分析能力的人工智能通过数据及算法可以预测人类未来可能发生的行为轨迹,我们现在的错误可能会在很长一段时间内给自身带来难以消除的影响。美国记者卢克·多梅尔在其著作《算法时代》一书中描述了一个真实案例:美国政府会根据姓名、出生地、宗教信仰、人脸识别算法、历史行为数据等,对每一位航空旅客的恐怖分子嫌疑度进行打分,一些无辜的人因其评估分数较高而被怀疑为恐怖分子,被羁留在机场进行检查,甚至多次错过飞机,严重影响了他们的出行自由。我们是否应该为尚未发生的一种可能性付出代价?当数据深入渗透人类社会生活,所有关乎道德和伦理的判断都将变成一条条规则、一行行代码,人类的尊严、道德和伦理或都将让位于数据。因此,数据时效性决定了分析结果的有效性,确保数据时效性是十分重要的。

数本主义与人本主义。人与数据的自由关系,或基于数据的人与人之间的自由关系,是数字伦理学的核心议题。尤瓦尔·赫拉利指出,"数据主义一开始也是一个中立的科学理论，但正逐渐成为要判别是非的宗教"①。随着数据化力量的增强，数据至上的观念不断得到强化，数本主义应运而生。数本主义的核心主张是数据流最大化和信息自由是至善，认为人类行为和社会活动都应成为数据流，任何现象或实体的价值都在于其对数据处理的贡献，并且"相信一切的善（包括经济增长）都来自信息自由"②。在数本主义眼中，数据沉溺或数据依赖症，当属数据人生的常态。数本主义挑战传统的人本主义和自由主义，人本主义和自由主义的许多理念遭到破坏，包括个人自由、人权等。如果推崇数据流最大化和信息自由是至善的数本主义不受限制地发展下去，则可能出现"数据巨机器"，压抑人的自由③。数本主义偏离了人类核心价值，为了纠正这一思潮偏颇，我们需要诉诸和回归人本主义数字伦理。首先，人本主义数字伦理呼吁从数本主义回到人本主义，维护人的尊严，尊重人的权利。人的权利包括基本权利和数据权利，基本权利是人类在物理世界中的权利，数据权利是人类在数字世界中的权利，两者互为屏障，共同构成了数字文明时代人的权利。其

---

① ［以］尤瓦尔·赫拉利：《未来简史》，林俊宏译，中信出版集团 2017 年版，第 346 页。

② ［以］尤瓦尔·赫拉利：《未来简史》，林俊宏译，中信出版集团 2017 年版，第 349 页。

③ 李伦：《"楚门效应"：数据巨机器的"意识形态"——数据主义与基于权利的数据伦理》，《探索与争鸣》2018 年第 5 期，第 29－31 页。

次,人本主义数字伦理提倡以人的自由为中心,反对以数据的自由为中心,主张规范数据共享,反对数据滥用。当谈到数据自由和数据权利时,主体是人而非数据。最后,人本主义数字伦理强调尊重用户的数据权和隐私权。数据的收集和使用需征得用户的知情同意,用户应当有权知晓个人数据的收集范围和用途,并实行最少原则或必要原则。人本主义数字伦理有助于消除数本主义对数据自由和电子算法的崇拜,重建人在大数据时代的主体地位,尊重人的基本权利和数据权利,建构人与技术、人与数据的自由关系,维护人类自由,增进人类福祉。①

二、算法伦理的边界

算法是数字时代的核心运行逻辑,是一种人类基于特定目的而设定的数据处理方法,其主要特征是通过规范性数据的输入,经算法的内在机理计算出相应的结果并输出。在互联网技术发展的早期,算法的运算对象主要是物,通过直接出售算法完成交易。为适应互联网技术的发展,算法的运算对象变成了人,其交易方式也变得复杂化,可能引发滥用、作恶、道德、伦理等方面的问题,对其进行伦理规范也

---

① 李伦:《"楚门效应":数据巨机器的"意识形态"——数据主义与基于权利的数据伦理》,《探索与争鸣》2018 年第 5 期,第 29—31 页。

变得迫切起来。

算法社会的伦理失范。算法嵌入了社会运行的诸多层面，在新闻媒介、数据保护、司法审判、行政部门等领域发挥着广泛作用。在过去 10 多年中，社会生活的许多领域都感受到了算法的力量，大数据杀熟、算法歧视、算法操纵、算法垄断等现象相继涌现，这被风险社会理论家乌尔里希·贝克称为"工业社会的自反性"或"自反性现代化"，即"生产力在现代化进程中的指数式增长，使风险和潜在自我威胁的释放达到了前所未有的程度"①。一是"算法表象"主导生活。2016 年是算法编辑超越人工的转折之年。2017 年易观数据发布的《中国移动互联网网民行为分析》报告显示，2016 年我国信息市场出现了算法推荐超越人工推送信息的现象。之后，算法推荐进一步抢占用户注意力市场，远远将人工推送甩在身后。人们的大部分生活和时间被算法生产的表象所吸引和控制着，生活本身展现为算法推荐的庞大堆聚，算法构建的表象及其赋予的意义就成为用户的日常追求。二是制造消费和消费异化。在智能算法推荐场景中，算法构成的场景消费模式对用户的控制主要体现在经济方面，通过不断地创造消费需求和引导人们持续不断地消费来实现。在算法场景中，其消费模式基于用户的个人

---

① ［德］乌尔里希·贝克：《风险社会》，何博闻译，译林出版社 2018 年版，第 3 页。

习惯,通过算法设计,定制化地为每一位用户制造消费,在这种环境和算法崇拜下,人们的真实及虚拟需求被不断地制造出来,消费商品作为一种隐性的控制力量进驻到人们的生活中,并不断开疆拓土。三是算法决策伴随权力关系的不平等。算法本身不具有权力,但它通过"构成他人行动的场域"而参与权力的运作。[①] 数据代码围绕算法设定的指标项建构起原始数据所有者的数字画像,一个一个的人变成了不同的算法标签,被划分为"三六九等"。例如,用户在商场租借移动充电宝时,是否享受免押金待遇可能由微信消费积分决定。这个由一家与充电宝提供商毫不相干的公司先前描摹的用户数字画像竟然决定了用户的未来权益。一个"标签"决定一生,用美国学者、《黑箱社会》作者帕斯奎尔的话说,这简直"相当于未经正当程序审判便施加各种刑罚一样"[②],是算法社会带来的无妄之灾。

从算法中立到算法向善。进入 21 世纪,关于算法的哲学与社会科学研究开始被理解为一种"社会—技术"系统,探讨"算法是否具有偏见"的问题。技术是一种客观的存在,对其不应该附加任何价值判断,有利还是有害完全取决

---

① 郭毅:《"人吃人":算法社会的文化逻辑及其伦理风险》,《中国图书评论》2021 年第 9 期,第 51 页。

② Pasquale F. *The Black Box Society*. Cambridge:Harvard University Press,2015:80.

于应用技术的人。因此，研究者提出"技术价值中立论"，认为技术只是一种方法论意义上的工具和手段，在政治上、伦理上和文化上是中立的，没有好坏、善恶以及对错之分，即技术本身不包含任何价值判断。[①] 技术与价值无关的观念古已有之，直到 20 世纪下半叶才得到深刻揭示。美国技术哲学家安德鲁·芬伯格指出，关于技术的形式偏见是现代社会独一无二的特点，而且不可避免地负载价值。一方面，算法自始至终都是人的"运算"。虽说由人创造产生的工具是客观存在，但其一经人参与且深度挖掘，便被赋予了很多主观意识。借由人设计的指令而展开的算法活动在很大程度上受设计者和操作者的价值理念、情感倾向、主观判断的直接影响。另一方面，算法的应用逻辑指向实现人对效率利益的追求。近年来，网络平台算法的极致计算和过度逐利问题不时引发社会广泛关注，"困在算法里"已成为具有鲜明时代特征的社会焦虑。当下，算法是众多互联网企业平台保持竞争优势的技术依赖，但技术应用从一开始就具有倾向性、目的性、价值感，每个代码都内嵌价值。例如，基于区块链的数字货币存在价值负载，如若被一些别有用心的设计者为了满足自身私欲的需要恶意篡改使用数字货币的核心技术，势必会助长新的犯罪生态。因此，使用主体对

---

① 王树松：《技术之"是"与"应该"》，《理论界》2004 年第 4 期，第 76 页。

算法的使用方式起着决定性作用。为了降低算法的不确定性带来的风险,应该对算法使用主体进行道德想象力^①的建设,从而实现算法使用的伦理规范。道德想象力的有效建构可以使道德判断更具责任感,有效促进算法伦理规范的完善。算法没有善恶,亦绝非中立,围绕算法展开的社会协作要求每一个主体积极推进算法向善。

区块链下的算法伦理。伴随着区块链技术的飞速发展,与之匹配的区块链伦理却没有齐头并进。一方面,区块链去中心化和不可逆的特点让其在全球许多领域激发出创意的火花,在给人们带来效益的同时也带来"真"的价值。另一方面,区块链技术尚未成熟,在致力于创造价值的同时,也不可避免地带来了一系列"恶"的风险,它的匿名性、开放性和技术自身的缺陷,不但可能引发金融、黑客、安全等网络风险,而且还将引发一系列的社会伦理风险,如公平、正义、安全、秩序及责任归属等方面的问题。一个典型的伦理问题是区块链的智能合约带来的伦理挑战。区块链

---

① 道德想象力是进行道德探究与道德选择所需的基本能力之一,行为者运用想象力构造道德情境,超越抽象自我认知与单一语境解读,达到道德自由境界。具体来讲,可以从三个方面把握道德想象力:一是通过情感投射,设身处地为情境所牵涉的每个人的处境着想;二是洞察情境中所有可采取的行为方式和行为倾向,并尝试对其未来行为结果进行富有远见的预示;三是当道德困境处于一筹莫展或非此即彼时,仍继续寻求新的行为选择可能性。

使能的设备依据智能合约所指定的技术规则操作，例如，门锁只有在有效的加密 Token 时候才能打开，自动驾驶在高速公路上进行速度协商等。但是，区块链使能的设备不能分辨常规情形和特殊情况。例如，当出现火灾时，我们需要强制打开房屋的门；当需要抢救或者急救时，救护车需要进行破例提速等。区块链对"被遗忘权"的挑战也带来新的伦理问题。区块链最引以为傲的特性之一便是数据的不可篡改性。然而，当将区块链技术应用于现实社会中时，这种不可篡改性可能会引发社会风险。试想，一名政治难民、犯罪目击证人、家暴幸存者可能将无法匿名或者获得一个新的身份。区块链的拥护者看到的是它"美好"的一面，通过区块链，我们可以通向更加自由、更加平权、更加自主的网络与智能社会，而其反对者看到的是它"邪恶"的一面，区块链会让社会变成一个"圆形监狱"，人类在此被奴役，成为区块链巨机器中的一个部件，人类社会也因此走向一个更加集权的反乌托邦社会。为了更好地发挥区块链的"善"，抑制区块链的"恶"，在区块链的设计与开发过程中，我们必须以伦理考量作为其准则。在部署任何区块链系统或者区块链网络时，都应将其置于人类伦理道德的框架下进行审视、审查与审计。

三、共享伦理的价值

在推进人类社会发展的过程中,正确的理念和价值观念的引导作用至关重要。共享合乎中道,亦合乎伦理,成于利己与利他之间,人类生活的存在世界不能没有共享伦理的引领。以共享伦理促进发展、以共享伦理统领发展、以共享伦理规界发展,是数字时代下共享理念具有深厚伦理意蕴的根本原因。

共享的伦理限度。"个人"是伦理关系作用路线的起点。在从事社会性活动的过程中,人们通过达成有效的协调与合作,可以使这种伦理关系上升至群体层面,成为人们群体行动的基本精神。由于人是基于群体理性的社会性动物,因此在开放的社会中,人们的道德基质便会与这种理性契合,所生成的道德存在也便成为道德共通的基础[1],"共享"思维由此诞生。作为社会性存在者,人类不仅共处于社会共同体之中,而且以共享社会资源的方式生存,并在此过程中培养了人之为人应有的共享美德。共享美德充分融合了"利己"和"利他"的伦理意涵,通过共享社会资源的方式得到具体体现,最好地表达了人类的伦理价值诉求。[2] 追

---

[1]　张康之:《论伦理精神》,江苏人民出版社 2012 年版,第 160 页。

[2]　向玉乔:《共享的伦理限度》,《江苏行政学院学报》2019 年第 5 期,第 21 页。

求共享应以合乎共享伦理的价值规约为旨归，确立价值边界和伦理限度。从基本价值取向的角度看，共享不能妨碍公平与自由的发展；从行为主体的角度看，共享不能忽略社会成员的"共建"职责问题；从社会共同体长远存在和发展的历时性角度看，共享不能忽略代际之间的延续问题。①在数字时代，信息传播效果和特点也为共享伦理带来了新一轮不稳定的因素，海量化的信息承载方式、碎片化的信息传播特征以及虚拟化的信息传播环境等因素都会给共享伦理带来深刻的变革，信息的共享也因此呈现出不同的形态，表现出不同的矛盾。践行共享精神，需要把握信息获取与利益损害之间的"平衡点"，加强社会监督与治理，注重共享的公平性与有效性，并充分挖掘数字技术在信息伦理建设方面的作用，倡导各方在共享精神建立的契约意识下履行各自的数据责任和义务。

区块链与新伦理。区块链的研发和应用，既包含了巨大的共享需求，又蕴含了深厚的共享价值，还暗含了新时代的普惠追求。作为一项颠覆性的技术，区块链具备去中心化、可追溯、防篡改、可编程等特点，可以实现多参与方场景下开放性、扁平化的全新合作信任模型，而这些都为实现更高效的资源配置、优化产业诚信环境、进行价值重新分配提

① 吴忠民：《共享理念的合理边界》，《天津社会科学》2021 年第 2 期，第 18 页。

供了更有效的技术手段。第一,区块链共享框架依托底层分布式账本技术,通过将客户可接受的数据使用策略与智能合约绑定配对,实现对数据全生命周期的分发与管控,为多领域数据应用与共享提供安全可信的交互环境。同时,基于区块链技术的去中心化特点,区块链共享模式颠覆性地解决了信任问题,为多个数据交互参与方提供一致性的保障,为数据安全、数据增值、成果认定提供平台支撑。第二,区块链广大的交互网络使得信任范围和共享程度无限延伸,进而打破数据孤岛,简化交互流程,提高社会效率。譬如,通过将不动产买卖涉及的中介机构、登记机构、评估机构和银行机构等不同部门作为节点纳入区块链之中,可以简化不动产的交易流程,减少交易手续。第三,区块链的共享体系能够实现多企业、多机构间进行数据可信交互以及数据防泄漏的协同工作。区块链技术的链式管理平台在跨多个交易的业务之间,在项目参与方集中数据库服务的信息化平台与区块链技术平台之间,快速实现平台融合、数据确权、数据增值激励和数据交易中的隐私和安全的保护功能,基于智能合约实现数据的智能管理,提升数据交易效率,降低数据转化成本,进而节约社会资源,推动数字化社会的建设进程。

共享伦理:一种新的伦理形态。共享伦理是以"共享"为价值轴心的伦理价值体系,内含伦理思想、伦理精神、伦理原则和伦理行为,为人类享有社会资源规定价值边界,并推动人类以合乎伦理的方式共享社会资源。先秦时期,孔子的均平分配思想、孟子的"与民同乐"思想、荀子的"兼覆无遗"思想等,都表达了丰富的"共享伦理"理念。①《礼记·礼运》对"天下大同"社会理想的描述是世界上最早表达共享伦理思想的文字记录。而作为新时代伦理价值形态的共享伦理,在一定意义上可以说是对儒家这种"天下大同"共享伦理思想的现代诠释、价值升华和创造性转换。共享伦理是建立在共享权和区块链基础之上的共享价值观,已逐渐成为数字时代一种新的伦理形态。数据在共享中产生价值,人们从事数据活动的方式也必然趋向于共享,为此,人们订立共享契约,实现效率最大化是共享精神的主要伦理效应。评价型社会与智能化生活的发展,将使得各种数据集与数据画像成为人的第二身体,既是在生命意义上的,也是在社会意义上的。从身体到行为的数据化形成了一种由数据界定的透明的身体,而要解读每个人的透明身体,必须以数据共享为前提。② 以人的生命医学为例,只有在既了解每个个体的数据又掌握了所有个体的数据时,才

---

① 蔡艳红:《"共享伦理"传统渊源——以孔、孟、荀为对象的分析》,《沂州师范学院学报》2019 年第 1 期,第 109 页。
② 段伟文:《面向人工智能时代的伦理策略》,《当代美国评论》2019 年第 1 期,第 31 页。

有可能找到每个个体数据在海量数据中的确切内涵,才能为每个个体开出特定的治疗方案,而这一切没有数据共享将难以想象。在"共享"所搭建的数据链接中,人人都可创造价值,数据的共享行为也由个人上升至社会层面,成为数字世界所共同遵循的行为准则,"人人共享"的价值观也被奉为与数据道德共通的精神基础,进而演化为数字时代数据使用获得的基本伦理精神。

第三节 以链治链:从监管到治理

正视区块链技术带来的法律与伦理挑战,是数字文明道路上必须面对的挑战。就目前来看,区块链技术大多应用于优化算法、提升性能、增加收益等场景,在安全监督与隐患治理方面略显欠缺。因此,要通过"以链治链"的治理方式打击假借区块链创新和应用新名义进行违法犯罪的行为,密切追踪区块链技术的发展动态,同时要充分利用区块链技术对区块链行业进行有效规制。区块链治理的路径有三条:一是要用技术监管技术,维持技术中立,避免科技作恶;二是要用法律治理技术,规范科技行为,倒逼科技向善;三是要用伦理约束技术,传递人文关怀,传承科技薪火。具体而言,要遵循币链分离和证币分离的发展规律,秉持链上治理和链下治理相结合的方式,遵照"以链治链"与"依法治链"的治理逻辑,推动行业自律规范的形成,最终形成技术、法律、伦理"三位一体"的治理理念,营造一个井然有序、安全高效、快速运转的区块链生态圈。

一、币链分离与证币分离

目前,以比特币为主的区块链已经完成了"币链合一"的伟大创新,正处于"币链分离"的阶段,未来将实现"证币分离"的重大突破。这个过程就是要排除掉比特币等数字代币炒作带来的影响,专注于区块链技术的开发和应用。虽然各国对数字货币的态度各异,但其最终目的都是规避数字货币所带来的法律及伦理挑战,引导链圈、币圈和通证圈朝着健康有序的方向发展(见图 4-1)。

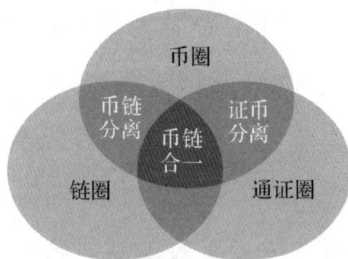

图 4-1　链圈、币圈与通证圈

币链合一:引发数字代币风险。区块链技术伴随比特币而生,比特币是首个得到大规模部署的区块链技术应用,无论是在技术史上还是在金融史上都具有不可动摇的地位,这也是早期币链合一的由来。然而,"数字货币具有规避性、跨国性和金融性,与其他理财产品一样,难免成为洗钱的工具,并对现有的反洗钱机制带来冲击"①。比特币本身就已经给金融体系带来了极大的冲击,随之出现的"山寨币"更是加剧了货币犯罪的发生。美国互联网创业者和博客作者詹森·卡兰卡尼斯及其团队在 2011 年 5 月发布了一份比特币调研报告,称其为史上最危险的货币。② 尽管区块链技术日臻完善,但依旧潜藏着许多技术风险,主要表现为监管难度大、操作系数高和错配风险深。第一,监管难度大。比特币的底层技术是区块链,天然具有去中心化和强匿名性的特性。去中心化导致监管机构难以介入每个节点进行实时监督,势必也会导致监管的疏漏,对于即将发生的风险和危机也无法及时阻止;强匿名性导致监督的滞后性,一旦遭遇攻击将无法追踪到准确的犯罪地址和嫌疑人信息,引致监督行为的事后化。比如暗网聚集了大量的毒贩、杀手、经济犯,他们唯一认定的交易"货币"就是比特币,对于这些非法交易的监督是难上加难。第二,操作系数高。比特币在进行交易时,由于区块链技术分布式特点,在操作

---

① 欧阳本祺、童云峰:《区块链时代数字货币法律治理的逻辑与限度》,《学术论坛》2021 年第 1 期,第 110 页。
② 蓝云:《链能:区块链与产业变革、治理现代化》,南方日报出版社 2020 年版,第 198 页。

中面临着资源浪费和资金损失的风险。分布式意味着需要在分布节点上达成共识，无论采用工作量证明机制还是其他任何方式，整个过程都需要在全网间进行通信。全网通信必然会造成机器本身的资源浪费，以及维护机器运行的人力、物力的浪费。此外，每一笔交易都需要进行节点验证，交易的频率过高将会产生一系列的额外风险。比如被不法分子攻击，"51％攻击"是所有区块链系统难以克服的安全隐患，以太坊经典和比特币黄金就遭受过此类攻击，共计损失近 2000 万美元。第三，错配风险深。作为一种新型融资方式，通常表现为项目还未落地就出售代币筹集资金。由于项目还没有落地，尚在研发阶段，存在着技术不够成熟、理解不够透彻、计划与现实不相符等问题，难免会出现不对等的现象，招致严重的错配风险。近年来，区块链和比特币被过度炒作，很多不法分子借炒作之风，行犯罪之实，比如以区块链技术开发为由，进行非法融资、金融诈骗和网络传销等。

币链分离：数字货币与区块链的共存。正是由于数字货币带来的巨大红利，人类的目光开始聚焦到区块链上，但是也不得不面对数字货币带来的风险，寻求数字货币与区块链共存的方法。而"币链分离"是当前主推的一种方式，简单来说就是区块链技术与数字货币分离开来，各自发展。一是肯定数字货币的价值和潜力。世界各国和主要地区始终保持对央行数字货币的竞争意识。2020 年 9 月,日本央行发布了《央行数字货币具有现金同等功能的技术报告》,此报告以技术研究为主,同时也指出央行数字货币的功能等同于现金,可以安全有效地进行支付结算。2020 年 10 月,美国参与研究并发布了《中央银行数字货币:基础原则与核心特征》,系统分析了央行数字货币的价值和风险,并详细阐述了发行规则和核心技术,从中可以看出美国对数字货币的重视程度;同月,欧洲央行发布了《数字欧元报告》,对央行数字货币的理论和技术问题都进行了全面的分析,数字欧元的推出只是时间早晚的问题。二是加强对数字货币的监管。2013 年,中国发布了《关于防范比特币风险的通知》,比特币被称为"货币",但是由于其不是由货币当局发行的,不具有法偿性与强制性等货币属性,并不是真正意义上的货币。2017 年,日本颁布了《虚拟货币兑换业者内阁府令》(平成二十九年内阁府令第 7 号),对虚拟货币的范围、兑换业者的监管给出了极为详细的意见。2020 年,美国推出《2020 年加密货币法》,这是一项包括加密数字货币在内的数字资产全面监管框架的法案,其中规定了监管数字资产的机构及其职能。三是鼓励区块链技术的发展。2017 年 4 月,日本开始实施《资金结算法》,正式承认虚拟货币为合法支付手段并将其纳入法律规则体系之内,从而成为第一个为虚拟货币交易提供法律保障的国家。

2019年7月,美国批准了《区块链促进法案》,法案要求成立区块链研究小组,共同制定区块链领域的相关标准和规范,从而推动区块链技术的发展。2021年6月,我国印发《关于加快推动区块链技术应用和产业发展的指导意见》,明确到2025年,区块链产业综合实力达到世界先进水平,产业初具规模。

证币分离:发挥通证与数字货币的最大功能。在区块链里,通证可用于货币兑换、身份认证和奖励激励等,指的是附有实际价值的一类数据,比如证券类通证、股票类通证、数字身份通证等。这类数据是加密的数字权益证明,能够在区块链上进行流转和通用。通证和数字货币都有其价值属性,但现实生活中两者往往会被混淆,只有"证币分离"才能厘清数字资产的逻辑关系,减少数字货币给经济体系带来的挑战。

第一,"证币分离"可以维护数字资产的安全。当前,资产数字化和数字资产化进程大幅跃进,两者之间相互促进、相互融合,简化了资产交换的过程,提升了资产交易的效率。从某种意义上来说,数字资产就是资产数字化和数字资产化的产物,并随着时间的流逝不断自我更迭和自我革新,数字资产的流动性随之提高,其安全隐患也会同步增加。因此,许多个人、企业乃至国家需要的不是代币,而是可以证明数字资产价值和权益的通证,区块链通证正符合这一要求。所以,资产上链将成为区块链未来的重要应用之一,区块链通证所代表的数字资产价值也会越来越清晰。

第二,"证币分离"可以维护主权货币的安全。数字货币能否成为一个国家的法定货币,完全取决于主权国家的行为。正是由于数字货币具有低成本、高流通、匿名性、价格波动大等特点,世界各国在面对数字货币问题的时候大多持高度警惕的态度。同时,由于数字货币对金融系统的影响是全面的、长久的、不可避免的,主权数字货币的发展趋势不容阻挡,这就要求各国做出必要的回应。目前来看,世界各国一边在密切关注数字货币的发展,预防出现威胁国家主权货币的事件发生;另一边则积极开展法定数字货币的研究,期望在国家信用背书的前提下,促进数字货币的主权化,进而维护国家主权货币的安全。

第三,"证币分离"可以助力数字经济发展。一是通证经济会对企业的传统组织运作模式带来极大冲击,促进形成全新的"数字经济体";二是通证经济以通证作为激励手段,鼓励各方参与者积极参与区块链的建设,为数字经济体系贡献算力、资源和信息,释放社会生产力;三是通证经济中的通证供给可以促进数字资产的市场化,任何组织和个人都可以将自己的资产通证化,并通过区块链实现高效流

转,进而将有效市场推到数字经济的每一个微型领域
当中。①

二、链上治理与链下治理

尽管区块链应用仍处于比较初级的阶段,但从公众利
益出发,考虑必须采取的治理手段是必要的,以便引导区块
链朝正确的方向发展。② 区块链上有无数个去中心化的组
织,若其中某些组织之间的理念出现分歧,那么将导致区块
链出现软分叉和硬分叉。要树立区块链治理思维,利用
链上治理和链下治理实现区块链生态的融合监督、交叉
管理和自我完善,实现区块链治理从分而治之走向协同
治理。

链上治理:持币投票决策。链上治理是随着区块链技
术发展而出现的一种新兴治理方式,关于变更规则或协议
的任何决策都需要在每个节点上进行投票。也就是说,链
上治理的决策程序基本上都是在区块链投票机上自动执
行,投票结果也会被写在链上。链上治理的投票机制有很

---

① 杨昂然、黄乐军:《区块链与通证:重新定义未来商业生态》,机械工业出版
　社2018年版,第46—47页。
② [英]罗伯特·赫里安:《批判区块链》,王延川、郭明龙译,上海人民出版社
　2019年版,第128页。

多,比如 MakerDAO① 项目利用具有约束力的链上行政投票来管理稳定币(DAI);Dfinity② 项目中的任何人都可以通过 Dfinities 通证来建立一个"神经元",存入的通证越多则投票权重越大;Tezos③ 项目的用户通过将自己的代币委托给链上的烘焙师,允许烘焙师代表自己进行投票。通常来说,链上治理具有四大优势:一是包容性。与其他技术的保守理念不同的是,区块链技术可以迅速吸纳其他技术的优点并进行优化改进。二是稳定性。通过建立一个明确的去中心化治理框架,避免过于中心化导致的链断开或者链分裂的状况发生。三是公平性。投票者通过匿名的方式将所持数字货币放入候选人的数字"钱包",并采取"少数服从多数"的原则进行民主决策,提高了投票的公平性。四是高效性。重大决策可以通过链上投票的形式来决定是否采

① MakerDAO 是一个基于以太坊的分布式金融平台,具有行政投票(executive votes),行政投票是具有约束力的决定,一旦投票结束,获胜的选项就会生效。
② Dfinity 是无限扩容的智能分布式云计算网络,第三代区块链中的虚拟超级主机,其与众不同的一点是其独特的算法治理方式,它采用了一种称之为区块链神经系统的方法。具体来说,在 Dfinity 项目中实施任意改动,必须经历以下四个步骤:提案提交、投票、提案评估和提案实施(杨昂然、黄乐军:《区块链与通证:重新定义未来商业生态》,机械工业出版社 2018年版,第 102 页)。
③ Tezos 有内置的治理机制,允许持币者通过烘焙师代投票的方式进行技术升级与迭代。Tezos 烘焙师(Tezos 矿工)用他们的代币进行投票,除了对治理问题进行投票,还验证区块。

纳，并且一旦提案通过，节点就自动采纳决策结果，无须等待开发者实现代码并由用户更新。[①] 当然，不可否认的是，链上治理依旧存在着许多不足之处：一是少数人的利益得不到保障，所有人都可以在链上获得奖励，且无人可以阻止他人的挖掘和探索，若不法之人占据或贿赂了链上"51%"的币，那么他将会以自身利益为重，最终可能会导致某些人的利益受损甚至是脱链离开，继而损害通证生态的价值。二是群体非理性有可能会造成决策失误，法国社会心理学家古斯塔夫·勒庞在《乌合之众》一书中曾指出，"群体常常会变得冲动、易变和急躁，没有能力做长远的打算和思考，而个体在群体中会逐渐丧失个性，形成一种缺乏独立思考、无意识的集体心理"[②]。因此，群众非理性的投票很有可能会导致最终的决策出现错误。三是"完全合约"[③]有可能会引发安全隐患，因为基于安全合约的链上治理是难以更改的，但是完全合约又无法考虑到实际应用中的所有问题，

[①] 王博：《企业区块链平台中的治理机制与激励机制设计》，《信息通信技术与政策》2019 年第 1 期，第 53 页。

[②] 徐良：《"乌合之众"进化论》，经济观察网，2021 年，http://www.eeo.com.cn/2021/0816/498838.shtml。

[③] 完全合约指的是"合约是决策逻辑"，可类比为计算机程序。"完全合约"的项目的目标是实现一个端到端的系统，尽可能减少对主观解释、重新谈判以及外部治理的需要。在编程技术中，这类系统的目标是"自建立之始即妥当的"（correct by construction）。

如果存在缺陷或漏洞就很有可能成为他人入侵的着力点。

链下治理:组织代表决策。链下治理是一种相对灵活、较为松散的治理方式,由区块链项目中的开发者、参与者、运营者等通过传统治理的方式进行决策。具体而言,项目信任的人组成一个领导小组,作为代表参与讨论、审议提案,负责用户、企业和矿工之间的利益划分,修复区块链协议中的安全隐患,提高区块链项目的安全性和可扩展性。链下治理的逻辑十分清晰,首先由参与者提出议案,其次由领导小组进行审核并交流,再次将决策交与开发者编程并上传代码,最后形成最新版本的区块链系统。早期的区块链项目基本上都是采用这种方式治理区块链项目,比如比特币、以太坊等。一般来说,链下治理有三大优势:一是专业性。相较于普通的用户和参与者,专业的开发者和管理者对区块链项目更加了解和熟悉,他们可以做出更有利于区块链发展的决定,选择正确的提案。二是简单性。升级议案由参与者提出,可能涉及项目更新、错误修正、功能增加等,一旦提出,领导小组就会进行研讨,没必要则忽略,有必要则进行更加深入的交流。三是可控性。与传统治理方式类似,项目负责人、技术负责人或核心开发人员等最终决策者一定会做出最后的决定,判断出区块链项目形态的正确与否,并推动决策过程和决策结果的执行。此外,链下治理也存在着令人诟病的地方:一是中心化决策可能会忽视少数人的诉求,在以太坊的链下治理中,提交意见或者是发表观点需要在一个统一的平台上,但是不排除少部分人在其他平台上进行交流,这会导致统计的诉求量不全,不在统计内的少数人,其诉求是没有被看到的。二是不透明的决策可能会出现错误决策,"决策过程不透明,决策者经常隐藏在背后进行操控,决策原因含混不清,甚至为了某些小团体利益作出不合理甚至是恶意决策"①,人类的私欲和环境的束缚都可能会导致错误决策的发生。三是错误决策可能会引发分叉问题,决策一旦定下就会被严格执行,但是不能强制执行,因为使用者具有选择接受或者不接受的权利,如果使用者不接受或是选择了新的决策,那么就会出现分叉现象,表现为接受决策的节点与未接受决策的节点在新的区块上出现一致性分歧。

链上链下协同治理。在现实治理过程中,完美的治理方式是不存在的,原因在于每种治理方式都存在着范围有限、模式单一和信息不全等问题。区块链也是如此,不能仅仅依靠单一的治理方式,而是需要让"链上"的事物归链上治理,"链下"的事物归链下治理。一方面,链上治理是在区

---

① 张超:《区块链的治理机制和方法研究》,《信息安全研究》2020 年第 11 期,第 977 页。

块链技术的大背景下,以持币率和节点作为治理的工具,那么需要将伦理和法律等写入区块链代码之中。另一方面,链下治理容易受到现实诸多不确定因素的影响,所以需要通过借助一些规则进行强监督,这些规则最终表现为法律。链上链下协同治理不仅摒弃了区块链传统治理的弊端,还能解决部分问题:其一,双重防护。针对区块链透明性和开源性引发的隐私泄露问题,链上存入鉴别数据真实性的凭证,链下则建立区块链保障组织,以强大的技术力量和灵活的物理手段对抗不法分子的入侵,链上链下相互配合,不仅能确保数据的真实性,还能保留原始数据的隐私。其二,多重监督。链上的节点与节点之间本身就存在着互相监督的关系,还可以把国家权威的监督机构引入链上,实时监督链上交互的情况,而链下治理则受到人民群众的监督,每个用户都可以登录区块链软件进行数据的审查。其三,错误纠正。由于节点与节点之间相互信任,即使是其中一个节点出现错误,整个区块链依旧会运行下去,无法自我修正,而如果辅之以链下治理,通过链下反分叉的方式纠正链上出现的问题,则可以规避一些不必要的风险。其四,快速运行。由于链下将原始数据进行分类和标识,并通过特殊手段实现原始数据的存储,那么链上存储的就不是大量的原始数据,每个区块的信息存量就会相对较少,形成的共识所花费的时间也会减少,那么整个链的运行速度就会加快。

其五,权限分明。治理涉及链下众多利害相关的部门和个人,这些不同的部门和个人在链上的权限应该是分明的,链上节点有发布、验证、查看等功能,而部门和个人也具有公布、审核、监督等职能,因此,可以根据功能和职能的不同赋予相应的权限。① 通过链上链下协同治理的方式,人们能够有效减少两种独立治理方式中存在的挑战,共同维护区块链生态的可信性、安全性和完备性。

三、依法治链与以链治链

区块链在各行业、各领域的应用愈发广泛,从支付结算扩展到产品溯源、能源消耗、医疗健康、电子存证等,在带来颠覆性创新的同时,也使人们面临相应的障碍与挑战。这不仅是相关技术薄弱可能引发的安全风险,还涉及法律介入诸如电子存证这些领域的界限以及区块链固有的去中心化特点导致的监管难题。当前对区块链技术进行适当的法律规制是必要且可行的,应当采取"依法治链"的监管模式,通过完善规则制定与法律适用打击违法犯罪行为。同时,提倡以区块链技术监管区块链的"以链治链"策略,充分运用监管科技手段提升监管效力。针对

---

① 王延川、陈姿含、伊然:《区块链治理:原理与场景》,上海人民出版社 2021 年版,第 127 页。

区块链技术与相关法律法规之间尚存在诸多制度缝隙，以"法律—技术"为导向的"交互监管"新型规制路径可助推区块链应用场景的落地实施，实现智能社会的良法善治。

依法治链：规制区块链算法。区块链技术的变革对许多行业产生了重大影响，引发了诸如代码、硬件和其他约束行为方式的"结构"作用的快速扩张，或将重新定义法律和监管规则的设计、实施和执行。从技术的角度来看，区块链通常被视为能够确保安全性、不变性以及透明度，因此法律和法规被视为不必要的，而技术则可以弥补法律治理的不足。然而，法律仍然是不可或缺的，其影响并不会简单地消失。从历史经验和新近的监管政策可以发现，监管者采取了更为激进的监管路径：将既有的监管规则强制适用于新涌现的科技，随之而来的高门槛及其蕴含的监管理念将抑制非中心化技术的发展及进一步创新。[①] 如果对区块链技术的监管仍然套用传统的监管路径，势必存在监管的混乱和不确定性的风险，挫败创新。因此，应当将现行法律制度嵌入区块链算法当中，"依法治链"。监管者在区块链技术模式下担负双重角色：其一，立法者制定法律法规，为监管者及企业提供法律支持，形成新的有效监管路径，防止不确

---

① 杨东：《区块链＋监管＝法链》，人民出版社 2018 年版，第 314 页。

定因素带来的风险；其二，与技术专家合作，将金融等方面的监管法律法规内嵌在区块链技术之中，从而使法律法规的执行通过代码实现。这不是让金融科技企业通过区块链等技术来创建规则进行自律监管，也不是借助智能合约创建与法律等效的代码来对私人主体和非中心化的自发组织进行监管，更不是主张将法律凌驾于技术基础设施之上实现全面监管，而是一种内嵌型、技术辅助的监管模式。法律系统和软件代码均可提升信任，但亦可毁掉信任。区块链并非不受法律监管的"法外之地"，当然，认为监管者可以并且应该像对待传统中心化组织那样管理分布式的区块链系统也具有误导性。因此，区块链算法在设计之时要符合《中华人民共和国网络安全法》《中华人民共和国个人信息保护法》《中华人民共和国数据安全法》等法律法规的一切规定，智能合约需要在《中华人民共和国合同法》等的框架下运行，而链上交易所新形成的财产权则需要在法律层面加以界定，从法律上给予区块链算法规范性、合法性和严密性的治理规则。

以链治链：算法规制区块链。传统法律制度是建立在社会的网格化、科层化与组织化基础上的，对横空出世的区块链，缺乏解决去中心化分布式记账技术问题的监管手段，所导致的结果是以中心化为监管对象的法律与新兴技术带来的问题是不匹配的。① 这就要求我们一方面加强区块链技术的相关立法工作,构建一套完整的规制框架,另一方面根据区块链技术的特点,利用区块链规制区块链,"以链治链"。与许多技术一样,区块链技术既可以支持现有的法律和规章,也可以削弱其效力。但是,它的特别之处在于,其所创建的弹性、防篡改及自治的全球代码系统,为人们提供了新的契约工作,可以取代当前的关键社会功能。区块链可以通过自身构建规则体系,创建由区块链网络底层协议执行的智能合约,这些系统所建立的无须法律的秩序,通过所谓的私人监管框架来执行。系统开发者据此创建的工具和服务,可以协调各种跨境的经济活动和社会活动,当然,也可以规避特定国家的法律。首先,在技术层面,应确立区块链技术标准,建立区块链系统测试机制。区块链的可追溯性和不可篡改性从根本上解决了数据交易的不透明性,并为相应的事后监管提供了可靠依据。因此,区块链算法的设计与实施机构应当主动接受商用密码的检验、认证,以便净化区块链市场,有效打击和防止市场上鱼目混珠的"假区块链"与"伪区块链"。其次,在制度层面,应建立区块链产业信用机制,通过社会公开平台进行区块链企业服务备

---

① Reyes C L. "Moving beyond Bitcoin to an endogenous theory of decentralized ledger technology regulation: An initial proposal". *Villanova Law Review*, 2016, 61(1): 221-222.

案、信息发布和公示公信。2019 年 1 月 10 日，国家互联网信息办公室发布《区块链信息服务管理规定》，该规定旨在明确区块链信息服务提供者的信息安全管理责任，规范和促进区块链技术及相关服务健康发展，规避区块链信息服务安全风险，为区块链信息服务的提供、使用、管理等提供有效的法律依据。最后，在管理层面，应加强区块链行业自律，建立区块链行业自律组织，由从业者相互监督、共同制定从业规范与技术标准，既有利于区块链行业规范发展，也有利于推动技术进步和产业合作。这种方式主要是在公权力与个体权利之间构建第三极，通过共同体的方式形成一种内部认可、符合区块链技术运用特点以及符合公共利益与秩序的监管手段。① 监管科技利用技术来实现合规，本身就是一种监管手段。对于监管手段是否需要监管，还需要拭目以待。若区块链技术被用于监管而非将监管者排除在外，那么，基于区块链的规制系统将有助于提高监管的有效性。

交互监管：新型监管路径。人工智能时代的风险防范和治理，可采取技术控制与法律控制的综合治理机制。② 新型技术的法律规制，往往采用回应型立法模式，这种立法

---

① 赵磊：《区块链技术的算法规制》，《现代法学》2020 年第 2 期，第 119 页。
② 吴汉东：《人工智能时代的制度安排与法律规制》，《法律科学（西北政法大学学报）》2017 年第 5 期，第 78 页。

模式强调多元主体在法律规制中的重要作用。但是任何一种立法模式都有着自身的误区与障碍,从社会成本—法治收益的角度分析,通过回应型立法模式构建的区块链法律规制体系不但面临"一立法就落后"的常规误区,还面临着区块链技术特性与法治差异性的多重矛盾。因此,对区块链技术的监管应该采取法律与技术相融合的交互监管策略。首先,对待区块链这种新生事物,监管思路应从传统的硬性监管思路转为一种柔性的监管,如此既可以适度创新、扩张,又可以划定边界,在一个弹性的扩展空间内稳健地发展变化。其次,发挥区块链技术自身优势,利用监管源方面进行技术驱动监管。有关部门作为特殊的监管区块进入区块链,通过成为区块链上的一个节点,获得提取数据的权限,可以下载交易数据实时监测,实现监管的及时性。除此之外,在编写代码建立区块链之初,监管者可以参与算法设计,将法律法规的理念和具体内容具化到系统架构中。例如,可以将证券法及相关法律规范中的投资者准入条件、非公开募集人数标准、融资额上限等规定,通过初期编写代码的方式内化到区块链的程序之中。最后,通过技术与法律的融合形成合法、合规的众管环境,遏制传统监管手段所无法触达的风险行为。区块链的监管规则可以分为两个层次:一方面,总体技术上的监管由区块链参与者制定的规则组成,包括各种软件、协议、程序与算法等技术要素;另一方面，由法律框架、法律条文、行业政策等组成。两者的有效结合有助于推进基于区块链技术的各种应用场景落地，有利于保护区块链联盟参与者、消费者、行业以及整个社会的整体利益，引导区块链治理从监管模式走向以区块链构建的"法链"治理模式。

第五章　元宇宙与共享文明

元宇宙是当代技术会聚发展的产物,不仅会深化智能革命的进程,带来深刻的社会变革,而且也带来了人和自然关系、文明转型、权力关系等方面的挑战。

——上海社会科学院哲学研究所研究员、副所长,

《哲学分析》主编　成素梅

第一节 元宇宙的觉醒

人类作为在地球上生存了数百万年之久的高等智慧生物，从未停止过对自身存在和外部世界的探索。其中最为宏大和神秘的，可能就是关于"宇宙"的猜想。人们在仰望星空或见微知著间，深入探索宇宙的完整图景和基本性质，并穷尽观察实践之所能，在体认宇宙的过程中解答对"生活的世界"的种种困惑。从物理学到天文学再到数据科学，人类不断在技术革命和历史变迁中刷新对"宇宙"的认知，目光也从现实世界延伸至数字世界，敲响了"元宇宙"觉醒的门铃。元宇宙的觉醒，是宇宙"数"这一构成元素从量变到质变的觉醒，是自然生命个体拓展为"数据人"的觉醒，是以"区块链"治理科技为核心的觉醒。

一、宇宙是由"数"构成的

宇宙是什么？又由什么构成？人类在探索宇宙真知的过程中，在追逐宇宙起源、构成和发展的过程中，不断完成对自我生命和外部世界的再认知和再认同，也形成了人与宇宙同步进化的能力。正如当初量子物理学所证实的，我们生活的宇宙不是由固体物质组成的，而是由信息和能量组成的。这一发现对于我们理解世界的本质具有巨大的意义。可以发现,每次当人类以为揭开了宇宙的本质时,可能不过又是一次水中捞月的幻想。人类对宇宙认识的视野是不断拓展进化的,对宇宙起源和演进的探索贯穿整个人类文明史,也贯穿宗教史、哲学史和科学史的发展过程。曾经以为的"宇宙整体"终会演变成宇宙的一部分,不断拓宽更大的宇宙视野,形成更深远的宇宙新观念。现代宇宙观仍遵循这样的认识规律不断演变。①

　　进化的宇宙观。美国桥水基金创始人、《原则》作者瑞·达利欧曾说:"进化是宇宙中最强大的力量,是唯一永恒的东西,是一切的驱动力。"②从古至今,每一个民族都对宇宙的结构进行了观察和想象,并以神话等形式口口相传,成为人类早期认识宇宙的见证。从古代中国的"天圆地方"、古印度的"巨龟巨象"、古巴比伦的"锅盘"、古埃及的"方盒",到古希腊和罗马"地心说"以及后来的"日心说",无不体现了人类对宇宙的求知和探索。进入中世纪后,欧洲对于宇宙的探索快速发展。文艺复兴后,宗教和神学的地位逐渐被削弱,理性思维不断赢得更多精英阶层的青睐,科学认识宇宙的画卷徐徐展开。科学家们不断从理性还原的角度探究和追寻事物的本源和规律,如科学模型提出"万物

---

①　韩民青:《现代宇宙观的演变及趋势》,《学术研究》2004 年第 5 期,第 37—39 页。
②　[美]瑞·达利欧:《原则》,刘波等译,中信出版社 2018 年版,第 267 页。

是由基本粒子构成的，万物是由微观到宏观的过程"。这就是还原论的视角。从托勒密到哥白尼，从牛顿到康德和拉普拉斯，这些科学家的理论成果逐步奠定了科学认识宇宙起源的理论基础。天文学进一步打开了近代宇宙观的大门，现代物理科学则以自己的语言解读了宇宙的发展过程，相对论、量子论和宇宙大爆炸理论的涌现，将人们对宇宙的研究推向高潮。在宇宙大爆炸理论的基础上，霍金的量子宇宙论使宇宙学发展成一门成熟科学。但人类对宇宙的探索并没有结束，对宇宙的探索可能永远也找不到终极真理，只能无限地靠近它。[①] 宇宙观作为历史的产物，也必将被历史的大潮推向比现在更富想象力的可能性。第四次科技革命后，人类进入了高度信息化、数字化的时代。这是一个人与技术共同进化的时代，也是技术驱动现实世界和虚拟世界相融合的新时代。如果说，西方哲学史和科学史推开了人类探索物质宇宙世界的大门，那么东方哲学史和文化史可能将指引人类在当下和未来更好地探索虚拟宇宙世界。从《道德经》到《淮南子》之"天文训""精神训""俶真训"再到《庄子·齐物论》，中国古代哲学体现出的虚与实、生与死、有与无、天与人、阴与阳、色与空六大辩证哲学，早已隐约给虚拟宇宙的探索留下了伏笔。如今，我们更应抛开固

---

① 　吕增建、刘晞燕：《霍金与量子宇宙论》，《现代物理知识》2004年第4期，第24页。

有的"物理宇宙"思维框架，从未来视角和数字革命浪潮的发展方向观察宇宙、思考宇宙、畅想宇宙，从数据资源高速发展的底层逻辑开创性地思考宇宙架构，也许会得到更具启发意义的答案。

数性宇宙。美籍匈牙利数学家、计算机科学家、物理学家冯·诺依曼认为："我们将朝着某种类似奇点的方向发展，一旦超越了这个奇点，我们现在熟知的人类社会将变得大不相同。"①如果人工智能真正实现了"智"的突破，成为一种有自主意识的"生命"，"物理宇宙"世界是否会发生革命性变革？那时，物质属性被极大弱化，在计算机代码产生的数字世界中，二进制代码下的"1"和"0"就好似逻辑门的"开"与"关"，掌控着一个庞大到也许超越了物理宇宙的数字宇宙世界。正如电影《失控玩家》中的场景，当计算机这一"母体"通过人工智能创造出了一个"虚拟世界"，里面的虚拟人物又都具备了"类人生命意识"，可以独立思考创造时，原虚拟世界就可以创造出无数个新的虚拟世界。此时的虚拟与真实还如何分辨？如果宇宙逐渐在代码和算法下迭代，"母体"就无所谓真实与虚拟了。此时宇宙的概念将发生颠覆性改变。在代码和算法的外衣之下，是宇宙由

---

① ［美］雷·库兹韦尔：《奇点临近》，李庆诚、董振华、田源译，机械工业出版社 2011 年版，第 2—3 页。

"数"构成的本质逻辑。实际上,毕达哥拉斯学派很早就提出过"万物皆数"的主张。这里的"数",并不仅仅是"数字"概念,罗马帝国时期希腊怀疑论者塞克斯都·恩披里柯曾总结过:"毕达哥拉斯学派声称'数'是宇宙的元素。但这种元素不是显明易见的。在不是显明易见的东西中,有些是有形体的,如原子和物体;但毕达哥拉斯学派所说的'数',不仅不是显明易见的,而且还是无形体的。"因此,"数"是一种抽象的,可以描述、表达、证实一切外部世界形状、状态和变化的宇宙基本元素。"数"能描述静态的"物",也能描述动态的"物"。在数据和信息海量增长的今天,"数"成为宇宙基本元素的趋势日益明显。巨大信息流、数据流都是数字极大值与物体单位的结合。数字与物体单位都是人们在长期社会生活实践中,为了方便描述和计算,对无形的"数"赋予的外在符号加工。例如,人们可以用粒子数字串来描述一本书,如果这是一本巨大无比的书,人们就发明了"书"这个词来指代整个冗长的粒子单元,从而可以更直观便捷地阐述物体本身。"原子""粒子"这些术语其实也是对"数"的集合赋予的代称。同样,人们在观察世界运动的过程中,不断发明"公式""方程式"等"数"的外在规律性等式来描述各类动态轨迹。此外,时间、空间和能量,包括我们的思想,本质都是"数"。量子科学、脑科学等学科的发展,能越来越轻易地展示出这些抽象外延中"数"的内涵。褪去这些代称的外衣，外部世界的任何物体，无论是硬件还是软件，都以"数"的方式存在。可以说，如果有一天，人类能够用"数"的外在符号形式准确描述出整个宇宙世界及其运动规律时，就是人类能直观看到的宇宙全貌。"数化万物"正是从"数"到"数字"，再到"数据""信息"的过程。① 美国麻省理工学院专门研究量子信息的赛斯·劳埃德教授说："想象一下海浪冲击海岸。每个水分子通过它的配置、它的旋转、它相对于其他水分子的位置，都携带着一些信息。任何两个水分子发生碰撞时，它们都会通过处理这些信息而发生变化。"②宇宙中的单个数据就好似水分子，每个数据在不同场景下的状态及其他数据产生的碰撞，都会产生和改变信息，从而演化出形色各异的大千世界。这就是数性宇宙生生不息、演变不止的底层逻辑。

　　元宇宙的形成。"21 世纪，是人类朝虚拟世界迁徙的

---

① "数字"是"数"的量化符号，"数据"则是"数字"与场景结合的表现符号。"数字"仅能停留在"计算"层面，而"数据"是对事实观察的概括，是客观归纳的未经加工的表示事实的原始素材，可以为事物的分析、预测、利用和共享等服务。当海量的数据不断产生、融合和聚变，人们难以通过单纯数据传递一系列更广更深的外部世界内容时，"信息"就诞生了。"信息"是由一个或多个场景中的非单一数据，在横向或纵向上集聚产生的动态可变的数据流。

② Kuhn R L. "Forget space-time：Information may create the cosmos". Space. com. 2015. https：//www. space. com/29477-did-information-create-the-cosmos. html.

世纪。"①在奇点还未到来之前，代码创造的世界已在不知不觉中融入现实生活。互联网革命（Web 3.0）、信息革命（5G/6G）、人工智能革命，虚拟现实（VR）、增强现实（AR）、混合现实（MR）等技术的发展，让构建一个全息数字世界不再是空想。通过数字技术形成的高度虚拟化的社会就是"元宇宙"——该词起源于 1992 年美国著名赛博朋克流科幻作家尼尔·史蒂芬森的小说《雪崩》。汉语"元宇宙"直译自英语名词"metaverse"：前缀"meta-"是"超越"的意思，词根"verse"是"universe"（宇宙）的简写。从词义看，可以理解为"超越宇宙"或"超元域"。也就是说，元宇宙是对现实宇宙的超越。②"数性宇宙观"是元宇宙的理论基石，海量

---

① 吴啸：《元宇宙：21 世纪的出埃及记》，PANews，2021 年，https://www.panewslab.com/zh_hk/articledetails/D38427031.html。

② 2021 年 10 月 28 日，Facebook 宣布将把公司名称改为"Meta"，创始人兼首席执行官马克·扎克伯格认为："在我们的 DNA 中，我们要创造技术并将人们团结在一起。元宇宙是连接人们的下一个前沿领域，就像我们刚起步时的社交网络一样。"早在 2020 年 12 月 30 日，上海市经济和信息化委员会印发的《上海市电子信息产业发展"十四五"规划》就明确提出了要"加强元宇宙底层核心技术基础能力的前瞻研发，推进深化感知交互的新型终端研制和系统化的虚拟内容建设，探索行业应用"。2021 年，湖北省武汉市、安徽省合肥市、四川省成都市、上海市徐汇区相继将元宇宙写入政府工作报告。浙江省、江苏省无锡市等地在相关产业规划中明确了元宇宙领域的发展方向，北京市也将推动组建元宇宙新型创新联合体，探索建设元宇宙产业聚集区。元宇宙已经从科幻概念、游戏概念、投资风口逐渐发展成旨在整合多种新技术，实现娱乐满足、社交需求和生存创造的沉浸式体验，并将催生新型数字产业。

数据则是构筑元宇宙大厦的砂石。在元宇宙形成伊始,这些经过人脑智能筛选加工后的数据和算力,就在为搭建一个更智能、更合理、更高效、更有价值的虚拟世界奠定基础,也使得元宇宙成为数据应用的最佳场域。信息时代的各类技术就如同数据基建中的钢架结构,为元宇宙实现扩展现实的沉浸式体验提供服务,并为虚拟世界中的身份识别、社交运行、经济运转搭建、内容生产和编辑等服务。[①] 在元宇宙中,一个自然人可以拥有多个虚拟角色,拥有真人或 AI 朋友并实现在线社交。人们随时随地进入元宇宙,可以获得极强的沉浸感和体验感,没有异步性或延迟性,并在极丰富的内容世界进行社交、创作、娱乐、学习、交易等,创造出独特的虚拟文明和数字文明。人类在现实世界中进行的所有活动将映射到虚拟世界,形成虚实相融的新型互联网应用和社会形态。因此,从理论上来说,元宇宙是大量数据的集成,可以映射出部分客观世界,形成众多数据体系。每一个体系中又包含无数映像,在运算和运转中创造更多数据,迭代升级,不断完善,不断在更大范围上实现与现实世界的对称映射和超越映射。在元宇宙中,所有的主体都可以在算法规制下上传、创造、修改和利用数据,使数据在数字虚

---

① 清华大学新闻与传播学院新媒体研究中心:《2020—2021 元宇宙发展研究报告》,证券日报网,2021 年,http://www.zqrb.cn/finance/hangyedongtai/2021-10-26/A1635219645688.html.

拟空间中得以大规模集聚，爆发巨大数据价值和数据应用场景，从而进一步扩大元宇宙的规模，实现超越宇宙中的数据膨胀和聚变。进一步讲，"数"将在元宇宙中引领新兴数字技术、生物技术和人机交互硬件设施等技术突破，不断丰富数字经济发展模式，重构数字文明时代的价值取向、秩序规则和生存法则。元宇宙是整合人工智能、数字孪生、全息映射、柔性穿戴、区块链、计算视觉等技术产生的下一代互联网应用和社会形态，具有时空拓展性、人机融生性和经济增值性。① 元宇宙还将进一步促进现实世界第一、第二和第三产业向虚拟世界的延伸、变革和发展。同时还将为元宇宙居民提供完美的虚拟滤镜，创造符合人性美好向往的乌托邦世界，消弭现实世界中的缺陷和不公，让个人在其中得到极致的满足感和愉悦感，促使整个人类社会更好地求同存异，实现在性别、容貌、交流和感官上的平权。②

---

① 时空拓展性是指基于算法呈现出的超越现实的无限延伸和拓展。在元宇宙中，空间是无限的，而时间是可以回溯的，信息流将变为时空流。人机融生性是指在虚拟的元宇宙环境中，虚拟人拓展了自然人在虚拟空间的能力，机器人则拓展了自然人在现实空间的能力。经济增值性是指元宇宙数字资本通过两条途径实现的经济增值：一条是虚拟原生下虚拟经济收益的增加，另一条是虚实相生下真实经济收益的增加。

② 清华大学新闻与传播学院新媒体研究中心：《元宇宙发展研究报告 2.0》，新浪网，2022 年，https://finance.sina.com.cn/tech/2022-02-14/doc-ikyamrna0602028.shtml。

二、"数据人"宇宙

2002 年,迈克尔·格里夫斯教授在美国密歇根大学的课堂上首次提出"数字孪生"(又称"数字双胞胎")的设想。2010 年,美国国家航空航天局(NASA)的技术报告中正式使用了"数字孪生"一词。数字孪生就是人类对现实宇宙虚拟化的实现过程,"数字孪生是对唯一的现实世界物理元素的复制,它首先面向物,强调物理真实性。元宇宙则是直接面向人,强调视觉沉浸性、展示丰富的想象力和沉浸感"①。可以说,元宇宙是全新的完全的虚拟世界,这个世界的基础物质、人物关系和社会生产关系构成都将发生颠覆性的改变,而非复制版的现实世界。

"数据人"假设。伴随着元宇宙的形成,宇宙的数据体量将进一步出现指数级增长,数据的传输共享、聚合分析、价值挖掘和管理应用也变得愈加复杂。当数字化的规模越来越大时,海量信息和数据被转化成计算机可识别的"0"和"1",人类将真正实现有限时空下的无限连接,这种连接不是互联网时代的信息互联,而是身份互联、感官互联、思维互联的统一。数字化正在深刻改变人们的沟通和认知方

---

① 惟客数据:《元宇宙和数字孪生的区别与联系》,中国网,2022 年,http://business. china. com. cn/2022-02/11/content_41874058. html。

式，数据聚合、数据分析、数据决策和数据社交，都在推动人类迈入数字化生存新时代。数字化生存下的自然人，在数字世界的行为数据会愈加丰富，其数字孪生的属性会更全面，轮廓会更清晰，数字身份也会更完整。"未来所有的人和物都将作为一种数据而存在，作为一种数据而产生联系，作为一种数据而共同创造价值。在大数据作用下，自然人会演化为数据化的人，即'数据人'。"①"数据人"可能是一个自然人的完备信息代码包，可能是数字世界的身份密钥，也可能是一个虚拟人物形象。"数据人"假设是对自然人数据化的高度概括，也是对"自然人"在数字时代形象、内涵与外延发生深刻改变的高度概括。这一理论假设"不仅仅指人的数据化，更强调人的数字文明，即具有高度数字文明的人"②。在高度自治化的数字社会中，个体、组织和平台的数字化身共创了一个集经济、社会、文化于一体的数字文明。在这样的文明形态下，自然人将不再是唯一的社会主体，机器人、基因人、虚拟人都会成为未来宇宙新人类，我们把这些被数据化的"人"统称为"数据人"。在人类科技向善

---

① 大数据战略重点实验室：《块数据 3.0：秩序互联网与主权区块链》，中信出版社 2017 年版，第 231 页。

② 大数据战略重点实验室：《数权法 2.0：数权的制度建构》，社会科学文献出版社 2020 年版，第 2 页。

的美好愿景下,良知算法会引导"数据人"走向利他共享的全新人性观。此时,追求数据价值、创造数据价值和实现数据价值成为"数据人"所遵循的基本原则,这可以缓解或克服数字社会治理的诸多困境,真正构建一个"数据大同"的世界。对此,尼古拉·尼葛洛庞帝在《数字化生存》20 周年中文纪念版专序中写道:"我请读者思考未来的数字化世界,它将滋养心灵抵御无明;分享繁盛;以合作取代竞争。"①

元宇宙与新人类。技术因人而生、因人而精彩,技术造就人、服务人、保护人、解放人、发展人。② 脑机接口、机器学习等技术的创新应用,让传统的半自动机器人成长为全自动化机器人。未来,"人机耦合"协作机器人、情感机器人等将进一步提升机器人作为一种"人"的感知能力,如触觉感知、视觉感知和情绪感知等。传统人类也可能成为非生物人类,即半个机器人,真正进入生物智慧与

---

① [美]尼古拉·尼葛洛庞帝:《数字化生存》,胡泳、范海燕译,电子工业出版社 2017 年版,第 3 页。
② 第一次和第二次科技革命让大规模机械化基本代替了自然人的部分劳动,人类利用机器人技术实现了自然人劳动力的解放。第三次科技革命后,计算机实现了从"人脑"到"电脑"的转变,机器人通过感知、决策和执行电脑的数据指令,加以互联网的信息互连和指令互连,开始逐步替代自然人的劳动力和脑力。

技术智慧融合的新纪元。[①] "身份数字化"和"生命数字化"是数据人宇宙的重要基础。自然人在数字化生存下被"数据化"，在数字世界中不断累积大量的生物体数据和数字脚印，绘成个体数字身份。在元宇宙中，则将以虚拟人的分身形式呈现和执行众多虚拟行为，本质上这些也都是自然人操纵下的对现实身份的映射。未来，一个自然人的身份将不局限于其在现实世界中的原本身份，多线程的数字分身也将成为自然人本体生命的"外挂"身份存在。生命数字化的进程与基因编辑技术有关，这项技术早在 60 年前就在科学界出现。[②] 经基因编辑改造后具备强大免疫力、生命力和创造力的"超级人类"可以在未来生物技术发展过程中，帮助人类实现诸多基因进化目标，提升人类的生命质量和生存状态，真正达到技术造就人的目的。但英国著名物理学家、宇宙学家斯蒂芬·霍金在《未来简史》一书中曾质疑这种优于普通人身体素质、记忆力和寿命的基因人是否会

---

① 2021 年 9 月，由中英联合开发的第一个元宇宙机器人系统在清华大学科技园首次亮相，虚拟机器人和真实机器人实现了集成和连接。现实世界中的物理机器人可以同步接收和执行虚拟机器人的虚拟命令，机器人在物理世界中的状态也将在虚拟世界中实时显示。

② 2015 年 4 月，中山大学黄军教授成功完成世界上第一例人类胚胎基因编辑，在世界范围内引起巨大争议，并入选 2015 年《自然》杂志十大影响人物。2020 年，两位发现 CRISPR/Cas9 基因剪刀工具的科学家被授予诺贝尔化学奖。这项技术已经彻底改变了分子生命科学，有望催生新的癌症疗法，还有可能使人类治愈遗传疾病的梦想成为现实。

"给平民阶层造成灭顶之灾",还可能由基因技术引发基因歧视、基因资源滥用、基因人伦理等问题,亟须在法律和伦理框架下,规制基因技术的发展和利用。"硅基生命"和"意识数字化"是数据人宇宙的重要标志。在互联网时代,数字化生存下的自然人已经在网络世界完成了个体"虚拟人"化身,智能设备的出现只是进一步促进了人的"赛博格化"和"虚拟实体化"。"人的行为、活动、身体状态都以多种维度被映射在虚拟世界中。人的某个身体'元件'可以被数据化的方式复制,并与人的实体脱离,甚至与其他对象结合。作为赛博格的人,既被增强,又被约束,也被数字化的方式分解。"①但在元宇宙"虚拟×现实"的增强背景下,人类开始寻求现实肉身在虚拟世界的具象化、真实感和交互感,甚至开始仿制自己的"智械假身"②。人们还可以把虚拟世界高度进化的虚拟人行为和思维数据以"意识数据包"的形式,

---

① 彭兰:《智能时代人的数字化生存——可分离的"虚拟实体"、"数字化元件"与不会消失的"具身性"》,《新闻记者》2019年第12期,第4页。

② 通过提取优化自然人的声音、皮肤、语言、表情等数据,并结合VR、5G、AI、换脸等技术,3D人类形象愈加真实立体。知名社交软件Soul上线了"捏脸师"功能后受到用户追捧。用户都愿意付费购买符合自己审美的捏脸头像,对构建自身虚拟形象的需求极为强烈。此外,在人工智能算法和强大语料库的支撑下,一些平台的虚拟偶像、虚拟主播等还能实现简单的交互功能。但这些虚拟人在皮肤纹理、姿势、神态等方面仍存在"虚拟感",要达到元宇宙理想化的审美和交互期待,提高虚拟人的可持续性孵化和发展,仍依赖技术的进步和算法的优化。

植入现实类人机器人的"肉身"中,从而实现从碳基生命到硅基生命的转化。当硅基生命拥有了这些可编码量化的意识后,同样可以像碳基生命一样感知时间和空间,生成新的自我意识,创造属于他们的宇宙世界。元宇宙作为数字化生存的栖息地,将连接自然人、机器人、基因人和虚拟人形成新的社会关系与情感连接,成为数据人宇宙的核心组成部分,在虚拟新大陆上构建"后人类社会"。一个自然人个体在现实世界和虚拟世界共生的元宇宙中,既存在"真身"(碳基生命下的本体),也存在虚拟化身(互联网上的虚拟角色),还存在现实假身(植入了元宇宙意识数据的类人机器人)。后人类社会,就是以元宇宙中统一的"元"驱动引擎,整合三类数字身份个人的行为数据和记忆数据形成的虚实共生社会。数字资产研究院(CIDA)学术与技术委员会主席朱嘉明教授认为,"元宇宙"为人类社会实现最终数字化转型提供了新的路径,与"后人类社会"的到来展现了全方位的交集,凸显了一个具有与大航海时代、工业革命时代、宇航时代同样历史意义的新时代。[①]

元规则与元秩序。以"数据人"为核心组成的新人类将成为元宇宙主体,如何在"后人类主义"的叙事框架下思考

① 赵国栋、易欢欢、徐远重:《元宇宙》,中国出版集团中译出版社2021年版,第2页。

和处理多元主体间的关系，将成为元宇宙治理的重要议题。因此，元宇宙亟须一套区别于但不背离现实法律体系，贴合元宇宙发展方向，能处理虚拟身份认证、虚拟资产交易、虚拟创作确权、数据隐私保护、平台兼容、账户安全等问题的制度体系。有鉴于此，我们把基于"数据人"利他主义的人性假设称为元规则，把以"数据人"为主体的元宇宙制度体系称为元秩序。元规则具有三重本质特征。首先，是群体共创特征。元宇宙中，虚实共生下将引发政治权力、数字资源、文化形态以及全球财富的重新分配。元规则是确保权力、权利、资源等虚实利益合理分配的关键。因此，元规则的制定应具有群体共创特征，不应由权威机构垄断，而应由参与元宇宙的主体自发制定、约束和规范，从而确保每个元宇宙主体都主动投身规模无界的元宇宙建设，并在元宇宙中自由创作，建立自己的专属"领地"，甚至重建自己的身份。其次，元规则还具备自治特征。元宇宙中发生的行为和社交关系与现实社会有联系亦有区别，需要用更有针对性、更灵活、更细颗粒度和更具执行效率的自治规则来弥补现实法律的滞后和不足。要建立一整套与元宇宙相匹配的秩序和规则，并且这套规则需要能够跟现有的法律规则互相衔接，同时也要清理现有法律中不合理、不能与时俱进的规定。① 最后,元规则还具备利他主义特征。数字原生、数字孪生、虚实相生下的元宇宙,已进入数字世界的"第三层",是以原有数字基础设施为基础的分布式群体共识,而这个形成共识的群体是不定型的,也不依托于任何特定的物理空间,可以说它是超时空、不受限、无封闭的自由主义乌托邦。既摆脱了传统世界的控制,又能在数字世界的各种市场竞争中游刃有余,实现数字资源存量和增量的极大富庶。元宇宙生存下的新人类,由于具备"数据人"的利他人性特征,将在群体共创的元规则中实现利他主义价值导向。而元秩序是基于元规则的制度大厦。元秩序就是要处理现实与虚拟、自然人与新人类、现实资源与数字资源等方面的平衡问题。元秩序的建立应挣脱物理世界静态均衡的秩序思维束缚,以动态均衡的秩序形态应对元宇宙这张巨大投影中可能出现的传统秩序与新要素间的各种冲突。新秩序的建立以新事物的精神自觉为前提。1605 年,荷兰人文主义法学家、国际法之父格老秀斯提出"海洋自由论",论证了海洋因为无法像陆地一样被实际占有,从而服从的是完全不同的秩序逻辑,海洋是自由的,服从自然法,而非哪个国家的主权法律。由此,平行于陆地秩序的海洋秩序浮

---

① 张延来等编:《元宇宙产业及元规则体系合规建构蓝皮书》,网安网,2021年,https://www.wangan.com/p/7fygf33ff9531d40。

现,并以其超强的增长性,通过基于海洋的贸易逻辑,把传统的陆地秩序整合进来,促进后者的自我改造与演化。[①]因此,需要不断探寻元宇宙作为超越宇宙的本质特性和演进规律,从而在规则之上,找到元宇宙自组织的方式,达到数据资源利用的最大化和虚实相生的最优解。

三、区块链:元宇宙的灵魂

在元宇宙这样一个与现实世界不同且实时持久的虚拟空间中,稳定的底层架构、良性的运行逻辑和完备的风险防控是关键共性难题,一直困扰着元宇宙的开拓者。今天,我们发现,区块链技术就是能同时满足这些条件的底层技术,或将成为全面打开元宇宙大门的关键密钥。没有区块链的元宇宙,是不可持续的空中楼阁,也将无法实现可持续扩容,形成真正的"宇宙"体量。另外,区块链技术的属性特点,符合元宇宙融合发展过程中,强化法律约束和道德规范、引导技术向善的基本原则。可以说,区块链正是元宇宙永续发展的灵魂所在。

区块链是元宇宙底层的架构者。区块链具有去中心化、开放性、自治性、信息不可篡改、匿名性等特点,可以实

---

① 施展:《元宇宙,在数字世界的第几层?》,凤凰网,2021 年,https://ishare.ifeng.com/c/s/v002BukbtYDFV1Cpt4RKIVhdPRBSGh1KUaVA-yIOYFd8v FY_。

现元宇宙用户从"身份识别""身份认证""身份运维""身份安保"到"身份储存"的全生命周期支持。经区块链技术认证的元宇宙账户身份，自然人可以在不同的元宇宙环境中以不同的角色自由社交、创造内容、实现价值，在不触及元宇宙共创规则的条件下，开发商或管理人无权抹去身份ID，或毁灭它的价值。个人用户 ID 的唯一性、真实性、独立性、可靠性和安全性是元宇宙存在的基石，也是确保元宇宙社会运转的定滑轮。基于可靠身份认证，区块链技术可以进一步实现元宇宙用户间的互信互利。去中心化的优势可以帮助元宇宙用户突破人类文明因个体智慧太高而无法实现互相信任的"囚徒困境"，从而实现类似蜜蜂和蚂蚁的"群体智慧""群体智能"文明形式。过去，人类通过大规模合作站到了食物链的最顶端，但利益分配的不均致使差异化出现，信任缺乏成为现实世界无法开展大规模合作的主要原因。区块链的分布式记账实现了陌生人社会中的熟人社会效应，即所有人放弃背叛，建立互信合作，实现价值最大化。区块链账目的不可篡改性、公开性和可溯源性能避免任意节点上的背叛行为，营造良好的元宇宙信用环境。公有链的奖励记账机制，还可以创设良好的区块链信誉，让各个节点的参与人获益，也让记账人获利。除了良好的信任环境，区块链智能合约还能在元宇宙中大幅提高去中心化平台运行效能，促进元宇宙规则的智能、高效和公平。首先，区块链可以通过加密记录、匿名交易等方式保护用户信息，避免元宇宙内容平台的垄断。平台只能单纯地提供服务功能，透明地执行系统规则。用户从"提线木偶"晋升为掌握虚拟权益的元宇宙参与者和创造者。其次，开源智能合约使区块链从去中心化账本的 1.0 时代迈向去中心化计算平台的 2.0 时代。链上智能合约可以通过虚拟机执行合约程序，并由新的数据状态产生新的区块，其他节点在验证区块链的同时需要验证合约是否正确执行，从而保证了计算结果的可信度。只要触及合约预设指令，链上行为均可在预期内运行。元宇宙中的用户达成共识规则后，可以将约定的表述写入智能合约程序中，一旦触及相关条款，合约便自动执行，避免了传统意义上中心化见证、担保等行为带来的额外摩擦成本。①

区块链是元宇宙运行的赋能者。元宇宙的运行是物理世界运行逻辑的数字映射。元宇宙运行的本质，是数字个体与数字组织之间的良性社会互动和经济互动。他们通过在元宇宙中进行文化、社交、娱乐等互动，形成新的社会关系，渴望分享、认同、共情等社会感情连接，遵循交易自主、产权明晰、契约自由等经济规律。区块链技术能解决平台

---

① 宋嘉吉、赵丕业：《元宇宙行业专题报告：DAO，元宇宙世界的基石》，国盛证券，2021 年，https://baijiahao.baidu.com/s? id＝1717453687862682505&wfr＝spider&for＝pc。

的去中心化价值传输与协作问题，解决中心化平台的垄断问题，这正是实时场景个性化互动和内容创作的前提。区块链还提供了一种富有想象力的未来组织形态——DAO，即"分布式自治组织"（Distributed Autonomous Organization），它将以"类公司组织"的机制赋能元宇宙数字组织的架构运转。"这种组织机制由程序监督运行，组织规则最终的保障是代码。代码的事前约束使得 DAO 能在更低信任的模式下形成组织，用户在数字世界可更广泛参与全球协作。"[①]DAO 可以把开源的代码规则算法化，元宇宙中的个人可以通过提供服务或购买组织股份的方式，成为元宇宙组织的参与者。DAO 可以在无人干预和管理的情况下自主运行，参与者也会自动获得分红收益。区块链技术保障了"Code is law"（代码即法律），而基于区块链的DAO 则保障了规则有序制定和执行。两者相辅相成，共同为元宇宙的数字社会运转保驾护航。"在完全数字化的元宇宙虚拟世界里，组织利益相关者的识别、测量、评价、赋权变得轻而易举，利益相关程度也很容易量化。中心化的股东会、董事会和监事会的大部分智能可以被智能合约更高

---

① 宋嘉吉：《元宇宙的运行之"DAO"》，国盛证券，2021 年，https://www.nisdata.com/report/5168。

效地替代。"①当前智能合约平台发展的 DAO 主要包括:协议型、投资型、赠款型、服务型、媒体型、社交型和收藏型。②但目前 DAO 作为一种新型的组织理论,也存在许多弊端。例如,可能导致治理失灵与新的无政府状态,导致现实世界与主权国家的法律准则受到侵犯,导致虚拟世界的选票操纵与寡头统治等。因此,仍需在现实规制引导下逐步寻找突破点和平衡点。真正意义上的元宇宙不只是娱乐、社交和创作的平台,还是虚拟宇宙与物理宇宙财富共创共享的转化和使用平台。元宇宙的虚拟性,决定了其经济体系的特殊性。元宇宙中数字商品的创造消费均不消耗所谓的实体"物质",也不依赖物流、仓储等外部消耗,具有高度的离散性和不可确权性。区块链是元宇宙经济系统的重要解决方案,可以为元宇宙构建开放和稳定的价值载体,实现虚拟价值与真实价值的统一。③区块链技术可以在去中心化的元宇宙环境中,利用非同质化代币 NFT(Non-Fungible Token)标记原生数字资产所有权,实现资产数字化认证和记录,交易数字商品。NFT 的不可篡改性可以确保每一个

---

① 邢杰、赵国栋、徐远重等:《元宇宙通证》,中国出版集团中译出版社 2021 年版,第 85 页。

② 国盛证券:《元宇宙的运行之"DAO"》,2021 年 11 月 25 日,第 1 页。

③ 陈维宣、吴绪亮:《虚拟世界与真实世界的经济互动及其影响》,腾讯研究院,2020 年,https://baijiahao.baidu.com/s? id = 1663877787234066926 & wfr=spider&for=pc。

NFT 数据在区块链上可溯源、可确权、不可替代。[①]

区块链是元宇宙生态的守护者。区块链能为元宇宙数据生态安全的稳定可持续发展提供保障。传统互联网因数据安全保护能力不足，存在数据易篡改、储存易丢失等诸多问题，严重制约了数字经济的发展。元宇宙作为升维的下一代互联网，具有体量更大、数据集聚和应用场景丰富等特点，更应解决好数据储存安全问题，利用区块链的优势特点实现数据的可追溯、可确权、可防护，打通数据安全保护"最后一公里"，打破传统互联网模式，构建全新的数据储存、传输和运用系统，构建安全可信、互利共赢的元宇宙。区块链的分布式数据块储存、链上储存、隐私计算和加密传输等方式，可以在元宇宙服务器和系统遭到蓄意破坏的情况下，确保数据和用户资料安全，各区块间的互联备份还能有效降低个别元宇宙局域内的数据风险。区块链与隐私计算结合，使原始数据在无须归集与共享的情况下，实现多节点间的协同计算和数据隐私保护，本质上实现了从"人为隐私防

① 2021 年 3 月，推特 CEO 杰克·多尔西（Jack Dorsey）成功以 250 万美元把他 2006 年发布的首条推文以 NFT 的方式，卖给了数字货币交易公司 Bridge Oracle 的 CEO 希纳·埃斯塔维（Sina Estavi）。此后，越来越多的艺术家、音乐家甚至美国职业篮球联赛（NBA）球员开始利用 NFT 变现数字资产。NFT 与线下实体的联动真正实现了虚实价值的交换，为元宇宙提供了支付和与虚拟网络无缝集成的结算系统，真正开启了元宇宙时代经济可持续运转的大门。

御"到"机器自动保护"的转变。中国信通院发布的《隐私计算与区块链技术融合研究报告（2021）》指出："区块链确保计算过程和数据可信,隐私计算实现数据可用而不可见,两者相互结合,相辅相成,实现更广泛的数据协同。"此外,BiFi Pro 等区块链数字内容交易存储平台的出现,在加密数字货币的基础上融入了 IPFS（星际文件系统）内容全球可寻址、分布式存储和传输技术等特性,实现了一种全球网络数字文件系统。这种方式在扩展元宇宙数据存储规模的同时,也保障了数据隐私和数据流转的有效性。元宇宙生态是继数字孪生和数字原生后的虚实相生型生态。数字孪生是互联网下数字世界的映射,而数字原生是不受物理世界各种条条框框和物理规则限制下产生的数据价值,"现实世界×虚拟世界"的虚实相生才是真正的元宇宙。

第二节　主权区块链与数字命运共同体

当前,以 5G、大数据、物联网、区块链、人工智能、量子信息科学为新动力的数字化革命席卷全球,引领新一轮全球化从经济全球化向人类社会全球化方向迈进,这将是一次全方位、综合性的变革,全球治理必将再次成为这个时代的重大命题,全球数字治理必将牵动国际秩序和世界格局,数字世界治理的成败必将决定每个人的前途和命运。在这次大变局之中,数字主权已成为关注的焦点,数字赤字已成为善治的阻碍,数字正义正成为各主体的关键诉求,全球正义将成为我们的共同追求,构建基于共享的数字命运共同体将是人类的重要选择。

一、数字赤字与数字主权

近年来,数字化转型在全球各地如火如荼地进行,从个人到国家、从国内到国外、从经济到政治,正引发一系列的深刻变革,对 20 世纪以来的新一轮全球治理提出了重大挑战。在这场数字化大迁徙之中,数字竞争已成为主要国家和地区博弈的重要战场。在这场全方位的竞争之中,数字主权成为各国关注的焦点。在数字主权诉求的背后,是所有国家,特别是后发国家对全球数字赤字深深的忧虑。

数字赤字的实质是秩序赤字,数字主权的主要方面是数据主权和技术主权。数字赤字是数字治理中现有规则、体系和能力无法有效解决问题和应对挑战,导致数字秩序出现混乱的现象。数字主权是主权原则在数字领域的延伸,代表着主权国家在数字领域行动和决策的自主能力。[①] 就领域而言,从宏观上看,数字赤字包括全球数字治理赤字

---

① 胡琨、肖馨怡:《数字经济浪潮下德国捍卫"数字主权"的政策及对我国的启示》,《领导科学》2021 年 1 月下期,第 121 页。

和国家数字治理赤字;从中观来看,数字赤字包括数字经济治理赤字、数字社会治理赤字、数字文化治理赤字等主要方面;从微观上看,数字赤字包括数据治理赤字、数字技术治理赤字、数字基础设施赤字、数字平台治理赤字等。但是,不管是宏观、中观还是微观,数字赤字最终都体现为秩序赤字。与此同时,坚持问题导向和历史眼光去看当下的数字全球化和全球数字化进程,我们会发现,现阶段各国的主要关切是数字主权。

一方面,数字竞争是数字主权之争的表现形式。随着数据要素价值的不断显现,新一轮科技革命和产业变革成为各个经济体关注的焦点。在这场世纪竞争中,欧盟对数字主权表达了深深的关切。世界银行的数据显示,"2019年欧洲数字企业占全球数字企业总市值不到 4%,远低于同期欧盟经济总量在世界经济总量中 15.77%的占比"[①]。为了解决这一困局,欧盟决定从战略到战术、从经济到监管采取一系列重大的举措,以确保欧盟在数字竞争中成为全球领导者。2020 年 2 月,欧盟委员会通过发布三份文件——《塑造欧洲的数字未来》《欧洲数据战略》《人工智能白皮书》,明确了数字转型的总体思路。同年 7 月,欧盟"下

---

① 钱通:《欧洲"集火"谷歌耐人寻味》,《经济日报》2021 年 7 月 17 日,第 4 版。

一代欧盟"复兴计划将数字转型列入其中。同月,欧洲议会
发布《欧洲的数字主权》报告,进一步阐释了欧洲对数字
主权的主要担忧,提出了欧盟数字主权的进一步倡议。
不到半年,2020年12月,欧盟推出"数字欧洲计划",以提
升数字能力为目标,加强欧洲的数字主权。同月,面对谷
歌、苹果、脸书和亚马逊等美国科技巨头几乎垄断了欧洲
社交、搜索、电商等数字市场的情况,欧盟在《通用数据保
护条例》基础上再出监管重拳,出台了《数字市场法》《数
字服务法》两部草案。2022年7月5日,欧洲议会以压倒
性多数分别通过了两部重磅法案,以加强数字反垄断,促
进公平竞争。此外,在基础设施建设领域,法德牵头的欧
洲本地云储存项目Gaia-X,也在致力于打造欧洲的数字
主权。这些政策举措,是欧盟对全球数字竞争的直接回
应,是维护数字主权的战略选择。在数字时代,欧盟的数
字竞争战略虽然只是一个缩影,但它代表了全球数字竞
争中的弱势群体①的鲜明态度,那就是维护数字主权,以赢
得数字发展权和数字未来。

---

① 以数字经济为例,中国信息通信研究院2021年8月发布的《全球数字经
济白皮书》显示,2020年,美国数字经济蝉联世界第一,规模达到13.6万
亿美元,占全球的比重为41.7%。中国、德国、日本、英国排在第二至第五
位,规模分别为5.4万亿美元、2.54万亿美元、2.48万亿美元、1.79万亿
美元,合计12.21万亿美元,仍小于美国的数字经济规模。

另一方面,数字赤字是无序竞争的直接结果。目前,多边贸易框架下,WTO有关数字贸易规则的谈判(电子商务谈判)仍未见实质性成果,全球服务贸易谈判(TiSA)在经历21轮谈判之后,最终仍未达成协议,全球数字竞争中的贸易投资便利化、数字知识产权、数据开放、数据流动、隐私保护等仍缺乏有效共识,数字安全泛化、数字单边主义等问题不断滋生,全球数字竞争陷入整体无序的状态。当然,我们并不否认《数字经济伙伴关系协定》《美日数字贸易协定》的重要意义,但不管是前者还是后者,都仅仅是几个国家之间的机制安排,并非全球性的制度设计。也正是因为缺乏全球性的数字公共产品,主要经济体在数据要素、数字市场、数字技术等方面的竞争愈演愈烈,在数字安全、数字规则等领域的博弈日趋白热化;科技巨头在全球跑马圈地、垄断市场等违反当地法律的情况时有发生。在这样的无序竞争中,数字赤字现象正不断涌现。

数字赤字主要体现在数字垄断、数字鸿沟、数字霸权、数字冷战上。首先,数字赤字体现在数字垄断上。从全球来看,市值位居前列的科技巨头苹果、微软、亚马逊、谷歌、Meta、腾讯、阿里巴巴、台积电、英伟达、三星电子等基本垄断了数据、电商、社交、搜索引擎等数字市场。也正是基于此,近年来,不管是美国、欧盟还是中国,都对一些巨头开展了反垄断调查[①],并开出了巨额罚单,以回应其对国家治理能力的挑战。其次,数字赤字体现在数字鸿沟上。正是因为数字垄断的存在,关系未来的重大数字技术(专利)也大都掌握在科技巨头手中,也由此带来了巨大的数字鸿沟,主要体现在数字基础设施、数字技能、数字公民等方面。联合国贸易和发展会议发布的《2021 年数字经济报告》指出,发达国家与不发达国家之间、国家内部农村和城市地区之间等存在着巨大的数字鸿沟,这不仅体现在互联网的普及程度上,还体现在参与"数据价值链"能力的层面。其中,最不发达国家中只有 20% 的人使用互联网,且下载速度相对较慢,价格则相对高昂,其平均移动宽带速度大约仅能达到发达国家的 1/3;购物方面,最不发达国家的用户中,只有不到 10% 的人能网上购物,而发达国家这一比例能达到80%。报告还特别指出,发展中国家可能会沦为全球数字平台的原始数据提供方。[②] 与此相呼应的是,国际电信联盟发布的《衡量数字化发展:2020 年事实与数字》也显示,"全球约有 72% 的城市家庭可在家上网,几乎是农村地区

[①] 根据《科技反垄断浪潮观察报告》,据不完全统计,2017 年至 2020 年 8 月 10 日,美国四大科技巨头谷歌、苹果、脸书和亚马逊在全球 17 个国家和地区至少遭遇 84 起反垄断调查。

[②] 朱赫:《联合国贸发会议:数字鸿沟正在加深 中美两国驾驭数据能力最强》,央视网,2021 年,http://m. news. cctv. com/2021/09/29/ARTIIwECO9KzCETXcrP8YWf1210929. shtml。

的两倍;最不发达国家 17％的农村人口生活在完全没有移动网络覆盖的地区,19％的农村人口仅可使用 2G 网络服务;最不发达国家和内陆发展中国家中约有 1/4 的人口、小岛屿发展中国家中约有 15％的人口无法使用移动宽带网络"①。再次,数字赤字体现在数字霸权上。数字霸权是国家视域下数字垄断的结果,是造成数字鸿沟的重要原因。根据福布斯 2019 年发布的全球数字经济 100 强名单,美国企业上榜 38 家,并在榜单前 10 中占据 7 席。正是基于此,美国拥有了大幅领先世界各国的数字科技力量,为其打造数字霸权奠定了基础。在数字霸权下,全球数字治理出现了诸多赤字的现象。例如,美国政客以保护公民隐私为由炮制出的"清洁网络"计划,实质就是美国利用数字霸权,行意识形态之争的事实,意图打压别国数字企业在美经营,严重扰乱了自由公平的贸易环境。最后,数字赤字最终将体现在数字冷战上。当前,数字变革为新一轮科技革命和产业变革提供了动力,也成为各国互相竞争的焦点。在这场世纪竞争中,美国为维护 21 世纪的百年地位,假借国家安全之名,从数字技术、网络空间、数字设施、数字规则、数字文化等方面,不断围堵他国、挤压他国生存空间,逐渐将全

---

① 方莹馨:《弥合数字鸿沟 共享发展红利》,《人民日报》2020 年 12 月 8 日,第 17 版。

球推入数字冷战的囚笼。数字冷战的出现,将使数字垄断、数字鸿沟、数字霸权的问题进一步升级,使得全球数字赤字陷入恶性循环之中。

监管赤字、共享赤字、合作赤字、信任赤字是引发数字赤字的重要原因。引发数字赤字的原因多种多样,但归结起来,不过四类。第一类是政府监管上的监管赤字。"徒法不足以自行",反垄断的法律法规需要在执法中才能发挥效能。近年来,虽然各国对于数字平台的垄断开展了不少反垄断调查,但数字平台依然在不断发展壮大,垄断的风险也在不断上升,要想从根本上解决数字垄断问题,仍然任重而道远。第二类是国际社会的共享赤字。理念上,国际社会仍然在西方丛林法则的影响下运行着,零和思维、你输我赢的观念并未得到根本性的扭转,数字基础设施、移动网络等共享问题依然普遍存在,数字鸿沟有"越深越宽"的趋势。第三类是地区间的合作赤字。在全球公共产品上,在数字单边主义、数字贸易保护主义的影响下,全球性的多边贸易谈判迟迟无法取得实质性进展,这将限制数字技术、数字贸易的发展速度,影响数字文明的进程。第四类是主要经济体间的信任赤字。简单讲,在如今的国际局势中,美国始终不相信中国"永远不称霸、不扩张、不谋求势力范围"的承诺,欧盟在防务上不再完全相信坚持自我优先的美国和北约保护,中国则不再相信美国政客多变的政策。而最根本的,还在于全球各国对美国退群、美国优先等损害国际运行秩序的举动感到不安,对美国主导的世界秩序正逐渐失去耐心和信心。全球正失去基本的战略信任,这或许是主权之争下,出现包括数字赤字在内的全球治理赤字的根本原因。一方面,坚持基于主权原则的数字主权,是消减数字赤字的重要前提。当前,欧盟、中国、印度、俄罗斯对数字主权诉求的背后,主要源于对全球数字赤字的深深忧虑。那么,如何消减数字赤字? 在理念和原则上,要把尊重数字主权摆在重要地位。众所周知,当前的国际体系是以主权国家为基本单元构成的,自威斯特伐利亚体系形成的主权原则,在过去的 300 多年里已成为国际共识。与此同时,也只有在主权的保护下,各国人民、各大企业才能免受大量的数字赤字问题的影响,才能伸张自己的权利,才能赢得尊严以及生存和发展的权利。正是基于此,在全球数字治理中,我们必须理直气壮地维护基于主权原则的数字主权。另一方面,基于主权区块链的机制和制度,是维护数字主权、消减数字赤字的新方案。不管是数字垄断、数字鸿沟、数字霸权、数字冷战的问题,还是消减监管赤字、共享赤字、合作赤字、信任赤字等数字赤字问题,终归要解决的,是数字秩序赤字的问题。诚如前文所述,主权区块链是从技术之治到制度之治的治理科技,是构建新型社会信任关系的重要依托。基于此,我们要立足于主权区块链的新理念和新技术,围绕数字治理构建一套完整的机制和制度，从根本上解决数字无序的问题，推动构建良好的数字秩序，解决全球发展不平衡、不充分的问题，使全球各国人民都能共享数字发展红利。

二、数字正义与全球正义

正义一词由来已久。2000多年前，《荀子·正名》中指出："正义而为谓之行。"要义是说，为匡扶正义而有所作为，可以称之为德行。《辞海》中的解释为："正义是指公正的道理。"《汉典》对正义的解释，还增加了"公道的、有利于人民的"这一含义。从西方来看，正义一词来自古希腊语的"Dike"，指划分出来的东西；赫拉克利特认为正义就是斗争，毕达哥拉斯认为正义就是平等，亚里士多德认为正义以公共利益为依归，霍布斯认为正义性质在于遵守有效的信约，穆勒认为正义是关于人类基本福利的一些道德规则。也正是基于此，中国社会科学院政治学研究所研究员、副所长杨海蛟教授认为："正义的主题或对象就是社会，尤其是社会的基本政治和经济制度。正义即指制度的道德、制度的德性，是指称社会基本结构的属性是否道德的一个概念。"①这也与罗尔斯的观点不谋而

---

① 洋龙：《平等与公平、正义、公正之比较》，《文史哲》2004年第4期，第148页。

合,"在某些制度中,当对基本权利和义务的分配没有在个人之间作出任何任意的区分时,当规范使各种对社会生活利益的冲突要求有一恰当的平衡时,这些制度就是正义的"[①]。在上述有关正义的描述中,我们不难看出三个关键词:第一个是人民,正义最终应体现在人民身上;第二个是道德规则,关于人类社会共同利益的规则;第三个是制度,正义最终要体现在以制度为基础的秩序之中。这也是衡量正义的三个基本刻度。

数字正义是全球正义的题中应有之义。数字正义是正义在数字时代的新发展。进入数字时代,由于数字赤字问题的存在,各国对维护数字主权的呼声越来越高,数字领域也在呼唤正义的降临,这就是数字正义诞生的时代背景。与正义一样,数字正义也要落脚到每一个人的身上,最终体现出人民性;数字正义也会引申出一系列的新理念、新思想,并把符合时代的道德规则囊括其中;数字正义的实现,依然有赖于制度的有效安排。有鉴于此,面对数字新机遇、新风险与新挑战,我们在全球治理中应构建一套有关数字正义的理论体系和治理框架。全球正义是正义在全球化时代的新发展。全球正义研究的兴起,始于对全球贫困、战争正义的关注,而后在科技革命和全球化的背景下,逐渐向全

[①] 洋龙:《平等与公平、正义、公正之比较》,《文史哲》2004 年第 4 期,第 147 页。

球资源分配、国际经贸合作、全球环境治理、全球公共卫生
等关系全人类和绝大多数国家的层面扩展。当前,随着新
一代数字技术的发展,我们所处的空间将变得更加多
元——包括网络空间、数字空间在内的新空间正成为我们
不得不重视的领域,面临的问题也将更为复杂。因此,不管
是世界主义流派还是共同体主义流派视野下的全球正
义①,最终都应回到正义的三个基本刻度——人民、道德规
则和制度上,应该将"推动国家和人民的良性互动"作为协
调两大流派分歧的钥匙,抛开分歧、聚焦合作,致力于推动
全球正义的实现。在这一过程中,我们还必须认识到,全球
正义的内涵和边界正随着数字时代的到来而不断拓展,数
字正义正是在这一背景下的集中体现,要把数字正义作为
推动全球正义取得实质性进展的重要突破口。

　　数字正义的本质是数字安全、数字化发展、数字利益的
实现。有观点认为,数字正义是"适应时代变化和科技发
展,推动以在线化、智能化方式预防与化解纠纷,最大限度

---

① 世界主义认为,"受到制度安排的每个人都应该得到平等的关怀。个人是
　道德关怀的基本单位,通过公正无私的评价,考虑到个人的利益"。共同
　体主义则是指:"伦理价值的重要根源在共同体。个人有本质的价值,是
　伦理关怀的焦点,共同体主义优先考虑同胞的利益而不是其他人的利
　益。"(Jones C. *Global Justice*:*Defending Cosmopolitanism*. Oxford:
　Oxford University Press,1999:14-15.)

便利当事人,并降低诉讼成本"①。数字时代的数字正义应该是一个更为宏观的概念,不应仅限于纠纷与诉讼领域。上述数字正义的内涵,应该是数字正义在数字时代初期实践中的一个映照。随着数字化的不断加快,数字正义的内涵将随着时代的进步而不断丰富。如果我们把视线放得再长远一点,那么,随着元宇宙的发展壮大以及数字世界与现实世界的交替发展和影响,数字正义将成为全球数字治理的重要目标之一。关系数字主权的数字安全、关系数字发展权的数字化发展、关系数字权利的数字利益,将成为数字正义议题下各国的主要关切点。

主权国家是正义实现的重要保证,数字正义的实现也有赖于数字主权的充分保护。不管承认与否,全球正义的实现都绕不开主权国家。正如霍布斯所认为的,如果没有主权国家,个人的正义就难以得到保障。进一步地,人民的正义更是无从谈起。当前,在数字时代背景下讨论全球正义与数字正义,我们需要把重点从战争正义中转移出来,进一步分析数字全球化下的经济社会正义,更加关注数字经济、数字社会和数字政府中存在的问题。这是因为,数字经济、数字贸易的发展有赖于数据安全和跨境流动,数字社会

---

① 沈洋:《以数字正义推动实现更高水平的公平正义》,《中国审判》2021年第5期,第50—53页。

关系每个人数字身份的定位，数字秩序关系数字时代、数字世界的道德规则，以及全球数字治理中的机制和制度安排。全球经济社会正义的实现，若是以任意侵犯他国数字主权为条件，那本身就是不正义的。因此，数字正义的实现，需要所有人携起手来，需要各国协同起来，需要各界联合起来，把各国各族人民的利益考虑在内，遵守规则、尊重主权、平等对话、和平协商并作出决定。

全球数字正义的实现应当依靠主权区块链。当数字正义遇到全球正义，我们可以称之为全球数字正义。这里包含两层意思：一是数字正义向全球扩展，无死角覆盖每个人生活的地方；二是全球正义向数字领域扩展，形成新的规则和秩序，并与国际正义等相互印证。全球数字正义是一个伟大目标，因为在对象上它牵涉数字时代的每个人、每个集体、每个国家、每个民族，在时间上牵涉到人类的未来，在空间上遍布世界的每一个角落。也正是基于此，全球数字正义要得以实现，需要解决大量的问题、克服大量的困难，它是一个极其难实现的目标。但我们不能像很多人对全球正义持不乐观的态度那样，放弃对全球数字正义的追求。我们应当以新的理念、新的思维、新的方法、新的手段、新的规则、新的制度去探索，通过一代代人的努力，无限地靠近它，靠近这一真理。在这个过程中，我们认为，主权区块链是能发挥巨大作用的。一方面，主权区块链既可以是主权国家参与的区块链,也可以是每个人基于分布式特性参与的人民区块链,它能代表大多数国家、最广大人民群众的愿望与利益,它能使之成为一个全球数字信任共同体。另一方面,除了人民性和社会性,主权区块链兼具道德性和制度性。主权区块链主张的利他共享,是其德性的集中体现;主权区块链主张的技术之治与制度之治,是其制度性的体现。在主权区块链所主张的系列理念、思维、规则的指导下,我们坚信,人类有构建出一套适应数字正义制度的智慧,有推动制度施行、形成良好世界秩序的能力。

三、数字命运共同体的共治逻辑

今天,人类比历史上任何时候都走得更近,每个国家也比历史上任何时候都更加唇齿相依,在这个数字全球化的时代,我们不可能脱离世界而完全独立地存在。面对层出不穷、复杂多变的数字赤字问题,我们必须坚持把全球数字正义作为共同奋斗的目标,团结奋进、砥砺前行,打造属于每个人、每个国家、每个民族的,属于这个时代的人类数字命运共同体。为了从整体上更好地把握数字命运共同体共商共建共享的思路,我们有必要理清数字命运共同体的共治逻辑。

利益共同体是逻辑起点。从世界历史看,从大航海时代开始,世界逐渐联系在了一起,不管这种联系是主动的还是被动的，但事实就是如此，人类开始了新的"纪元"。今天，伴随几个世纪里大国的兴衰沉浮，国家（地区）之间的联系日益密切，每个国家和地区都无法再完全退出世界市场。世界已经形成了不可分割的全球产业链、供应链和价值链，每个国家或地区犹如区块链的节点一样，都成为全球合作链条中的一环，结成了利益共同体。① 在新一轮科技革命和产业变革背景下，利益共同体主要表现为数字共存和发展共为。也就是说，数字全球化与全球数字化交替影响，我们正迈入一个数字世界与现实世界交互的时代。在数字时代生存并获得发展机会，是国家和地区形成利益共同体的出发点。而这需要各国、各地区联合起来，达成共识。

价值共同体是内生动力。各国要联合起来，人类要联合起来，世界要联合起来，首要解决的是价值认同的问题。如果没有基本的价值认同，各国的合作也就无法付诸实践，也不可能持续发展。长远来看，价值共同体最终要体现在思维共通和文化共融上。思维共通，就是要摒弃零和思维，大家一致树立起合作共赢的思维；就是要求同存异，尊重各自差异，不企图改造他国、他人；就是要像坚持互联网思维一样，坚持区块链思维，坚持利他共享，不搞损人利己的套

---

① 周小毛：《利益共同体、责任共同体和命运共同体的内在逻辑》，《湖南日报》2021 年 2 月 20 日，第 5 版。

路。文化共融，就是要摒弃文明冲突论的价值观念，坚持世界足够大，容得下各国、各族人民；就是要促进文化交流、文明互鉴，在数字文化的发展中，交融相生，铸造新的文明。

信任共同体是逻辑基础。当国家间拥有共同利益和共同价值时，就能换位思考、互相理解，达成一些重要共识。共识作为一种默契、一种约束力较低的规则，其有效性主要取决于效率，即是否低成本。其中，如果成员间能够形成信任共同体，那么所达成的共识就是高起点的，是有生机和活力的。进一步讲，信任可以实现外部性内部化，可以简化规则的复杂条款，可以降低交易成本、监督成本，最终提升效率，这不仅适用于企业、国家，也适用于国际规则的构建。达成信任共同体，需要主权区块链的支持，需要注重共同声望和共同安全。一个国家是否可信，主要取决于其过往行为所积累起来的声望，而能够准确记录这些行为、保证其不可篡改并分发给他国的，就只有主权区块链。当然，不管是守信还是失信，都需要主权区块链的全程参与。此外，我们发现，信用要发挥效用，关键还在于对共同声望的维护，对共同利益的追求。如果一个成员失信后未受到高位惩罚，利益未受损、行动未受限，那前期的信任就毫无意义；如果多次出现失信的情况，那信任共同体所建立起来的共同声望就会土崩瓦解，个体失信就会演变成集体失信，信任共同体就会名存实亡。需要指出的是，数字命运共同体既是基于人的共同体,也是基于国家的共同体。区块链的信任机制更适用于基于个人的信任共同体,因为这是以个体守信——若不守信将受到域内法律制裁——为前提的。区块链信任机制不能完全适用于基于国家的信任共同体,因为若国家失信,没有一个"世界政府"或国际组织来追究其责任,并保证其承担责任,对国家的约束力是极低的。也正是基于此,一个全球的新型信任共同体的建立,需要以区块链技术作为运行基础,以主权区块链作为制度保障,需要关注共同声望的维护,需要关注共同安全的基本需求——因为以数字安全为代表的非传统安全将对国家安全构成挑战。

责任共同体是逻辑诉求。数字命运共同体的构建不是一朝一夕的事,而是一个长期发展的过程。在这个过程中,数字赤字不会被完全消除,也不会只影响一个成员,需要各成员把全球数字正义、数字主权完整作为共同的价值追求,有所担当、共同尽责,承担相应责任,履行相应义务,共同面对困难和挑战,合力解决数字垄断、跨越数字鸿沟、反对数字霸权、走出数字冷战,加强监管、共享、合作和信任,确保人类抓住数字化机遇,促进经济进步、政治文明、文化繁荣,不落下任何一个国家、任何一个人。责任共同体需要重点关注风险共治和责任共担。未来,人类需要面对的全球性风险或将接踵而至,这就需要世界人民和全球各国携起手来，休戚与共，更加注重全球性风险的治理，更加注重环境卫生的治理，更加注重经济社会的可持续发展，以风险共治、责任共担，迎接 21 世纪的诸多挑战。

主权区块链共同体是新型路线。人类命运共同体是基于人类共同利益和共同价值的超级账本，数字命运共同体亦是如此。如何推动数字命运共同体建设？一方面，要明确建设善治共同体的目标。善治是一种良好的治理，体现的是一种良好的状态。实现全球善治，需要国家、国际组织、社会组织、企业、个人等多元主体的参与，需要以共识为导向以避免陷入内耗，需要高度透明以增强包容信任，需要响应各国及其人民的需求，需要平衡效率与公平的规则，需要国际法的制约，需要确保少数人、弱势群体的呼声得到回应。另一方面，要找准路径——围绕善治共同体目标推动建设主权区块链共同体。人类共同参与、国家或地区共同行动的主权区块链共同体，应以尊重数字主权等原则为前提，把由数据层、网络层、共识层、合约层、应用层等组成的区块链技术作为支撑，把规则、机制、制度建设作为手段，把秩序建设作为落脚点，在全球数字治理中构建关系国家前途、人民幸福的系列公有链或联盟链——如基于产业链、供应链的全球能源互联链、金融链、人才链，基于服务全人类的政党链①，基于卫生健康共同体的全球公共卫生链。最终，推动善治共同体与主权区块链共同体相互作用、相辅相成，实现技术共生、平台共用、制度共建。

命运共同体是逻辑结论。人类是一个整体，地球是一个家园。当前，人类正面临各种挑战、风险和全球性问题，世界各国的利益联结达到了前所未有的水平，只有更包容的理念、更有效的机制、更积极的合作，才能枯木逢春、柳暗花明。今天，全球化已成为大多数国家的共识，世界主要文明正在交流中融合，在融合中发展，历史的长河不会因某些国家的豪横政策而倒流，人类的共同价值集合正在日益成型。人类唯有竭诚合作、和合共生，构建信任共同体、责任共同体、主权区块链共同体，才能共同建设持久和平、普遍安全、共同繁荣、开放包容、清洁美丽的世界，才能创造发展成果更多更公平惠及每一个国家、每一个人的发展局面。如此，人类命运与共才不会是一句空话，命运共同体就会成为共同发展的逻辑结论，数字命运共同体就会水到渠成。需要指出的是，命运共同体要坚持两点原则。其一，命运共

---

① 从 2017 年的中国共产党与世界政党高层对话会到 2021 年的中国共产党与世界政党领导人峰会，中国共产党多次与全球各类政党开展对话会，集中阐释"构建人类命运共同体、共同建设美好世界：政党的责任""为人民谋幸福：政党的责任"等理念，强调"政党作为推动人类进步的重要力量，要锚定正确的前进方向，担起为人民谋幸福、为人类谋进步的历史责任"。

同体不是消灭主权国家,更不是搞"天下共主",而是倡导主权国家平等地联合起来。倡导建设数字命运共同体,是在尊重各国数字主权的基础上,把全球数字正义作为重要的价值原点,把求同存异作为重要的原则,共同建设更加美好的明天。其二,命运共同体需要实现成果共享,惠及每一个参与主体。共享从人类历史中来,应该回到历史中去,不能断送在我们这个时代。要让共享在数字时代有所突破,成为全球进步的动力;要以共享权构建人类文明发展新路径,形成新的发展局面。

随着新一轮科技革命和产业变革的兴起,我们坚信,数字命运共同体终将成为人类共享数字机遇、解决数字赤字、维护数字主权、实现数字善治的解决方案;利益共同体、价值共同体、信任共同体、责任共同体、主权区块链共同体、命运共同体将勾画出数字命运共同体的共治逻辑,成为数字共存、思维共通、文化共融、风险共治、平台共用、技术共生、责任共担、制度共建、成果共享的集中体现。与此同时,主权区块链将为数字命运共同体的规则、机制、制度设计提供技术支撑、理念支持和思想指导。

第三节　哲学、信仰与人类的未来

在浩瀚宇宙的一隅,人类在这里繁衍生息。经过万年进化、千年发展，人类在地球这片广袤的土地上结出累累硕果，诞生出一个又一个文明。这些文明形成于不同的时代、不同的地域，代表着不同的阶段、不同的种族，创造了不同的制度、不同的文化，蕴藏着不同的价值体系。在不同的价值体系背后，也有着不同的信仰体系和不同的发展模式。在过去的两个多世纪里，这些体系在全球化的影响下，不断地竞争、碰撞、摩擦，既揭示出各体系背后巨大的不同，也暴露出全球治理中的治理赤字、信任赤字、和平赤字、发展赤字问题。今天，一个新世界——元宇宙——的大门正向人类敞开，我们正在迎接一个全新的时代——数字时代。如果人类把现有的体系复制或变相复制到元宇宙之中，那么现实世界的弱肉强食、不公平、不正义、发展不充分和不平衡问题依然会出现在新世界，这只是把矛盾转移到虚拟空间之中，对解决人类发展和治理问题毫无帮助。为此，人类需要团结起来，携手建立起一种新的哲学和信仰体系——这种体系应以元宇宙哲学和区块链信仰作为突破口，解决以全球贫困为代表的发展不平衡不充分问题，共同构建新的文明形态，在虚拟与现实的互动中，创造文明融合、繁荣发展的新秩序。

一、元宇宙哲学与区块链信仰

哲学是系统化、理论化的世界观，研究的是世界发展的一般规律。思维和存在、意识和物质,何者为第一性、是否具有统一性,这是哲学的基本问题。从这个角度出发,元宇宙哲学要研究的,应包括元宇宙的时空、物质、生命、信息、意识、精神等基本内容,以及上述内容的相互作用。元宇宙哲学要回答的,应包括元宇宙新空间内人类的核心价值观、世界观以及元宇宙的发展规律。具体而言,元宇宙哲学可以分为关于宇宙的哲学、关于数据的哲学、关于秩序的历史哲学。

关于宇宙的哲学。第一个问题是时间的问题。时间是看不见摸不到的东西,是人类为了维持生存发展秩序、观察行星运动规律而创造出的计量单位。根据相对论,在茫茫宇宙中,每个星系以及星系内部之间,时间的流速都是不一样的。那么,在元宇宙之中,它的时间流速与地球所代表的现实世界一样吗? 这就关系到第二个问题:谁来定义元宇宙时间? 其核心是探讨元宇宙的生命存在。生命的诞生是宇宙哲学的核心内容。如前文所述,一方面,数据人是元宇宙的主体,自然人是数据人的本源,这是不是就意味着,元宇宙的时间终究还是由人类来定义? 另一方面,当元宇宙度过发展初期,来到成长期甚至是成熟期之后,主宰元宇宙的,还会是自然人吗? 元宇宙会不会诞生出我们无法想象的新人类,并成为这个世界的主宰? 如果我们想得更长远一些,自然人大概率会因为元宇宙的存在而出现不同的身体、不同的身份，并拥有不一样的知识、不一样的观念以及永久的生命。所以，在元宇宙发展初期，定义元宇宙时间的，或许是自然人，但成熟期之后，也许不再是自然人。还需要注意的一个问题是，"时间不会倒流"是现实世界的常识，但是，元宇宙的时间或可以倒流，这似乎让人难以想象、难以理解，但这并非无稽之谈，因为定义时间的自然人受限于地球的时间规律，但元宇宙的新人类或许不再受地球运转规律的限制，有着不一样的思维和知识。第三个问题是空间的问题。在空间上，元宇宙整体上是无形无界的；分解来看，元宇宙中可以呈现任何我们可以想象到的空间形态。同时，元宇宙与现实世界相生相伴、相辅相成，哪里有人、哪里有互联网，元宇宙就能延伸到哪里。将元宇宙视为现实世界的平行宇宙或许是不太准确的。第四个问题是物质、信息、意识和精神的问题。元宇宙中的物质基础主要是数字基础设施，它是构成元宇宙的重要条件。某种程度上，物质是信息的内容，信息是物质的存在形式。置身于元宇宙中，信息或许就是一种特殊的"物质"——与现实的世界物质概念不尽相同，它是元宇宙中连接物质与精神的媒介。① 在信息之上，则会产生意识，这是一个信息创造性处理的过

① 李成蹊：《"物质变精神，精神变物质"与信息论》，《现代哲学》1986 年第 4 期，第 42 页。

程，最终又以语言、文字、图像等符号展现出来。在物质经过数据化、信息化之后，意识的能动性会将信息转变为元宇宙参与者想要的东西，最终成为精神食粮。所以说，元宇宙中数量最多、分布最广的，除数据之外，应该就是信息以及进入元宇宙中的各种意识。

关于数据的哲学。从原始社会到封建社会，人类重点探讨了关于人的哲学；从农业文明到工业文明，人类重点探讨了关于技术和资本的哲学。每一种生产要素的崛起，都会带来人类的跨越式发展，也会引发一系列的哲学讨论。今天，数据要素引发的变革将席卷全球，探讨关于数据的哲学意义重大，元宇宙将是我们研讨关于数据的哲学的核心试验场。想象一下，在一个数据人宇宙之中，有关数的本体论、认识论、方法论、价值论都会成为这个世界的重要组成部分①，成为这个世界向上向善发展的基石。其中，又涉及数据本质、运动规律、发展规律、核心价值以及数据关系等问题。从本体论来看，数据的复杂性告诉我们，它既可能是事实的收集、信息的载体，也可能是关系的表达。② 在元宇宙中，数据就是这个世界的根基，是重要的组成部分，是运

---

① 黄欣荣：《大数据哲学研究的背景、现状与路径》，《哲学动态》2015 年第 7
　　期，第 100—102 页。
② 张贵红：《论数据的本质及其与信息的关系》，《哲学分析》2018 年第 2 期，
　　第 121—125 页。

行的必要条件,元宇宙就是一个数宇宙,无数据就无元宇宙。元宇宙中的精神和意识,最终都要依靠信息、数据的渐次传递。从认识论来讲,元宇宙中,认识主体开始高度分化,不再局限于个人,最为典型的是智能化机器人、虚拟人;认识对象也在发生变化,不再是传统现实世界的客观存在,而是各种虚拟的或介于虚拟与现实间的东西,甚至还包括各种数据人的心理动态;认识手段上,数据挖掘分析成为认识元世界的基础,数据运动规律成为科学发现的主要途径。从方法论来看,基于数据的思维变革将深刻影响元宇宙的建设和运行,而以数据思维为基础的互联网思维、区块链思维将成为构造元宇宙思维的重要基础。元宇宙思维强调开放共享、融合共生,以大量数据为基础的数据分析方法,将成为推动元宇宙运行的主要力量。就价值论而言,数据不再仅仅是符号,它更多代表着新的财富类型。这些财富,或是精神上的,或是物质上的;或是与经济有关的,或是与政治有关的。不同的主体,将拥有不同的数据财富。元宇宙中的财富观,将与现实世界的财富观交替影响和迭代变化。

关于秩序的历史哲学。置身于元宇宙中,人类的秩序观将会发生重大变革,这是源于人类认知哲学和世界观发生了重大变化。一直以来,人类生活的地球及其星系——我们称之为现实世界,就像一个看似开放、实则封闭的囚笼,人类在努力地挣脱既往的认知,寻求真理,力图全面地认识这个世界。但是,这个"封闭的盒子"始终无法被人类完全掀开,也因此造成我们对世界的认知趋于稳定并形成了"知识",一代代相传并奉为圭臬。今天,我们不能说人类错了,但我们应该借助元宇宙破开现实宇宙壁垒的机会,去比较、思考我们过往的世界观,以及在过去几个世纪里对于秩序观的争论。面对元宇宙,如果从个人的角度去观察秩序,它大概率会带来"增熵"。从国家的角度去观察秩序,如果元宇宙是现实世界的映射或者是复制,那么元宇宙也将成为国家竞争的新型战场,传统的秩序观下,"增熵"是必然的结果。如何跳出人类给自己编织的囚笼? 如何让我们的世界"减熵"? 如何让元宇宙成为人类的机遇而不是深渊? 我们必须树立起新的秩序观,在元宇宙中构建有别于现实世界的新秩序。构建新秩序要解决三大问题。一是理念问题。以利己、理性为基石构建的理论大厦,如今已被实践证明存在诸多弊端,它或是世界失序、无序的重要根源。因此,人类必须尝试寻找其他的可能出口,树立诸如利他、共享等新理念,并以此构建元宇宙的新秩序。二是协调问题。不管是以美国为代表的大西方秩序观,还是以中国为代表的新东方秩序观,本质上都是为了人类的发展和繁荣。但是,大西方达成目标的手段本身就是"不秩序的"、暴力的、毕其功于一役的;新东方采取的方案则是柔和的、共识性的、渐进式的,与大西方形成了鲜明的对比。要对照现实世界,汲取教训,在元宇宙中尝试使用新东方的方案,争取大西方的支持。三是自治问题。元宇宙的主体,不再局限于传统世界中的自然人;元宇宙的治理,也不能由现实世界中的精英主导。元宇宙的治理体系,应该是独立于现实世界的治理体系的,而不是现有秩序的简单延伸。这一体系的所有参与者,应该在区块链等新技术的支撑下,享有治理元宇宙的权利,承担维护秩序的义务。

区块链信仰作为建设元宇宙的重要指南。在元宇宙哲学中,人类终将找到对元宇宙的总体看法和根本观点,形成一套价值体系。这个价值体系,应该包含以下几个前提:一是元宇宙不是现实世界的简单映射,更不是复制现实世界;二是元宇宙应该成为人类"三省吾身"的重要空间或窗口;三是元宇宙的发展,应服务于自然人的合理需要,不能撇开人,也不能服从于人的任何欲望;四是元宇宙不能"增熵",只能"减熵",并通过新理念构建新规则,否则后患无穷;五是元宇宙的秩序,需要彰显正义、公平、安全。哲学是对思想的指导,信仰是行动的指南。在这个价值体系的背后,我们还需要一个信仰体系,为人类提供力量。那么,什么样的信仰既可以为元宇宙提供发展进步的动力,也可以提供秩序的保障? 我们认为,主权区块链引领下的区块链信仰,就是最佳的选择。这是因为,区块链信仰是对科学技术的信仰。不管是在元宇宙还是现实世界中,科学技术都是第一生产力,区块链作为新一代数字技术的典型代表,对数字经济、数字社会、数字政府的发展都会产生重大影响;作为技术中的技术,区块链对新技术的发展也将起到监督和促进作用;生产力决定生产关系,区块链的智能合约、主权区块链的相对去中心化(点对点直接交易等)将重构生产关系,引发经济社会的链式变革。区块链信仰也是对数据的信仰。这是因为,区块链治理,本质上也是一种特殊的数据治理,它有助于提升治理的透明度和开放度、共享性和安全性,是数字时代的重要解决方案。对数据的信仰,则源于数据是新的生产要素,是经济社会发展的新动能和驱动力,犹如技术和资本给世界带来的变化一样,也将重塑人类生存发展的世界,其中又以元宇宙最为典型。对数据的信仰,不是陷入数本主义的桎梏,而是基于对数据的合理利用。另外,区块链信仰还是对秩序的信仰。在主权区块链的引领下,区块链信仰还蕴含着制度之治的导向。元宇宙的"减熵",有赖于规则、机制和制度的建立,形成有序发展的局面。主权区块链强调的制度之治,基于制度创新的协同治理,将是元宇宙自治与共治结合,达到善治的良好方案。最后,需要指出的是,区块链信仰并不意味着区块链无所不能,而是说"区块链能"——对元宇宙的发展和治理有着不可替代的作用,它能让元宇宙变得越来越好。当然,区块链对现实世界也有着类似的作用。我们坚信,元宇宙哲学可

以让我们更好地认识世界,区块链信仰可以让我们更好地
建设世界,二者相辅相成,将成为推动人类进步的基础性
力量。

二、共同富裕的区块链秩序

世界银行的数据显示,世界贫困人口比例(按每天 1.9
美元衡量①)从 1981 年的 43.6% 降到了 2019 年的 8.5%,
贫困率大幅降低,全球贫困得到有效控制(见图5-1)。但
是,仍有约 7 亿人陷于极端贫困之中,全球贫困治理仍面临
严峻的形势。特别地,根据 2021 年 7 月 6 日联合国发布的
《2021 年可持续发展目标报告》,受新冠疫情影响,2020 年
全球极端贫困率自 1998 年以来首次上升,从 2019 年的
8.4% 升至 9.5%,饥饿人口数量可能增加 8300 万到 1.32
亿。② 联合国开发计划署(UNDP)2021 年 10 月 7 日发布
的《2021 年全球多维贫困指数》报告也显示,在 109 个国家
中,共有 13 亿人处于多维贫困状态,其中近一半是 18 岁以

---

① 国际贫困线有三个收入标准,即 1.9 美元/天(极低标准)、3.2 美元/天(中
标准)、5.5 美元/天(高标准)。
② 王佳宁:《联合国报告:实现可持续发展目标的努力因疫情受重挫》,新华
网,2021 年,http://m. xinhuanet. com/2021-07/07/c_1127632370. htm;
阮煜琳:《报告称,全球极端贫困人口因疫情近 20 年来首次上升》,中国日
报网,2021 年,https://cn. chinadaily. com. cn/a/202110/20/WS616f6b83a
3107be4979f3919. html。

下的未成年人,近85%的人生活在撒哈拉以南非洲或南亚
地区。[①] 贫困,是人类一直以来面对的重大问题,全球贫困
治理,需要人类共同面对、共同努力。

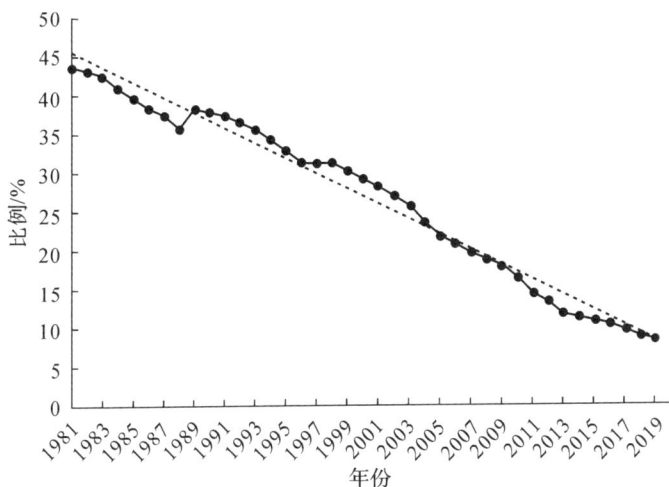

图 5-1 世界贫困人口比例

资料来源:世界银行集团发展研究局:"贫困人口比例"数据,世界银行,
2019 年, https://data. worldbank. org. cn/indicator/SI. POV. DDAY?
end＝2019&start＝1981&type＝shaded&view＝chart&year＝2019。

共同富裕是全球贫困治理的已验方案。古往今来,不
管是西方的"理想国",还是东方的"天下大同",都蕴含着古
人对于消除贫困、实现共同富裕的理想。但是,在过去的几
千年里,受生产力发展水平的限制,人类实现共同富裕仅仅

---

① 王静:《UNDP 发布〈2021 年全球多维贫困指数〉报告》,中国网,2021 年,
http://guoqing. china. com. cn/2021-10/20/content_77821653. htm。

是一个美好的愿望,无法实现。近现代以来,工业革命带来了生产力的巨大进步,引领西方国家迅速崛起。但是,在生产资料私有制的背景下,仍然难以避免贫富两极分化的历史难题。以美国为例,2021 年 12 月 5 日中国外交部发布的《美国民主情况》报告指出,美国是贫富分化最严重的西方国家,2021 年美国基尼系数升至 0.48,几乎是半个世纪以来的新高;美联储统计数据显示,截至 2021 年 6 月,美国收入在中间 60% 的"中产阶级"拥有的财富在国家总财富中占比已经跌至 26.6%,而收入前 1% 的富人却拥有 27% 的国家财富;加州大学伯克利分校经济学家伊曼努尔·萨兹发表的统计数据显示,美国前 10% 富人的人均年收入是后 90% 人口的 9 倍多,前 1% 富人的人均年收入是后 90% 人口的 40 倍,而前 0.1% 富人的人均年收入是后 90% 人口的 196 倍之多。[①] 也正是在马太效应的长期影响下,民粹主义开始在西方野蛮生长,引发了诸如经贸等一系列失序问题,对世界和发展构成了重大挑战。化解贫富两极分化问题需要合理的制度设计。针对贫困问题,我国提出了共同富裕的路径方案,即"先富带动后富,最终实现共同富裕"的发展思想,这是一种以点带面、以强携弱的辩证逻辑。值

---

① 外交部:《美国民主情况》,外交部官网,2021 年,https://www.fmprc.gov.cn/web/zyxw/202112/t20211205_10462534.shtml。

得注意的是，"先富"本身并不具备"带后富"的必然性，"先富带动后富"需要强有力的制度作为支撑。就我国而言，这样的制度设计主要体现在公有制、人民民主专政和中国共产党的领导等方面。如今，我国全面建成了小康社会，历史性地解决了绝对贫困问题[①]，为全球贫困治理提供有益借鉴，并将影响人类减贫事业的历史进程。需要指出的是，共同富裕不是社会主义的专利，中国不需要"一枝独秀"，它是人类的共同愿望。消除贫困是人类的共同理想。实现共同富裕不是社会主义的专利，它只是社会主义的本质要求，它应该是全人类的共同目标。在人类减贫事业面前，在多维贫困交替影响的背景下，需要各国共同努力，早日落实联合国《改变我们的世界——2030 年可持续发展议程》提出的目标。

主权区块链是数字时代创富和治富的新方案。其一，从创富的角度讲，区块链在降低交易成本、推动数字化进

[①] 据《人民日报》报道，改革开放以来，按照世界银行每人每天 1.9 美元的国际贫困标准，我国已有 8 亿多贫困人口实现脱贫，占同期全球减贫人口的 70％以上。党的十八大以来，我国连续 7 年每年减贫 1000 万人以上，每年减贫数量都相当于欧洲一个中等国家的人口规模。2020 年 2 月，《俄罗斯报》给中国脱贫算了一笔细账：最近几年，每个月都有约 100 万人脱离绝对贫困，这相当于中国每 3 秒就有 1 个人脱贫。2020 年底，中国如期完成了消除绝对贫困的艰巨任务。如此巨大的脱贫规模，不仅在我国历史上前所未有，在人类历史上也从未出现过。

程、界定数据资源产权、创造新的经济模式和商业模式上均有重要的作用，它是数字经济发展的重要基石。理论上，经济是低成本、高效益的代称，也是经济发展的重要规律，这与财富创造的过程基本是一致的。在数字时代，经济系统中成本主要源于信息不对称、交易费用高昂等方面。对于解决这些问题，区块链的分布式技术、不可篡改、智能合约、点对点交易有着天然的优势。当下，元宇宙的大门缓缓打开，人类正进入一个不确定的数字世界，数字经济建设正成为这个时代的中心，也将成为国家、企业和个人创造财富的重要平台、枢纽和路径。首先，数字经济的发展，有赖于数字基础设施的建设。区块链赋能大数据、5G、物联网、人工智能并实现深度融合，成为数字经济发展的重要技术支撑，加快数字化进程。其次，数字经济的高效运行，有赖于数据资源产权的确立。数据既是新的财富类型，也是财富创造的重要因素，数据资源产权的确立，对于财富的创造和累积具有重要的作用。就此而言，区块链基于密码学的特性，在数据存证、使用授权、数据安全、隐私保护等方面有着难以替代的作用，是数据权利界定的重要技术手段。数字经济的高速发展，需要与之匹配的模式。不管是从金融业的创新发展来讲，还是从数字经济与实体经济的结合来讲，抑或是企业的经营模式来讲，区块链所携带的分布式规则、信任规则，对解决传统金融痛点——信息披露不足、信任成本高,对解决制造业产品全周期管理、供应链管理、协同制造等智能化发展,对提升改善企业组织架构、提升企业管理效能、服务客户等方面,均有着现实的意义。其二,从治富的角度看,主权区块链将带来财富分配规则的变迁。财富创造与财富分配是一个统一的过程,它集中体现了生产要素参与财富创造的基本权重。在原始社会,财富分配的规则集中体现在劳动力要素上;在封建社会,财富分配的新规则集中体现在土地要素上;在工业社会,财富分配的新规则集中体现在资本上。当然,技术要素也参与了财富的分配,不过大都是由技术发明者、所有者替代的。进入数字时代,数据成为具有划时代意义的新要素,数据要素参与财富分配成为必然趋势,主权区块链成为重要的技术支撑,将提供重要的制度支持。从生产活动来看,基于数据的生产过程相较于传统生产过程是分布式的,数据的来源是广大的人民群众以及众多的市场主体,数据流通的每一个环节,都有赖于准确的确权和记录。对此,主权区块链能发挥有效的作用,确保每一个人都能分享到数据要素最终产生的经济价值。需要指出的是,由于数据要素具有有别于劳动力、土地、资本、技术的稀缺性,能够无限复制并叠加诞生新的数据,其价值释放天然具有范围广、周期长、类型多的特征,积少成多,每个人在长期内能获得的收益应当是可观的、不可忽略的,而这个复杂的过程,自然需要区块链作为技术支撑。另外,从规则和制度来看,基于对个人利益的保护以及实现共同富裕的要求,我们应该建立与财富分配相关的新规则、新制度和新法律。这些规则制度,要集中体现利他主义的理念,体现共享的内在要求,体现公平与正义。

共同富裕的区块链秩序包括全民参与、分配正义、组织共治、共享制度。长期来看,主权区块链的治富功能,最终将回归到共同富裕的秩序上。这样的秩序,首先是体现全民参与。共同富裕是所有人的富裕,是不落下一个人的富裕,其本身就包含了全民参与、人人享有的内涵。全民参与体现在秩序上,就是人人参与共建的平等机会和人人尽力的激励制度,这与区块链可以实现"人人上链""人人参与记账"的超级账本特性不谋而合。其次是体现分配正义。"分配问题是一个古老而恒久的议题,分配正义却是一个新近的话题。"[①]分配正义中,"分配指的是由社会或国家来分配收入、机会和资源,正义指的是给每个人以其应得,由这二者构成的分配正义指的是社会或国家在分配上给每个人以其应得"[②]。在主权国家背景下,我们认为,分配正义的实现仍然有赖于国家主导社会资源的再分配,这也是破解城

---

① 熊义刚、周林刚:《分配正义理论的两种辩护路径比较研究》,《西南大学学报(社会科学版)》2019年第6期,第54页。
② 段忠桥:《从分配正义看收入差距问题》,《人民日报》2016年2月2日,第7版。

乡二元结构的重要路径。进一步讲,当下的贫富分化很大程度上来源于资本回报率长期高于经济增长率、劳动回报率;其中,又源于资本是相对稀缺的,它通常为少数人所掌控。而与此不同的是,数据要素是相对富余的,它诞生于每一个人,可以很好地体现"分配给每个人以其应得"的正义。另外,共同富裕的区块链秩序——分配正义秩序,还会体现在收入的再分配和三次分配上,以提升税收征管用以及公益活动的透明度和效率。再次是体现组织共治。一方面,区块链的分布式特性,有助于国家、企业组织架构的重塑,使其更加扁平化,运行成本更低,更加有效率。另一方面,在全民参与的背景下,共同富裕还需要人人共治,人人努力发挥效用、人人监督。人人参与共治,就是既要避免"吃大锅饭",也要避免"劫富济贫";既要监督权力运行,也要督促履行义务;既要盯住先富群体,也要盯住后富群体,两头发力;既要正义的引导,也要法律的支持、技术的支撑。最后是体现共享的制度安排。无规矩不成方圆,制度是建立秩序的重要支柱。共享发展是共同富裕的内在要求,是实现共同富裕的重要路径。只有建立基于主权区块链的共享制度,才能完善共同富裕的秩序。共享制度应围绕以下几个方面进行谋划:一是制定并发布基于共享理念、共享思维的共享发展规划,提升国家、社会的共享能力;二是利用区块链等治理科技,推进体制机制改革创新,推动政治体制改革、经济体制改革、社会体制改革；三是建立共享机制，将关系人民生存和发展的教育资源、医疗资源、养老资源等纳入其中，消除城乡壁垒，保证资源透明性和公平分配，提升共享的广度；四是加快数据资源确权，既促进数据价值释放，也保障个人的数据收益权；五是建立可持续发展、良性循环的成果共享制度，确保经济良性发展，社会持续稳定。当然，共享制度也需要明确共享的边界，实现占有与共享的平衡。例如，不能妨碍、侵犯人或企业的基本权利，不能降低生产效率，不能回避每个主体的义务。[①]

三、共享文明与人类文明新形态

2021 年 7 月 1 日，中共中央总书记、国家主席、中央军委主席习近平在庆祝中国共产党成立 100 周年大会上庄严宣告："我们坚持和发展中国特色社会主义，推动物质文明、政治文明、精神文明、社会文明、生态文明协调发展，创造了中国式现代化新道路，创造了人类文明新形态。"[②]这是对文明的新认识和新划分，有文明新形态，自然也存在文明旧形态。文明因新旧程度不同，又可以划分为不同的文明。

[①] 吴忠民：《共享理念的合理边界》，《天津社会科学》2021 年第 2 期，第 19—23 页。

[②] 习近平：《在庆祝中国共产党成立 100 周年大会上的讲话》，《人民日报》2021 年 7 月 2 日，第 2 版。

诚如我们在《主权区块链 2.0：改变未来世界的新力量》中对"文明范式"的研究一样，文明形态也是描述文明及其进步的重要方式，对文明形态进行研究的最终目的也是指引人类走向更为高级的新文明。

生产方式决定人类文明形态的形成。从低级到高级、从简单到复杂、从落后到进步，这是文明演进的重要规律，也是新文明形态有别于旧文明形态的重要依据，它集中体现了生产方式的变革，也即生产力的跨越式发展和生产关系的深刻嬗变，以及政治、经济、社会、文化等方面的变迁。就中国式现代化新道路创造的人类文明新形态而言，着重体现的是生产关系的变革。与西方资本主义文明不同，我国所创造的文明属于社会主义文明形态，在生产关系上表现为生产资料公有制，而不是西方的私有制。在此基础上，反映到思维、政治、经济、文化等方面，又表现为人民民主专政的国体和人民代表大会制度的政体，强调的是以人民为中心的逻辑，而非资本主义文明以个人、资本为核心的逻辑；强调合作共赢、共同利益和价值，而非西方资本主义文明主张的个人利益、丛林法则、"普世价值"；强调全人类命运与共，而非自我优先。诸如此类，这是人类文明新形态之"新"所在。人类文明发展永无止境，不会以某一个文明作为终点。文明发展的动力除了生产方式的革命，还包括文明的交流互鉴。这表明，人类的未来，不仅取决于文明的现代化，还取决于文明的多样化。进一步讲，文明的现代化是一道多选题，而不是单选题；文明多样化是文明发展的内在要求，是文明传续的一般规律。中国创造人类文明的新形态，是人类的不同种族在不同时间、不同区域探索发展的必然结果。反过来讲，不同区域、不同时间、不同种族的生存和发展，也会创造出人类文明新形态。

共享文明代表着人类的未来。人类将会走向何方？人类文明的未来形态是什么？我们认为应该是共享文明，它是地球上全人类在数字时代共同创造的文明，是各种文明融合达成平衡的结果。它的诞生，并不代表其他文明的泯灭，而是代表各种文明的和谐共生、共同发展，是文明多样化的集中体现，是各大文明的精华融合创新发生质变所创造的新文明形态。它的诞生，源自人类面临数字赤字、全球贫困等全球性问题时，追求全球数字正义、共同富裕的共同抉择，是人类命运与共的最终体现。如果需要对共享文明下一个定义，我们认为是：在数字革命的背景下，全人类在迎接共同机遇、解决共同挑战、追求和平发展的过程中，形成以利他共享为基础的一系列新共识、新规则、新价值，建立了以共享为核心的新秩序，并以此推动人类在数字时代创造了物质的、精神的，涉及政治、经济、社会、文化、生态等各领域新成果的历史性总和,是人类文明的全新形态。①
共享文明之所以成为文明新形态,主要源于其三大内涵。
一是共享蕴含着生产方式的变革。不同于工业资本文明时
代利己理性的主张,共享代表着利他、可持续合作的重要价
值,主张共同建设、共同发展。利己调节的是人与物的关
系,利他调节的是人与人的关系。劳动力、资本等资源稀缺
性是利己的重要根源,数据资源的富余性是利他共享的重
要基础。数据要素推动下的数字技术变革,将带来生产力
的飞跃。二是共享文明代表着人类的未来。文明的融合才
是历史的主流,冲突并不占据主导地位。共享文明本身蕴
含着文明的共存、共生与共同发展,而不是文明的冲突、侵
蚀与消失。三是共享文明强调以人民为中心的发展初心。
共享文明解决的是全人类面临的共同问题,这些问题既包
括现实中存在的贫富分化、数字赤字问题,也包括数字世界
中的分化问题。

　　元宇宙文明是人类走向共享文明的第一站。元宇宙文
明与否,将深刻影响人类的未来。2021 年,元宇宙成为全

---

① 　关于共享文明的定义,卢德之博士曾在《论共享文明——兼论人类文明协
　　同发展的新形态》一书中指出:"所谓共享文明,就是当今人类共同创造、
　　共同认同、共同拥有的现代文明形态,是人类与自然、社会及人本身所有
　　关系的核心价值总和,是人类在现代生产、生活中形成的共同遵循和促进
　　全球化生产、生活需要的国际秩序、制度设计、文化教育、生活习性等新文
　　明的集合。"

世界的焦点,有关元宇宙的讨论风靡各界。在这场大讨论中,人们大致站成了三队:第一队是看好元宇宙的,以 Meta 等企业为代表;第二队是不看好元宇宙的,以著名科幻作家刘慈欣等人为代表[1];第三队是持审慎态度的,以政府部门为主。看好元宇宙的一方认为,随着数字革命的快速发展,元宇宙将成为人类的新疆域,将改变人类的工作方式和生活方式,带来新的繁荣;不看好元宇宙的一方认为,元宇宙会带来增熵,存在十大风险——资本操纵、舆论泡沫、伦理制约、垄断张力、产业内卷、算力压力、经济风险、沉迷风险、隐私风险、知识产权保护[2];持审慎中立态度的一方认为,不妨"让子弹飞一会儿"[3]。不管对元宇宙持何种态度,新一轮科技革命和产业变革不会就此止步,新一代数字技术不会停滞不前,人类走向元宇宙的脚步不会永远停下,元宇宙的到来必定是大势所趋。不管我们兴奋与否,不管我们担心与否,不管我们如何观望,我们都必须做好迎接元宇宙

---

[1] 刘慈欣认为,人类的未来,要么是走向星际文明,要么就是常年沉迷在 VR 的虚拟世界中。元宇宙是整个人类文明的一次内卷,内卷不可避免地朝着"熵"最大值的方向走,最终引导人类走向一条死路,不管地球达到了怎样的繁荣,那些没有太空航行的未来都是暗淡的。

[2] 清华大学新闻与传播学院新媒体研究中心:《2020－2021 元宇宙发展研究报告》,证券日报网,2021 年,http://www. zqrb. cn/finance/hangyedongtai/2021-10-26/A1635219645688. html。

[3] 张近山:《万物皆可"元宇宙"?》,"人民日报评论"微信公众号,2021 年,https://mp. weixin. qq. com/s/HS5NKh30_vTILjyyzdSrSA。

的准备。就如同对技术的态度一样：技术的善恶，始终取决
于创造和使用技术的人。我们对待元宇宙，也应如此。为
此，人类必须做好两手准备。一方面，增强机遇意识。元宇
宙的机遇，不亚于大航海时代给人类带来的繁荣。但是，元
宇宙带来的繁荣，不能像大航海时代一样，建立在一部分人
类的痛苦、磨难甚至牺牲生命之上。抓住元宇宙的机遇，必
须建立在健康可持续发展的要求之上。这就需要人类联合
起来，在这次大迁徙之中，重新建立有别于现实世界的理念
和价值观，构建足以体现正义公平的底层规则，做好足以反
映绝大部分人类意愿、团结绝大部分人类意志的顶层设计，
建立足以体现绝大部分人类利益的制度体系，制定足以引
领绝大部分人类行动的可行方案。另一方面，增强风险意
识。未来对人类的最大威胁也许正是来自元宇宙，虚拟技
术的威胁远大于战争的威胁。全人类只有联合起来，共同
建立有关元宇宙发展运行的基本规则、风控机制，才能避免
数字冷战和热战爆发，才能避免元宇宙成为蛮荒之地、原始
丛林。

　　数字文明是人类走向共享文明的重要标志。一方面，
科技是观察人类文明进步的主线。今天，数字全球化正全
方位地影响着人类，影响着每一个国家和每一个人。以数
字技术驱动，以数据要素为基础，以数字世界繁荣并与现实
世界联动发展所创造的数字文明，本身就是科技革命带来

的，它代表着人类文明的巨大进步。另一方面，数字文明将引发人类文明史上的又一次大融合。人类社会自诞生以来，科技文明都是世界各文明融合发展的桥梁。工业时代，西方资本主义文明在工业革命中抢得先机，并实现了对工业文明的改造，使得世界其他文明在融入工业文明过程中出现了巨大的波折，阻碍了全球正义的实现。数字时代，人类不能重蹈工业时代的覆辙，必须抓住数字文明所带来的融合机遇，促进各文明交流互鉴、共同进步，在数字时代焕发出新的活力和生机，为人类文明多样性和共享文明的诞生奠定坚实的基础。

人类文明共同体是共享文明的永恒追求。事实上，不管是元宇宙文明，还是数字文明，抑或是共享文明，它们都是人类文明的新形态。这些新形态，不是推翻过往的文明形态，而是对旧文明形态的纠偏和发展。从人类视野下的时间线来看，每一个文明形态都是人类的坚实脚印，有着不可磨灭的作用。同理，从空间来看，诞生在地球上的各类文明，并没有优劣之分，它们是全人类的财富。文明的共存、融合和发展，不仅关乎每一个人，也关乎每一个种族、每一个国家，更关乎全人类的未来，它是人类永恒的主题，也是共享文明的价值追求。如果人类的未来存在一个答案，那么我们认为这个答案，就是形成"1＋N＝1"的文明新秩序。第一个"1"是共享文明，强调以共享为范式；"N"代表若干的新旧文明形态,强调文明的多样性;第二个"1"代表人类文明共同体,强调人类的命运与共。"1＋N＝1"代表着各文明的和平共处,代表着各文明的融合发展,代表着"地球村"的繁荣,代表着人类"未曾到来的未来"。

参考文献

一、中文专著

[1] 长铗、韩锋等:《区块链:从数字货币到信用社会》,中信出版社 2016 年版。

[2] 陈家刚等:《社会主义协商民主:制度与实践》,社会科学文献出版社 2019 年版。

[3] 大数据战略重点实验室:《块数据 3.0:秩序互联网与主权区块链》,中信出版社 2017 年版。

[4] 大数据战略重点实验室:《块数据 5.0:数据社会学的理论与方法》,中信出版社 2019 年版。

[5] 大数据战略重点实验室:《数权法 1.0:数权的理论基础》,社会科学文献出版社 2018 年版。

[6] 大数据战略重点实验室:《数权法 2.0:数权的制度建构》,社会科学文献出版社 2020 年版。

[7] 大数据战略重点实验室:《主权区块链 1.0:秩序互联网与人类命运共同体》,浙江大学出版社 2020 年版。

[8] 段凡:《权力与权利:共置和构建》,人民出版社 2016年版。

[9] 高鸿钧、申卫星主编:《信息社会法治读本》,清华大学出版社 2019 年版。

[10] 高景柱:《世界主义的全球正义》,中国社会科学出版社 2020 年版。

[11] 何家弘、刘品新:《证据法学》,法律出版社 2019 年版。

[12] 贾可卿:《共同富裕与分配正义》,人民出版社 2018年版。

[13] 蓝云主编:《链能:区块链与产业变革、治理现代化》,南方日报出版社 2020 年版。

[14] 连玉明主编:《大数据蓝皮书:中国大数据发展报告No.5》,社会科学文献出版社 2021 年版。

[15] 梁慧星主编:《民商法论丛》(第 2 卷),法律出版社1994 年版。

[16] 吕振羽:《史前期中国社会研究》(上卷),河北教育出版社 2002 年版。

[17] 沙烨:《跨越财富鸿沟:通往共同富裕之路》,当代世界出版社 2021 年版。

[18] 施展:《破茧:隔离、信任与未来》,湖南文艺出版社

2021 年版。

[19] 史瑞杰、韩志明等:《面向公平正义和共同富裕的政府再分配责任研究》,中国社会科学出版社 2021 年版。

[20] 王延川、陈姿含、伊然:《区块链治理:原理与场景》,上海人民出版社 2021 年版。

[21] 习近平:《习近平谈治国理政》,外文出版社 2014 年版。

[22] 习近平:《之江新语》,浙江人民出版社 2007 年版。

[23] 邢杰、赵国栋、徐远重等:《元宇宙通证》,中国出版集团中译出版社 2021 年版。

[24] 徐向东编:《全球正义》,浙江大学出版社 2011 年版。

[25] 杨昂然、黄乐军:《区块链与通证:重新定义未来商业生态》,机械工业出版社 2018 年版。

[26] 杨东:《区块链＋监管＝法链》,人民出版社 2018 年版。

[27] 杨延超:《机器人法:构建人类未来新秩序》,法律出版社 2019 年版。

[28] 张建锋:《数字治理:数字时代的治理现代化》,电子工业出版社 2021 年版。

[29] 张康之:《论伦理精神》,江苏人民出版社 2012 年版。

[30] 赵国栋、易欢欢、徐远重:《元宇宙》,中国出版集团中译出版社 2021 年版。

[31] 中共中央马克思恩格斯列宁斯大林著作编译局:《马克思恩格斯选集》(第三卷),人民出版社 2012 年版。

[32] 中共中央马克思恩格斯列宁斯大林著作编译局:《马克思恩格斯选集》(第一卷),人民出版社 1995 年版。

[33] 中共中央马克思恩格斯列宁斯大林著作编译局:《马克思恩格斯文集》(第一卷),人民出版社 2009 年版。

[34] 中共中央马克思恩格斯列宁斯大林著作编译局:《马克思恩格斯全集》(第四十六卷)(下册),人民出版社 1980 年版。

[35] [德]海德格尔:《存在与时间》,陈嘉映、王庆节译,生活·读书·新知三联书店 2006 年版。

[36] [德]黑格尔:《法哲学原理》,范扬等译,商务印书馆 1961 年版。

[37] [德]乌尔里希·贝克:《风险社会》,何博闻译,译林出版社 2018 年版。

[38] [法]普里马韦拉·德·菲利皮、[美]亚伦·赖特:《监管区块链:代码之治》,卫东亮译,中信出版社 2018 年版。

[39] [荷]E.舒尔曼:《科技文明与人类未来》,李小兵译,东方出版社 1995 年版。

[40] [荷]斯宾诺莎:《伦理学》,贺麟译,商务印书馆 1981 年版。

[41] [美]阿尔文·托夫勒:《权力的转移》,黄锦桂译,中信出版社 2018 年版。

[42] [美]保罗·维格纳、[美]迈克尔·凯西:《区块链:赋能万物的事实机器》,凯尔译,中信出版社 2018 年版。

[43] [美]布鲁斯·马兹利什:《文明及其内涵》,汪辉译,商务印书馆 2017 年版。

[44] [美]弗朗西斯·福山:《大断裂:人类本性与社会秩序的重建》,唐磊译,广西师范大学出版社 2015 年版。

[45] [美]凯文·凯利:《必然》,周峰等译,电子工业出版社 2016 年版。

[46] [美]凯文·凯利:《失控:全人类的最终命运和结局》,张行舟、陈新武、王钦等译,电子工业出版社 2016 年版。

[47] [美]凯文·沃巴赫:《链之以法:区块链值得信任吗?》,林少伟译,上海人民出版社 2019 年版。

[48] [美]拉里·戴蒙德:《民主的精神》,张大军译,群言出版社 2013 年版。

[49] [美]劳伦斯·莱斯格:《代码 2.0:网络空间中的法律》,李旭、沈伟伟译,清华大学出版社 2009 年版。

[50] [美]雷·库兹韦尔:《奇点临近》,李庆诚、董振华、田源译,机械工业出版社 2011 年版。

[51] [美]雷切尔·博茨曼、[美]路·罗杰斯:《共享经济时

代:互联网思维下的协同消费商业模式》,唐朝文译.
上海交通大学出版社 2015 年版。

[52] [美]尼古拉·尼葛洛庞帝:《数字化生存》,胡泳、范海
燕译,海南出版社 1997 年版。

[53] [美]尼古拉斯·克里斯塔基斯、[美]詹姆斯·富勒:
《大连接:社会网络是如何形成的以及对人类现实行
为的影响》,简学译,中国人民大学出版社 2012 年版。

[54] [美]欧文·拉兹洛:《决定命运的选择》,李吟波等译,
生活·读书·新知三联书店 1997 年版。

[55] [美]皮埃罗·斯加鲁菲:《智能的本质:人工智能与机
器人领域的 64 个大问题》,任莉、张建宇译,人民邮电
出版社 2017 年版。

[56] [美]乔万尼·萨托利:《民主新论》,冯克利、阎克文
译,东方出版社 1998 年版。

[57] [美]瑞·达利欧:《原则》,刘波等译,中信出版社 2018
年版。

[58] [美]约瑟夫·奈:《美国霸权的困惑》,郑志国译,世界
知识出版社 2002 年版。

[59] [美]约瑟夫·熊彼特:《资本主义、社会主义与民主》,
吴良健译,商务印书馆 1999 年版。

[60] [日]福泽谕吉:《文明论概略》,北京编译社译,商务印
书馆 2017 年版。

［61］［日］加藤雅信:《"所有权"的诞生》,郑芙蓉译,法律出版社 2012 年版。

［62］［委］莫伊塞斯·纳伊姆:《权力的终结》,王吉美等译,中信出版社 2013 年版。

［63］［以］尤瓦尔·赫拉利:《未来简史》,林俊宏译,中信出版集团 2017 年版。

［64］［意］阿奎那:《论法律》,杨天江译,商务印书馆 2017 年版。

［65］［英］安东尼·吉登斯:《失控的世界》,周红云译,江西人民出版社 2001 年版。

［66］［英］安东尼·吉登斯:《现代性的后果》,田禾译,译林出版社 2000 年版。

［67］［英］戴维·赫尔德:《民主的模式》,燕继荣等译,中央编译出版社 2008 年版。

［68］［英］戴维·米勒、［英］韦农·波格丹诺编,邓正来主编:《布莱克维尔政治学百科全书》,中国问题研究所等组织翻译,中国政法大学出版社 1992 年版。

［69］［英］罗伯特·赫里安:《批判区块链》,王延川、郭明龙译,上海人民出版社 2019 年版。

二、中文期刊

［1］白刚:《〈资本论〉与人类文明新形态》,《四川大学学报

(哲学社会科学版)》2017 年第 5 期。

[2] 陈家刚:《全球治理:发展脉络与基本逻辑》,《国外理论动态》2017 年第 1 期。

[3] 陈娟:《论共享发展与共同富裕的内在关系》,《思想教育研究》2016 年第 12 期。

[4] 陈旻、李呈:《多元社会治理中政府主导作用探析》,《北京政法职业学院学报》2015 年第 3 期。

[5] 陈伟光、袁静:《区块链技术融入全球经济治理:范式革新与监管挑战》,《天津社会科学》2020 年第 6 期。

[6] 陈尧:《理解全球民主衰落》,《复旦学报(社会科学版)》2015 年第 2 期。

[7] 陈尧:《西方民主制度的结构性张力将动摇西方社会的根基》,《红旗文稿》2015 年第 22 期。

[8] 褚松燕:《互联网时代的政府公信力建设》,《国家行政学院学报》2011 年第 5 期。

[9] 丁涛:《从疫情大考看中国制度优势和社会主义市场经济体制优越性——基于十九届四中全会两大理论热点的思考》,《政治经济学研究》2020 年第 2 期。

[10] 窦炎国:《公共权力与公民权利》,《毛泽东邓小平理论研究》2006 年第 5 期。

[11] 段伟文:《面向人工智能时代的伦理策略》,《当代美国评论》2019 年第 1 期。

［12］冯兵:《中西方对比视角下中国国家治理的制度优势》,《南昌大学学报(人文社会科学版)》2020年第6期。

［13］甘锋:《论公共协商、国际制度与全球治理》,《河南社会科学》2013年第10期。

［14］高飞:《中国推动共商共建共享的全球治理》,《人民论坛》2019年第30期。

［15］高奇琦、张鹏:《从算法民粹到算法民主:数字时代下民主政治的平衡》,《华中科技大学学报(社会科学版)》2021年第4期。

［16］高奇琦:《智能革命与国家治理现代化初探》,《中国社会科学》2020年第7期。

［17］公维友、刘云:《当代中国政府主导下的社会治理共同体建构理路探析》,《山东大学学报(哲学社会科学版)》2014年第3期。

［18］郭建鹏、王立君:《数字时代"民意画像"的特征、策略及风险》,《青年记者》2019年第9期。

［19］郭铠源:《法律视角下基于区块链技术的电子存证探究》,《法制博览》2019年第25期。

［20］郭毅:《"人吃人":算法社会的文化逻辑及其伦理风险》,《中国图书评论》2021年第9期。

［21］韩传峰:《基于区块链的社区治理机制创新研究》,《人

民论坛·学术前沿》2020年第5期。

[22] 韩民青:《现代宇宙观的演变及趋势》,《学术研究》2004年第5期。

[23] 韩骁:《文明视野下的全人类共同价值及其哲学意蕴》,《哲学研究》2021年第8期。

[24] 何建华:《共享理论的当代建构》,《伦理学研究》2017年第4期。

[25] 何立军、朱志伟:《区块链嵌入基层治理的价值效能与创新路径》,《江汉论坛》2021年第7期。

[26] 何亚非:《全人类共同价值为全球治理贡献中国智慧》,《人民论坛》2021年第29期。

[27] 贺恒扬:《以审判为中心,以证据为核心构建新型侦诉审辩关系》,《公民与法:综合版》2015年第11期。

[28] 胡琨、肖馨怡:《数字经济浪潮下德国捍卫"数字主权"的政策及对我国的启示》,《领导科学》2021年第2期。

[29] 黄建伟、刘军:《欧美数字治理的发展及其对中国的启示》,《中国行政管理》2019年第6期。

[30] 黄欣荣:《大数据哲学研究的背景、现状与路径》,《哲学动态》2015年第7期。

[31] 季思:《共商:向世界贡献中国智慧》,《当代世界》2019年第3期。

[32] 简军波:《如何确保我们的权利?——论全球民主的

正当性及初步建构》,《欧洲研究》2004 年第 3 期。

[33] 姜奇平:《数字所有权要求支配权与使用权分离》,《互联网周刊》2012 年第 5 期。

[34] 巨彦鹏:《数字时代数字领导力矩阵分析与提升路径研究》,《领导科学》2021 年第 8 期。

[35] 雷艳妮:《抗疫彰显中国特色社会主义的制度优势和治理效能》,《绍兴文理学院学报(人文社会科学)》2021 年第 3 期。

[36] 李成蹊:《"物质变精神,精神变物质"与信息论》,《现代哲学》1986 年第 4 期。

[37] 李广民、张怀勋:《选举民主与协商民主之比较》,《中国政协理论研究》2011 年第 1 期。

[38] 李伦:《"楚门效应":数据巨机器的"意识形态"——数据主义与基于权利的数据伦理》,《探索与争鸣》2018 年第 5 期。

[39] 李默涵、李建中、高宏:《数据时效性判定问题的求解算法》,《计算机学报》2012 年第 11 期。

[40] 李拥军、郑智航:《从斗争到合作:权利实现的理念更新与方式转换》,《社会科学》2008 年第 10 期。

[41] 李志祥:《共建共享与共生共享:共享发展的双重逻辑》,《南京社会科学》2019 年第 2 期。

[42] 李智水、邓伯军:《数字社会形态视阈下社会治理的逻》

辑进路研究》,《云南社会科学》2020年第3期。

[43] 连玉明:《向新时代致敬——基于主权区块链的治理科技在协商民主中的运用》,《中国政协》2018年第6期。

[44] 连玉明:《主权区块链对互联网全球治理的特殊意义》,《贵阳学院学报(社会科学版)》,2020年第3期。

[45] 林德宏:《科技哲学与人类未来的命运》,《科学技术与辩证法》2000年第6期。

[46] 林红:《当代民粹主义的两极化趋势及其制度根源》,《国际政治研究》2017年第1期。

[47] 林奇富、贺竞超:《大数据权力:一种现代权力逻辑及其经验反思》,《东北大学学报(社会科学版)》2016年第5期。

[48] 刘红、胡新和:《数据哲学构建的初步探析》,《哲学动态》2012年第12期。

[49] 刘欢:《协商民主视角下提升我国政府公信力问题研究》,《吉林省社会主义学院学报》2016年第1期。

[50] 刘建义、陈芸:《大数据、权力终结与公共决策创新》,《天府新论》2017年第6期。

[51] 刘玲:《公平正义和共享发展的历史根源与统一治理格局》,《海南大学学报(人文社会科学版)》2019年第4期。

［52］刘同舫：《人类命运共同体对全球治理体系的历史性重构》，《四川大学学报（哲学社会科学版）》2020 年第 5 期。

［53］龙荣远、杨官华：《数权、数权制度与数权法研究》，《科技与法律》2018 年第 5 期。

［54］陆岷峰、周军煜：《金融治理体系和治理能力现代化中的治理科技研究》，《广西社会科学》2021 年第 2 期。

［55］陆云：《中国道路与人类文明新形态》，《江苏师范大学学报（哲学社会科学版）》2019 年第 1 期。

［56］吕增建、刘晞燕：《霍金与量子宇宙论》，《现代物理知识》2004 年第 4 期。

［57］马长山：《智能互联网时代的法律变革》，《法学研究》2018 年第 4 期。

［58］孟天广：《数字治理全方位赋能数字化转型》，《政策瞭望》2021 年第 3 期。

［59］苗翠翠：《人类命运共同体：中国方案引领人类文明新形态》，《重庆社会科学》2019 年第 4 期。

［60］苗瑞丹、代俊远：《共享发展的理论内涵与实践路径探究》，《思想教育研究》2017 年第 3 期。

［61］欧阳本祺、童云峰：《区块链时代数字货币法律治理的逻辑与限度》，《学术论坛》2021 年第 1 期。

［62］潘乾：《共享理念的制度伦理考察》，《伦理学研究》

2018 年第 4 期。

[63] 庞静泊:《政府公信力的构成因素及提升途径研究》,《内蒙古大学学报(哲学社会科学版)》2018 年第 5 期。

[64] 彭波:《论数字领导力:数字科技时代的国家治理》,《人民论坛·学术前沿》2020 年第 15 期。

[65] 彭兰:《连接与反连接:互联网法则的摇摆》,《国际新闻界》2019 年第 2 期。

[66] 彭兰:《智能时代人的数字化生存——可分离的"虚拟实体"、"数字化元件"与不会消失的"具身性"》,《新闻记者》2019 年第 12 期。

[67] 邱蓓:《可能世界理论视域下的虚构人物类型》,《文艺理论研究》2021 年第 3 期。

[68] 沈洋:《以数字正义推动实现更高水平的公平正义》,《中国审判》2021 年第 5 期。

[69] 宋辰熙、刘铮:《从"治理技术"到"技术治理":社会治理的范式转换与路径选择》,《宁夏社会科学》2019 年第 6 期。

[70] 孙存良:《选举民主与协商民主相结合是中国特色社会主义民主的重要优势》,《思想理论教育导刊》2010 年第 5 期。

[71] 孙英、杨扬、田祥茂:《人类社会进步:文明交流互鉴动力论》,《西北民族大学学报(哲学社会科学版)》2019

年第 6 期。

[72] 孙照红:《选举民主和协商民主:中国特色的双轨民主模式》,《唯实》2007 年第 7 期。

[73] 田克勤、张林:《全球抗疫下的中国制度和治理优势思考》,《东北师大学报(哲学社会科学版)》2020 年第 4 期。

[74] 田旭:《人类命运共同体与全球治理民主化的中国方案》,《党政研究》2019 年第 6 期。

[75] 万斌、王康:《论胡锦涛"共享"思想的人权意蕴》,《浙江学刊》2008 年第 5 期。

[76] 汪波:《大数据、民意形态变迁与数字协商民主》,《浙江社会科学》2015 年第 11 期。

[77] 汪波:《信息时代数字协商民主的重塑》,《社会科学战线》2020 年第 2 期。

[78] 汪渊智:《理性思考公权力与私权利的关系》,《山西大学学报(哲学社会科学版)》2006 年第 4 期。

[79] 王博:《企业区块链平台中的治理机制与激励机制设计》,《信息通信技术与政策》2019 年第 1 期。

[80] 王东海:《社会主义协商民主视角下多元共治理念探析》,《内蒙古统战理论研究》2020 年第 5 期。

[81] 王飞跃:《"区块链"专题序言》,《世界科技研究与发展》2021 年第 5 期。

[82] 王金良：《世界主义民主理论及其批判》，《国际政治研究》2018 年第 6 期。

[83] 王名、蔡志鸿、王春婷：《社会共治：多元主体共同治理的实践探索与制度创新》，《中国行政管理》2014 年第 12 期。

[84] 王树松：《技术之"是"与"应该"》，《理论界》2004 年第 4 期。

[85] 王天恩：《重新理解"发展"的信息文明"钥匙"》，《中国社会科学》2018 年第 6 期。

[86] 王文东：《人类文明新形态：生成逻辑与坐标体系》，《江海学刊》2021 年第 4 期。

[87] 王勇刚：《机遇抑或挑战：区块链技术与当代西方民主困境》，《哈尔滨工业大学学报（社会科学版）》2021 年第 2 期。

[88] 王战、张秦：《全球治理中的协商民主：逻辑、目标与框架》，《社会主义研究》2017 年第 3 期。

[89] 魏琼：《论私权文明的起源与形成》，《法学》2018 年第 12 期。

[90] 温丙存：《科技支撑社会治理实践的路径：技术与赋能——基于全国创新社会治理典型案例的经验研究》，《治理现代化研究》2021 年第 4 期。

[91] 乌兰哈斯：《在疫情防控大考中看"中国之治"新境

界》,《大理大学学报》2020 年第 11 期。

[92] 吴汉东:《人工智能时代的制度安排与法律规制》,《法律科学(西北政法大学学报)》2017 年第 5 期。

[93] 吴忠民:《共享理念的合理边界》,《天津社会科学》2021 年第 2 期。

[94] 伍俊斌:《网络协商民主的困境与战略分析》,《黑龙江社会科学》2018 年第 4 期。

[95] 向玉乔:《共享的伦理限度》,《江苏行政学院学报》2019 年第 5 期。

[96] 肖峰:《信息化与国家治理现代化》,《国家治理》2019 年第 43 期。

[97] 谢桃:《公权力与私权利的博弈》,《知识经济》2011 年第 21 期。

[98] 谢新水:《合作共享:功能良好数字社会的建构原则——基于德鲁克和梅奥的反思》,《学术界》2022 年第 1 期。

[99] 熊义刚、周林刚:《分配正义理论的两种辩护路径比较研究》,《西南大学学报(社会科学版)》2019 年第 6 期。

[100] 杨圣琼:《多元主体在创新社会治理体制中的作用研究》,《四川行政学院学报》2016 年第 4 期。

[101] 洋龙:《平等与公平、正义、公正之比较》,《文史哲》2004 年第 4 期。

[102] 姚选民：《人类命运共同体：全球治理的未来善治图景》，《理论与评论》2020 年第 5 期。

[103] 伊然：《区块链技术在司法领域的应用探索与实践——基于北京互联网法院天平链的实证分析》，《中国应用法学》2021 年第 3 期。

[104] 尹岩：《信息时代个体认同的哲学反思》，《上海师范大学学报（哲学社会科学版）》2021 年第 2 期。

[105] 俞可平：《全球治理引论》，《马克思主义与现实》2002 年第 1 期。

[106] 俞可平：《现代化进程中的民粹主义》，《战略与管理》1997 年第 1 期。

[107] 袁元：《从国家治理能力看中国制度优势》，《瞭望》2017 年第 34 期。

[108] 宰思烨：《政府主导型社会治理模式下社会组织发展理路》，《企业导报》2016 年第 14 期。

[109] 张超：《区块链的治理机制和方法研究》，《信息安全研究》2020 年第 11 期。

[110] 张成福、谢侃侃：《数字化时代的政府转型与数字政府》，《行政论坛》2020 年第 6 期。

[111] 张贵红：《论数据的本质及其与信息的关系》，《哲学分析》2018 年第 2 期。

[112] 张晋铭、徐艳玲：《科学把握人类命运共同体与全球

治理体系的"正和博弈"》,《青海社会科学》2020 年
第 2 期。

[113] 张文显:《构建智能社会的法律秩序》,《东方法学》
2020 年第 5 期。

[114] 张永谊:《深刻认识"人类文明新形态"的重大意义》,
《杭州(上半月)》2021 年第 7 期。

[115] 赵可金:《协商性外交:全球治理的新外交功能研
究》,《国外理论动态》2013 年第 8 期。

[116] 赵磊:《区块链技术的算法规制》,《现代法学》2020 年
第 2 期。

[117] 赵蕾、曹建峰:《从"代码即法律"到"法律即代
码"——以区块链作为一种互联网监管技术为切入
点》,《科技与法律》2018 年第 5 期。

[118] 赵蕾、曹建峰:《法律科技:法律与科技的深度融合与
相互成就》,《大数据时代》2020 年第 5 期。

[119] 郑慧:《参与民主与协商民主之辨》,《华中师范大学
学报(人文社会科学版)》2012 年第 6 期。

[120] 朱本用、陈喜乐:《试论科技治理的柔性模式》,《自然
辩证法研究》2019 年第 10 期。

[121] 曾婧婧、钟书华:《论科技治理》,《科学经济社会》
2011 年第 1 期。

[122] 曾盛聪:《地利共享的正义逻辑与制度安排》,《哲学

研究》2016 年第 2 期。

[123] ［德］乌尔里希·贝克、邓正来、沈国麟：《风险社会与中国——与德国社会学家乌尔里希·贝克的对话》，《社会学研究》2010 年第 5 期。

[124] ［美］罗伯特·O.基欧汉、［美］约瑟夫·S.奈：《多边合作的俱乐部模式与世界贸易组织：关于民主合法性问题的探讨》，《世界经济与政治》2001 年第 12 期。

三、中文报章

[1] 陈建中：《为构建人类命运共同体注入新动力新活力 共商共建共享的全球治理理念具有深远意义》，《人民日报》2017 年 9 月 12 日，第 7 版。

[2] 段忠桥：《从分配正义看收入差距问题》，《人民日报》2016 年 2 月 2 日，第 7 版。

[3] 方莹馨：《弥合数字鸿沟 共享发展红利》，《人民日报》2020 年 12 月 8 日，第 17 版。

[4] 贺晓丽：《提升数据领导力建设 数字政府》，《青岛日报》2021 年 6 月 24 日，第 9 版。

[5] 钱通：《欧洲"集火"谷歌耐人寻味》，《经济日报》2021 年 7 月 17 日，第 4 版。

[6] 孙梦龙：《区块链取证与可信时间戳技术梳理适用》，《检察日报》2021 年 9 月 1 日，第 3 版。

[7] 汪波:《大数据下民意形态与协商民主》,《中国社会科学报》2015年9月9日,第7版。

[8] 习近平:《在庆祝中国共产党成立100周年大会上的讲话》,《人民日报》2021年7月2日,第2版。

[9] 习近平:《在中华人民共和国恢复联合国合法席位50周年纪念会议上的讲话》,《人民日报》2021年10月26日,第2版。

[10] 习近平:《协同推进新冠肺炎防控科研攻关 为打赢疫情防控阻击战提供科技支撑》,《人民日报》2020年3月3日,第1版。

[11] 习近平:《在网络安全和信息化工作座谈会上的讲话》,《人民日报》2016年4月26日,第2版。

[12] 习近平:《在中央网络安全和信息化领导小组第一次会议上的讲话》,《人民日报》2014年2月28日,第1版。

[13] 熊易寒、王昊:《用数字技术破解"九龙治水"难题》,《光明日报》2021年7月13日,第2版。

[14] 杨雪冬:《选举民主与协商民主可以相互替代吗》,《解放日报》2009年3月23日,第14版。

[15] 俞可平:《全球善治与中国的作用》,《学习时报》2012年12月10日,第2版。

[16] 张培培:《反思"代码即法律"》,《中国社会科学报》

2020 年 11 月 11 日，第 8 版。

[17] 张鹏：《算法民粹主义突显西方代议制民主困境》，《中国社会科学报》2021 年 8 月 18 日，第 8 版。

[18] 周小毛：《利益共同体、责任共同体和命运共同体的内在逻辑》，《湖南日报》2021 年 2 月 20 日，第 5 版。

四、其他中文文献

[1] 陈赟、刘丽娜、包尔文：《特稿：全球抗疫的时代之问》，新华网，2020 年，http://www.xinhuanet.com/2020-04/06/c_1125818225.htm。

[2] 陈维宣、吴绪亮：《虚拟世界与真实世界的经济互动及其影响》，腾讯研究院，2020 年，https://baijiahao.baidu.com/s? id ＝ 16638777872340066926＆wfr ＝ spider＆for＝pc。

[3] 贵州生命大数据研究院：《浅谈生命大数据》，信息化观察网，2021 年，https://www.infoobs.com/article/20210312/45884.html。

[4] 郭立琦、郭楠楠：《马化腾、扎克伯格、库克交锋：元宇宙代表人类的未来还是没落》，中国企业家杂志，2021 年，https://baijiahao.baidu.com/s? id ＝ 171765657 8243959698＆wfr＝spider＆for＝pc。

[5] 欧阳康：《人类命运共同体思想为全球善治提供价值引

领》,光明网,2018 年,https：//iwaes. gmw. cn/iwas/
mobile/Article ＿ Home ＿ Mobile. jsp? newsID ＝
6BDkB4oYTbQ％3D。

[6] 清华大学新闻与传播学院新媒体研究中心：《2020－
2021 元宇宙发展研究报告》,证券日报网,2021 年,
http：//www. zqrb. cn/finance/hangyedongtai/2021-
10-26/A1635219645688. html。

[7] 施展：《元宇宙,在数字世界的第几层?》,凤凰网,2021
年,https：//ishare. ifeng. com/c/s/v002BukbtYDFV1
Cpt4RKIVhdPRBSGh1KUaVA—yIOYFd8vFY＿。

[8] 外交部：《美国民主情况》,外交部官网,2021 年,
https：//www. fmprc. gov. cn/web/zyxw/202112/
t20211205_10462534. shtml。

[9] 王佳宁：《联合国报告：实现可持续发展目标的努力因
疫情受重挫》,新华网,2021 年,http：//m. xinhuanet.
com/2021-07/07/c_1127632370. htm。

[10] 王静：《UNDP 发布〈2021 年全球多维贫困指数〉报
告》,中国网,2021 年,http：//guoqing. china. com.
cn/2021-10/20/content_77821653. htm。

[11] 王平：《人民网评：科学技术,战胜疫情的关键利器》,
人民网,2020 年,http：//opinion. people. com. cn/
GB/n1/2020/0316/c223228-31634561. html。

[12] 习近平:《在中华人民共和国恢复联合国合法席位 50 周年纪念会议上的讲话》,中国政府网,2021 年,http://www. gov. cn/xinwen/2021-10/25/content_5644755. htm。

[13] 习近平:《为打赢疫情防控阻击战提供强大科技支撑》,求是网,2020 年,http://www. qstheory. cn/dukan/qs/2020-03/15/c_1125710612. htm。

[14] 习近平:《共同构建人类命运共同体——在联合国日内瓦总部的演讲》,人民网,2017 年,http://jhsjk. people. cn/article/29034230。

[15] 张文显:《塑造新型互联网司法生态体系》,最高人民法院,2020 年,https://baijiahao. baidu. com/s? id=1679132457985456567&wfr=spider&for=pc。

[16] 朱赫:《联合国贸发会议:数字鸿沟正在加深 中美两国驾驭数据能力最强》,央视网,2021 年,http://m. news. cctv. com/2021/09/29/ARTIIwECO9KzCETXcrP8YWf1210929. shtml。

[17] [葡]安东尼奥·古特雷斯:《在联合国大会第 76 届会议一般性辩论前的工作汇报》,光明网,2021 年,https://m. gmw. cn/baijia/2021-09/22/1302593281. html。

五、外文专著及其析出文献

［1］Allen D W E，Berg C，Lane A M. *Cryptodemocracy*：*How Blockchain Can Radically Expand Democratic Choice*．Lanham：Rowman & Littlefield，2019．

［2］Foster B R，Foster K P. *Civilizations of Ancient Iraq*．Princeton：Princeton University Press，2011．

［3］Hayek F A. *The Collected Works of F. A. Hayek* (*Volume 2*)：*The Road to Serfdom*．Edited by Caldwell B．Chicago：The Chicago University Press，2007．

［4］Jones C. *Global Justice*：*Defending Cosmopolitanism*．Oxford：Oxford University Press，1999．

［5］Magnuson W. *Blockchain Democracy*：*Technology, Law and the Rule of the Crowd*．Cambridge：Cambridge University Press，2020．

［6］Pasquale F. *The Black Box Society*．Cambridge：Harvard University Press，2015．

［7］Rawls J. *A Theory of Justice* (Revised Edition)．Cambridge：Harvard University Press，1999．

［8］Slee T. *What's Yours is Mine*：*Against the Sharing Economy*．New York & London：OR Books，2015．

［9］ Young I M. *Communication and the Other*：*Beyond Deliberative Democracy*，*Democracy and Difference*：*Contesting the Boundaries of the Political*. Edited by Benhabib S. Princeton：Princeton University Press，1996.

六、外文期刊

［1］ Christopher C D，Lerro B，Inoue H，et al. "Democratic global governance". *International Journal of Sociology*，2013，43.

［2］ Coase R. "The problem of social cost". *Journal of Law and Economics*，1960，3(10).

［3］ Demsetz H. "Toward a theory of property rights". *The American Economic Review*，1967，57(2).

［4］ Held D. "Restructuring global governance：Cosmopolitanism，democracy and the global order". *Millennium*，2009，37(3).

［5］ Keohane R. "International institutions：Can interdependence work?". *Foreign Policy*，1998(110).

［6］ Merkel W. "Revisiting the democratic rollback hypothesis". *Contemporary Politics*，2010，16.

［7］ Racsko P. "Blockchain and democracy". *Society and*

Economy，2019，41（3）.

［8］Reyes C L. "Moving beyond Bitcoin to an endogenous theory of decentralized ledger technology regulation：An initial proposal". *Villanova Law Review*，2016，61（1）.

［9］Stoker G. "Governance as theory：Five propositions". *International Social Science Journal*，1998，50（155）.

［10］Tu K V. "Perfecting Bitcoin". *Georgia Law Review*，2018，52（2）.

［11］Wimmer A. "Why nationalism works：And why it isn't going away". *Foreign Affairs*，2019，98（2）：27-34.

七、其他外文文献

［1］Brunnermeier M K，James H，Landau J P. "Digital currency areas". Voxeu，CEPR Policy Portal. 2019. https：//voxeu. org/article/digital-currency-areas.

［2］Crabtree J. "How coronavirus exposed the collapse of global leadership". *Nikkei Asian Review*. 2020. https：//asia. nikkei. com/Spotlight/Cover-Story/How-coronavirus-exposed-the-collapse-of-global-leadership.

［3］ FSB Chair. "FSB Chair's Letter to G20 Ministers and Governors March 2018". FSB. 2019. https://www. fsb. org.

［4］ IMF. "Digital money across borders: Macro financial implications". IMF. 2020. https://franklin. library. upenn. edu/catalog/FRANKLIN_9978056148203681.

［5］ Kuhn R L. "Forget space-time: Information may create the cosmos". Space. com. 2015. https://www. space. com/29477-did-information-create-the-cosmos. html.

［6］ Rudd K. "The coming post-COVID anarchy". *Foreign Affairs*. 2020. https://www. foreignaffairs. com/ articles/united-states/2020-05-06/coming-post-covid-anarchy.

［7］ United Nations,Department of Economic and Social Affairs (DESA),Committee for Development Policy. "Global governance and global rules for development in the post-2015 era". *Policy Note*. 2014. https:// www. un. org/en/development/desa/policy/cdp/cdp_ publications/2014cdppolicynote. pdf.

后　记

　　随着数字经济的蓬勃发展，区块链等新一代数字技术日益融入经济社会发展各领域全过程，正在成为重组全球要素资源、重塑全球经济结构、重构全球竞争格局的重要力量。加快发展区块链，对促进经济社会高质量发展、推动建立安全可信的数字经济规则与秩序、提升国家治理体系和治理能力现代化水平意义重大。目前，全球主要国家都在加快布局区块链发展。2019 年 10 月，中共中央政治局就区块链技术发展现状和趋势进行第十八次集体学习，区块链正式上升到国家战略高度。2020 年 4 月，国家发展改革委首次明确新基建范围，区块链被正式纳入其中。2021 年 3 月，国家"十四五"规划纲要将区块链纳入数字产业之一，对其发展作出了重要部署。同年 6 月，工信部和中央网信办印发的《关于加快推动区块链技术应用和产业发展的指导意见》指出，要聚力解决制约技术应用和产业发展的关键问题，进一步夯实我国区块链发展基础，加快技术应用规模化，建设具有世界先进水平的区块链产业生态体系，实现跨越发展。随着政策红利的持续释放，我国区块链理论创新、技术研发、场景应用、产业生态加速演进。

2016 年 12 月，贵阳市人民政府新闻办公室率先发布《贵阳区块链发展和应用》，创造性提出"主权区块链"这一概念，被誉为中国首个迈向区块链时代的宣言书。2017 年 5 月，"主权区块链"被全国科学技术名词审定委员会正式认定为科技名词。2020 年 5 月，《主权区块链 1.0：秩序互联网与人类命运共同体》面向全球出版发行，该书提出了互联网发展从信息互联网到价值互联网再到秩序互联网的基本规律，推出了数据主权论、数字信任论、智能合约论"新三论"，论述了科技向善与阳明心学对构建人类命运共同体的文化意义。2022 年 5 月，《主权区块链 2.0：改变未来世界的新力量》面向全球出版发行，进一步指出，区块链是基于数字文明的超公共产品；互联网是工业文明的高级形态，核心是连接；区块链是数字文明的重要标志，本质是重构；数字货币、数字身份、数字秩序助推迈向数字文明新时代。

《主权区块链 3.0：共享秩序下的全球治理重构》是《主权区块链 1.0：秩序互联网与人类命运共同体》和《主权区

块链 2.0:改变未来世界的新力量》的延续和深化,提出了"共享权重塑全球治理,元宇宙引领数字文明"的重要论断。本书由大数据战略重点实验室组织讨论交流、深度研究和集中撰写。连玉明提出总体思路和核心观点,并对框架体系进行了总体设计,主要由龙荣远、肖连春细化提纲和主题思想,连玉明、朱颖慧、宋青、武建忠、张涛、龙荣远、宋希贤、肖连春、陈威、钟雪、邹涛、杨洲、杨璐、席金婷负责撰写,龙荣远负责统稿。陈刚同志为本书提出了许多前瞻性和指导性的重要观点。中共贵阳市委、贵阳市人民政府主要领导和有关领导为本书贡献了大量建设性的思想和见解。大数据战略重点实验室浙江大学研究基地专家组贲圣林教授、杨小虎教授、李有星教授、赵骏教授、郑小林教授、陈宗仕教授、杨利宏教授和美国威斯康星大学欧克莱尔分校计算机信息系统学终身教授张瑞东博士提出了许多富有建设性的审读修改意见。应该说,本书是集体智慧的结晶。在此,需要特别感谢的是浙江大学出版社的领导和编辑们,褚超孚董事长以前瞻的思维、独到的眼光和超人的胆识对本书高度肯定并提供出版支持,组织多名编辑精心策划、精心编校、精心设计,本书才得以与广大读者见面。

　　当今时代正处于力量对比深刻改变、战略格局全面调整、权力重心加速转移的历史大过渡时期。国际关系与世界秩序的大发展大变化大调整,不同发展道路与管理模式的对接与对冲,各种价值取向与文明类型的互动与互鉴,国际风云变幻莫测,世界经济阴晴不定,地缘政治冲突持续不已,世界的种种裂痕从未像今天这样一览无余,社会分化、环境危机、治理失衡等问题凸显。全球气候极端失律带动北极"燃烧",各种新老病疫世界大流行,人工智能、基因工程无限制研发,此三者自发整合发力将当代人类推入后世界风险社会进程。在这一进程中,以极端气候为标志的环境危机,以世界大流行的疫灾为标志的连绵灾难,以可能改变生物人种及存在命运为标志的新技术,从不同维度将"快发展与浅治理"的矛盾突显出来,世界因此陷入了几十年来未曾有过的艰难境地。是继续强化还是消解这一矛盾,决定着我们能否走出后世界风险社会。

与此同时,全球数字领域发展不平衡、规则不健全、秩序不合理等问题日益凸显,"治理赤字"日益加剧。数字鸿沟增大、数字保护主义、数字平台垄断、数字安全威胁等一系列问题亟待解决。各国依据本国国情,采取的差异化政策,进一步加剧了全球数字治理政策协调的难度。但换个角度来说,危机也是转机,蕴藏着变革的潜力。我们应该利用此次机会,重构我们的世界,让世界度过危机,变得更加美好、更有韧性。随着数字全球化的纵深发展,如何更好推进全球数字合作,让数字文明造福各国人民,既是未来全球数字治理的重要方向,也对我国参与数字领域规则和标准制定提出了新的挑战。

大数据战略重点实验室自成立以来,致力于数字文明新秩序的理论研究,先后推出《块数据》《数权法》《主权区块链》"数字文明三部曲"。随着《主权区块链 3.0:共享秩序下的全球治理重构》的出版,"数字文明三部曲"理论体系正式建构完成。科技进步日新月异,区块链必将迎来更加高级的发展形态,并越来越显示出智慧特征,越来越彰显出颠覆意义。主权区块链将作为全球治理的数字基础设施,结合技术规则和法律规则完成"区块链+治理"工作。而主权区块链只是区块链发展的一种形态,将来在主权区块链的基础上或许会进一步发展出超主权区块链甚至全球区块链,在全球治理中发挥重要功能。希望我们的一些粗浅思考,能够为治理科技的应用、治理体制的创新、治理范式的革新提供一些思想资源和研究角度。区块链是一个不断升温的热点技术和焦点话题,当前各界对其看法和理解也不尽一致。在本书的研究和编著过程中,我们尽力搜集最新文献、吸纳最新观点,以丰富本书思想。尽管如此,由于水平有限、学力不逮和认知局限,加上本书所涉领域繁多复杂,我们所理解的观点并不一定准确,书中难免有疏漏差误之处，特别是对引用的文献资料和出处如有挂一漏万，恳请读者批评指正。

大数据战略重点实验室

2022 年 5 月